水利工程项目建设各阶段工作要点研究

于萍　孟令树　王建刚　著

吉林科学技术出版社

图书在版编目（CIP）数据

水利工程项目建设各阶段工作要点研究 / 于萍，孟令树，王建刚著. -- 长春 : 吉林科学技术出版社，2022.8

ISBN 978-7-5578-9442-9

Ⅰ. ①水… Ⅱ. ①于… ②孟… ③王… Ⅲ. ①水利工程管理－项目管理－研究 Ⅳ. ①TV512

中国版本图书馆CIP数据核字(2022)第113623号

水利工程项目建设各阶段工作要点研究

著　　于　萍　孟令树　王建刚
出 版 人　宛　霞
责任编辑　赵　沫
封面设计　北京万瑞铭图文化传媒有限公司
制　　版　北京万瑞铭图文化传媒有限公司
幅面尺寸　185mm×260mm
开　　本　16
字　　数　473千字
印　　张　22
印　　数　1-1500册
版　　次　2022年8月第1版
印　　次　2022年8月第1次印刷

出　　版　吉林科学技术出版社
发　　行　吉林科学技术出版社
地　　址　长春市南关区福祉大路5788号出版大厦A座
邮　　编　130118
发行部电话/传真　0431-81629529　81629530　81629531
　　81629532　81629533　81629534
储运部电话　0431-86059116
编辑部电话　0431-81629510
印　　刷　廊坊市印艺阁数字科技有限公司

书　　号　ISBN 978-7-5578-9442-9
定　　价　68.00元

《水利工程项目建设各阶段工作要点研究》编审会

于　萍	孟令树	王建刚	张宽宽
李燕芳	董玉增	陆林忠	马丽男
张志伟	范树海	孙媛媛	曹振亚
唐生金	卢晓云	韩伟青	王福林
老　三	李　玉		

前言

水资源是维持人类生存和促进社会发展的重要物质基础，水资源开发利用，是改造自然、利用自然的一个方面，随着我国经济的快速发展，水资源短缺以及水资源污染现象日益严重，因此，加强对水资源的合理开发以及可持续利用显得尤为重要。与此同时，经济与科学技术的发展，也使水利事业在国民经济中的命脉和基础产业地位愈加突出；水利工程建设水平的提高更是进一步促进水能水电的开发利用，保护生态环境，促进我国经济发展具有举足轻重的重大意义。

水利工程是国民经济的基础设施，是水资源合理开发、有效利用和水旱灾害防治的主要工程措施。在解决我国水资源短缺、洪涝灾害、环境保护、水土流失等问题中，水利工程的建设与实施起到了无可替代的重要作用。水利工程的发展对社会经济发展和人民生活起着重要的作用，也是一个国家综合国力的重要体现。水力发电是一种可再生的且无污染的重要能源，其发展对我们的社会生活来说可谓起着举足轻重的作用，其利用的是大自然最原始的力量，相较于其他能源的开发而言，污染更小，对生态环境的保护更加有利，因此各国对水利工程的建设都投入了较多的资金和重视。因此，有了科学、合理的环境评价体系的监督和指引，水利工程才能更好地发展下去。水利工程项目建设的各阶段工作构建了整个工程建设的重要体系，本书从水利工程项目建设的基础认知出发，细致地剖析工程项目建设各阶段工作要点，本书见解独到，与时俱进，是一部关于水利工程建设的专业著作，可供相关研究者参考阅读。

目录 CONTENTS

第一章 水利工程项目建设的基础认知

第一节 水与水资源

一、水与水资源概念

水是人类社会生存和发展的基本物质条件。人类的产生、生存及进化，无一不与水密切相关。人类社会的古代四大文明都以大河流域为发源地。古巴比伦文明发源于两河流域（幼发拉底河和底格里斯河流域），印度河、恒河流域是古印度文明的发源地，尼罗河孕育了古埃及文明，黄河、长江是中华民族的摇篮。现代世界上的大城市及人口密集区多数分布于江河两岸。水具有生产资料和生活资源的属性，是人民生活和经济建设中不可或缺的自然资源。地球上水体类型复杂，而水的使用价值又具有多样性，人们对水的可使用性认识不尽一致，目前对水资源尚未给出一个公认的统一的定义。广义永资源是指地球上的一切水体，包括海洋、江河、冰川、地下水以及大气中的水分等。

通常人们所指的水资源限于狭义的范畴，即与人类生活和生产活动以及社会进步息息相关的淡水资源，它不但要有可使用的“质”，可利用的“量”，同时要具备可得到补充更新的再生性，以保证可持续利用。因此，水资源量通常只计算降水形成的地表和地下产水量，即地表径流量和降水入渗量之和。

二、水资源的特点

（一）水资源的双重性

水资源既有造福于人类的一面，也有造成洪涝灾害使人类生命财产受到严重损失的一面。水资源质、量适宜，且时空分布均匀，将为区域经济发展、自然环境的良性循环和人类社会进步做出巨大贡献。水资源开发利用不当，就会制约国民经济发展，破坏人类的生存环境。例如，水利工程设计不当、管理不善，可能造成垮坝事故。水量过多或过少的季节和地区，往往又发生各种各样的自然灾害。水量过多容易造成洪水泛滥，内涝渍水；水量过少容易形成干旱、盐渍化等自然灾害。适量开采地下水，可为国民经济各部门和居民生活提供水源，满足生产、生活的需求；无节制、不合理地抽取地下水，往往引起地下水水位持续下降、水质恶化、水量减少、地面沉降，不仅影响生产发展，而且严重威胁人类生存。正是由于水资源的双重性质，在水资源的开发利用过程中尤其强调合理利用、有序开发，以达到兴利除害的目的。

（二）水资源利用的多样性

水资源是被人类在生产和生活中广泛利用的资源，不仅广泛应用于农业、工业和生活，还用于发电、水运、水产、旅游和环境改造等。在各种不同的用途中，有的是消耗性用水，有的则是非消耗性或消耗很小的用水，而且对水质的要求各不相同，这是能使水资源一水多用，充分发挥其综合效益的有利条件。

（三）水资源变化的复杂性

水资源在自然界中具有时空分布不均的特点。水资源在地区上分布是极不均匀的，年内年际变化也较大。人类通过修建大量引蓄水工程，进行水资源的时空再分配。但是修建各种水利工程受到自然、地理、地质、技术和经济等多方面条件的限制，水资源永远不可能被全部利用。由于大气水、地表水、地下水的相互转化关系，所以对水资源的综合管理与合理开发利用是一项非常复杂的工作。

（四）水资源的循环性

水资源与其他自然资源的本质区别在于水资源所具有的流动性。它是在循环中形成的一种动态资源，具有循环性。水资源开采利用后，能得到大气降水的不断补给，处在不断地开采、消耗、补给和恢复的循环中，这种循环往复的规律是水资源“取之不尽，用之不竭”的重要特点。但是，从水量动态平衡的观点来看，多年平均取用量一般不能超过多年平均补给量，否则将会给自然环境带来一系列的不良后果，在对地下水的开采利用时，尤应注意。水资源的循环过程是无限的，但开采利用量是有限的，只有充分认识这一点，才能有效地、合理地利用水资源。

（五）水资源是一种不可代替的自然资源

水资源是一种自然资源，它是人类生存和社会发展不可代替、不可缺少的资源。人类生存与社会发展对水资源的依赖程度远远大于其他资源，是一种极其重要的不可替代的自然资源。

第二节 水利工程经济

一、水利工程的经济特点及经济评价的目的

（一）水利工程的经济特点

水利工程，特别是大型水利工程有以下8方面的基本经济特点：

第一，投资额大。大型水利工程直接静态投资需要几亿元至几百亿元，投资效果好坏对国计民生具有举足轻重的影响。

第二，建设期长。一般都要几年或更长时间才能开始发挥效益，总工期长达数年以上；总投资受物价影响大，建设期利息负担很重。

第三，有些大型水利工程的水库淹没损失大，对库区农业经济及生态环境影响大，移民任务艰巨。

第四，很多大型水利工程具有综合利用效益，可以同时解决防洪、防凌、治涝、发电、灌溉、航运、城镇及工业供水等多项国民经济任务。

第五，工程建成投产后，不仅直接经济效益很大，间接经济效益也很大。

第六，涉及部门较多，影响范围较广。它的建设对国家生产力布局、产业结构调整、经济发展速度和地区及部门经济发展，都有很大的影响。

第七，工程技术复杂、投资集中、工期长，因此，不确定性因素较多。

第八，大型水利工程的建设对社会经济发展影响深远，许多复杂的影响不能用货币表示，甚至不能定量计算。

（二）水利工程经济评价的目的

从国民经济的宏观管理看，经济评价可使社会的有限资源得到最优的利用，发挥资源的最大效益，促进经济的稳定发展。经济评价中采用的内部收益率、净现值等指标体现项目宏观影响的影子价格、影子汇率等国家参数，可以从宏观的、综合平衡的角度考察项目对国民经济的贡献，借以鼓励或抑制某些行业或项目的发展，指导投资方向，促进国家资源的合理配置；通过充分论证和科学评价，合理地确定项目的优先次序和取舍，也有利于提高计划工作的质量。

从具体的建设项目来看，经济评价可以起到预测投资风险，提高投资效益的作用。

水利工程经济评价是水利建设项目方案取舍的重要依据，但不能唯经济而断，同时还要把拟建项目的工程、技术、经济、环境、政治及社会等各方面因素联系起来，进行多目标综合评价，统筹考虑、筛选最佳方案。

二、水利工程经济评价的内容与方法

（一）水利工程经济评价的内容

在进行经济评价时，对能量化的指标要进行定量分析，对不能量化的指标必须进行定性分析。定量分析一般包括国民经济评价和财务评价两项基本内容。国民经济评价是从国家整体角度分析、计算项目对国民经济的净贡献，据此判别项目的经济合理性。财务评价是在国家现行财税制度和价格体系的条件下，从项目财务核算单位的角度分析、计算项目的财务盈利能力和清偿能力，据以判别项目的财务可行性。对于大型建设项目，还应在国民经济评价与财务评价的基础上，采用定量分析和定性分析相结合的方法，从宏观上进行综合经济分析研究，以更全面衡量建设项目在经济上的各种得失和利弊，正确评价其合理性和可行性。

由于水利经济评价中所采用的数据绝大多数来自测算和估算，加上水利工程建设涉及的因素多，牵涉面广，许多因素难以定量；所采用的预测手段又有一定局限，因而，项目实施后实际情况难免与预测情况产生差异。换句话说，就是立足于预测估算的项目的经济评价结果存在不确定性。为了分析这些不确定因素对经济评价指标的影响，考察经济评价结果的可靠程度，还必须在经济评价中进行相应的不确定性分析。不确定性分析包括敏感性分析、盈亏平衡分析和风险分析（概率分析）。

盈亏平衡分析主要是研究在一定市场条件下，在拟建项目达到设计生产能力的正常生产年份，产品销售收入（产品价格与产品结构一定时）与生产成本（包括固定成本和可变成本）的平衡关系。

敏感性分析是研究建设项目主要敏感因素发生变化时，项目经济效果发生的相应变化，并据以判断这些因素对项目经济目标的影响程度。

风险分析（概率分析）主要是研究不确定因素在未来出现的概率以及建设项目承担的风险有多大。

（二）水利工程经济评价的方法

1. 定量分析与定性分析相结合的方法

水利工程是国民经济和社会发展的基础设施和基础产业，影响范围大，涉及的问题多且复杂，有许多费用与效益（包括影响）不能用货币表示，甚至不能量化。因此，对大型水利工程进行综合经济评价时应采用定量分析与定性分析相结合的方法，以全面反映其费用、效益和影响。

2. 多目标协调与主目标优化相结合的方法

大型综合利用水利工程的综合经济效益是由参与综合利用各部门的经济效益组成的，也是各部门经济效益协调平衡的结果，从本部门的效益着眼往往对个别部门甚至所有部门，都很可能不是效益最好的方案（但仍是较优的方案），但从国民经济整体来说，却是比较合适的总体方案，是总体效益最佳的方案。对于综合利用水利工程而言，在多目标中常常有一个或两个主导目标，它对大型综合利用水利工程的兴建起关键性的作用。

3. 总体评价与分项评价相结合的方法

大型水利工程建设往往涉及多个部门和多个地区，为了全面分析和评价国家和各有关部门、有关地区的经济效益，对大型水利工程的经济评价应采用总体评价与分项评价相结合的方法，首先将大型水利工程作为一个系统，计算其总效益和总费用，进行总体评价；其次，用各部门、各地区分摊的费用与效益作为子系统，评价其单目标的经济效果。

4. 多维经济评价的方法

大型水利工程建设涉及技术、经济、社会等多方面的问题，因此，对大型水利工程应实行多维经济评价方法，要在充分研究工程本身费用和效益的基础上，高度重视工程与地区、流域、国家社会经济发展的相互影响，从微观、宏观上分析与评价大型水利工程建设对行业、地区（或流域）甚至全国社会经济发展的作用和影响。

5. 逆向反证法

大型水利工程建设涉及的技术、经济、社会问题复杂，因此，对大型水利工程建设和综合经济评价往往存在不同的观点，有时可能由于有不同的观点而推翻原有的设计方案。

第三节 我国水利建设的发展

一、我国的水能资源及开发状况

水电在我国能源中的地位逐步上升，大力发展水电成为能源建设的战略组成部分。但是，目前，对于水电发展的认识存在一定的偏差，发展水电和停止发展水电的争论异常激烈，特别是在一些流域如怒江，这种争论达到白热化程度。不可否认，水电的发展对环境产生了一定的影响。所以，现在提倡绿色水利，但绿色水利并不只是在水利前面加上“绿色”的定语，它应具有新的深刻的内涵。所谓绿色水利，是指在水资源开发、利用和废弃全过程中保护生态环境且节水高效地利用水资源的行为与文化。绿色水利还包含以下四个基本的思想：

第一，环境思想，水利发展必须将环境保护放在重要的位置，这不仅是时代发展之要求，也是水利发展过程中水利持续发展的自身要求。

第二，生命周期性的思想，它从水资源开发、利用、废弃等全过程考察水资源与环境的关系，充分体现了水利生命周期的思想，对水利的发展必将起到积极的推动作用。

第三，节水高效利用水资源的思想，节水高效利用水资源是构成绿色水利的重要思想之一，如果不将节水高效利用纳入绿色水利的范畴，绿色水利则难以实现。

第四，绿色+水利+文化的思想，随着水利与生态环境关系矛盾的激化，绿色、水利与文化的有机结合是一种趋势，绿色水利文化的形成对绿色水利的建设和积极发展将起到无形的但是很稳固的支撑作用。

二、水利事业

水利是人类社会为了生存和发展的需要，采取各种措施对自然界的水和水域进行控制和调配，以防治水旱灾害，开发利用和保护水资源的活动。研究这类活动及其对象的技术理论和方法的知识体系称为水利科学。为了充分利用水资源，研究自然界水资源，对河流进行控制和改造，采取工程措施，合理使用和调配水资源，以达到除害兴利的各部门从事的事业统称为水利事业。

水利事业的根本任务是除水害和兴水利。除水害，主要是防止洪水泛滥和旱涝成灾；兴水利，则是从多方面利用水资源为人类服务。主要措施有兴建水库，加固堤防，整治河道，增设防洪道，利用洼地、湖泊蓄洪，修建提水泵站及配套的输水渠和隧洞。水利事业的效益主要有防洪、农田水利、水力发电、工业及生活供水、排水、航运、水产及旅游等。

第四节 水利工程项目基本建设程序

一、项目建设程序的概念

项目建设程序是指国家按照项目建设的客观规律制定的项目从设想、选择、评估、决策、设计、施工、投入生产或交付使用整个建设过程中，各项工作必须遵循的先后次序。项目建设程序是工程建设过程客观规律的反映，是建设项目科学决策和顺利进行的重要保证。

尽管世界上各个国家和国际组织在工程项目建设程序上可能存在某些差异，如世界银行对任何一个国家的贷款项目，都要经过项目选定、项目准备、项目评估、项目谈判、项目实施和项目总结评价等阶段的项目周期，从而保证世界银行在各国的投资保持较高的成功率。但一般说来，按照建设项目发展的内在规律，投资建设一个工程项目都要经过投资决策、建设实施和交付使用 3 个发展时期。这 3 个发展时期又可分为若干个阶段，它们之间存在着严格的先后次序，可以进行合理的交叉，但不能任意颠倒次序。

我国一般大中型及限额以上水利基本建设项目的基本建设程序可以分为以下几个阶段。

第一，根据国民经济和社会发展长远规划，结合行业和地区发展规划的要求，提出项目建议书。

第二，在勘察、试验、调查研究及详细技术经济论证的基础上编制可行性研究报告。

第三，根据可行性研究报告，编制设计文件。

第四，初步设计经批准后，做好施工前的各项准备工作。

第五，按照设计文件组织施工。

第六，根据施工进度，做好生产或动工前的准备工作。

第七，项目按批准的设计内容建完，经试运行验收合格后正式投产交付使用。

第八，生产运营一段时间（一般为1～2年）后，进行项目后评价。

二、项目建设各阶段工作内容

（一）项目建议书阶段

项目建议书是业主单位向国家提出的要求建设某一项目的建议文件，是对建设项目的轮廓设想。项目建议书的主要作用是推荐一个拟建项目，论述其建设的必要性、建设条件的可行性和获利的可能性，供国家选择并确定是否进行下一步工作。

项目建议书的内容视项目的不同而有繁有简，但一般应包括以下几方面内容：

1. 建设项目提出的必要性和依据
2. 产品方案、拟建规模和建设地点的初步设想
3. 资源情况、建设条件、协作关系等的初步分析
4. 投资估算和资金筹措设想
5. 项目进度安排
6. 经济效益和社会效益的估计

项目建议书按要求编制完成后，应根据建设规模分别报送有关部门审批。按现行规定，使用中央预算内投资2亿元及以上的项目，其项目建议书由国务院投资主管部门审核后报国务院审批；使用中央预算内投资2亿元以下的项目，项目建议书由国务院投资主管部门审批，其中总投资在1亿元以下，可以自行平衡和落实建设资金的国务院各部门的直属项目，授权各部门审批。使用中央专项建设基金的重大项目，其项目建议书由国务院投资主管部门审批或审核后报国务院审批；非重大项目的项目建议书则由国务院行业主管部门审批。

地方政府的投资项目，属于应由中央政府核准的，应报中央政府审批项目建议书；其余项目均由地方政府自主决策。

对于企业不使用政府资金投资建设的项目，政府不再进行投资决策性质的审批，建设项目实行核准制或登记备案制。

项目建议书经批准后，可以进行详细的可行性研究工作，但并不表明项目非上不可，项目建议书不是项目的最终决策。

（二）可行性研究阶段

可行性研究是对建设项目在技术上是否可行和经济上是否合理进行科学的分析和论证。凡经可行性研究未通过的项目，不得编制向上报送的可行性研究报告和进行下

一步工作。

建设项目可行性研究是指在项目决策前，通过对与项目有关的工程、技术、经济等各方面条件和情况调查、研究、分析，对各种可能的建设方案进行比较论证，并对项目建成后的经济效益进行预测和评价的一种科学分析方法。主要评价项目技术上的先进性和适用性，经济上的盈利性和合理性，建设的可能性和可行性。可行性研究是项目前期工作的重要内容，它从项目建设和生产经营全过程考察分析项目的可行性。目的是回答项目是否有必要建设，是否可能建设和如何进行建设的问题，其结论为投资者的最终决策提供直接的依据。可行性研究阶段需要编写可行性研究报告。项目可行性报告批准后，应正式成立项目法人，并按项目法人责任制实行项目管理。

（三）设计工作阶段

设计是对拟建工程的实施在技术上和经济上所进行的全面而详尽的安排，是基本建设计划的具体化，是组织施工的依据。一般项目进行两阶段设计，即初步设计和施工图设计。根据建设项目的不同情况，可根据不同行业的特点和需要，增加技术设计（扩大初步设计）阶段。

1. 初步设计

初步设计是根据可行性研究报告所做的具体实施方案，目的是为了阐明在指定的地点、时间和投资控制数额内，拟建项目在技术上的可能性和经济上的合理性，并通过对工程项目所作出的基本技术经济规定，编制项目总概算。

初步设计不得随意改变被批准的可行性研究报告所确定的建设规模、产品方案、工程标准、建设地址和总投资等控制目标。如果初步设计提出的总概算超过可行性研究报告总投资的10%以上或其他主要指标需要变更时，应说明原因和计算依据，并重新向原审批单位报批可行性研究报告。

2. 技术设计

根据初步设计和更详细的调查研究资料编制，以进一步解决初步设计中的重大技术问题，如工艺流程、建筑结构、设备选型及数量确定等，使建设项目的设计更具体、更完善、技术指标更好。

3. 施工图设计

根据初步设计或技术设计的要求，结合现场实际情况，完整地表现建筑物外形、内部空间分割、结构体系、构造状况及建筑群的组成和周围环境的配合。它还包括各种运输、通信、管理系统、建筑设备的设计；在工艺方面，应具体确定各种设备的型号、规格及各种非标准设备的制造加工图。

（四）建设准备阶段

项目在开工建设之前要切实做好各项准备工作，其主要内容包括：

1. 征地、拆迁和场地平整

2. 完成施工用水、用电、道路施工等工作

3. 组织设备、材料订货

4. 准备必要的施工图纸

5. 组织施工招标，择优选定施工单位

按规定进行了建设准备和具备了开工条件以后，便应组织开工。除政府投资项目外，对于大中型和限额以上的建设项目，建设单位申请开工要经国务院投资主管部门审核批准。一般项目在报批新开工前，必须由审计机关对项目的有关内容进行审计证明。审计机关主要是对项目的资金来源是否正当、落实，项目开工前的各项支出是否符合国家有关规定进行审计。新开工的项目还必须具备按施工顺序需要至少 3 个月以上的工程施工图纸，否则不能开工建设。

（五）施工安装阶段

建设项目经批准新开工建设，项目即进入了建设实施阶段。项目新开工时间，按统计部门规定，是指建设项目设计文件中规定的任何一项永久性工程（无论生产性或非生产性）第一次正式破土开槽开始施工的日期。不需开槽的工程，以建筑物组成的正式打桩作为正式开工时间；铁道、公路、水库等需要进行大量土、石方工程的，以开始进行土、石方工程作为正式开工的时间，工程地质勘查、平整场地、旧建筑物的拆除、临时建筑、施工用临时道路和用水、用电等施工不算正式开工。分期建设的项目分别以各期工程开工的时间作为开工日期，如二期工程应根据工程设计文件规定的永久性工程开工时间作为开工日期。投资额也是如此，不应包括前一期工程完成的投资额。建设工期从新开工时算起。

（六）生产准备阶段

对生产性建设项目而言，生产准备阶段是项目投产前由建设单位进行的一项重要工作。它是衔接建设和生产的桥梁，是建设阶段转入生产经营的必要条件。建设单位应适时组成专门班子或机构做好生产准备工作。

生产准备工作的内容根据企业的不同而异，一般应包括以下内容：

1. 组建管理机构，制定管理制度

2. 招收并培训生产人员，组织生产人员参加设备的安装、调试和工程验收

3. 签订原料、材料、协作产品、燃料、水、电等供应及运输的协议

4. 进行工具、器具、备品、备件等的制造或订货

5. 其他必需的生产准备

（七）竣工验收阶段

当建设项目按设计文件的规定内容全部施工完成以后，便可组织验收。竣工验收是工程建设过程的最后一环，是投资成果转入生产或使用的标志，也是全面考核基本建设成果、检验设计和工程质量的重要步骤。竣工验收对促进建设项目及时投产，发挥投资效益及总结建设经验，都有重要的作用。通过竣工验收，可以检查建设项目实际形成的生产能力或效益，也可避免项目建成后继续消耗建设费用。

（八）后评价阶段

建设项目后评价是工程项目竣工投产、生产运营一段时间后，再对项目的立项决策、设计施工、竣工投产、生产运营等全过程进行系统评价的一种技术活动，是固定资产管理的一项重要内容，也是固定资产投资管理的最后一个环节。通过建设项目后评价，可以达到肯定成绩、总结经验、研究问题、吸取教训、提出建议、改进工作、不断提高项目决策水平和投资效果的目的。

第二章　水利工程项目规划与可行性研究

第一节　项目策划与决策的基础认知

一、建设工程项目策划与决策的基本概念

（一）建设工程项目策划的含义

中国古代兵法中就强调不打无准备之仗。讲究“凡事豫则立，不豫则废”。这里的“豫”同“预”，即事前的策划。建设工程项目也是如此，只有科学地进行项目前期策划，才能保证项目的顺利实施。美国哈佛企业管理丛书认为：“策划是一种程序，在本质上是一种运用脑力的理性行为。”

建设工程项目策划指的是在项目建设前期，通过调查研究和收集资料，在充分占有信息的基础上，针对建设工程项目的决策和实施，或决策和实施中的某个问题，进行组织、管理、经济和技术等方面的科学分析和论证，这将使项目建设有正确的方向和明确的目的，旨在为项目建设的决策和实施增值。

国内外许多建设项目的成功的经验或失败教训证明，建设项目的策划是项目成功的前提。目前，我国项目建设过程中，可行性研究往往是为了立项和报批而做的，其真实性和科学性值得怀疑，实施阶段的设计任务书又常缺乏科学论证。因此，在各阶段进行科学的项目策划十分必要，对项目策划的理论研究和实践总结非常迫切。由于

我国对项目策划的内容、程序、时间等没有明确的规定，因而大多根据业主的需要分项、分阶段对项目的某个方面进行策划。

（二）工程项目投资决策

决策，一般是指为了达到预期的目的，对未来行动的方向、途径和方法所做出的正式决定。也就是对未来行动计划（包括目标和措施等）的正式制定。决策是整个项目管理过程中一个关键的组成部分，决策的正确与否直接关系到项目的成败。

工程项目投资决策是投资决策中的微观决策，是指由投资主体（国家、地方政府、企业或个人）对拟建工程项目必要性和可行性进行技术经济评价，对不同建设方案进行比较选择，以及对拟建工程项目的技术经济指标做出判断和决定的过程。

二、工程项目策划与决策的基本原则

（一）系统化原则

任何项目都是一个系统，与客观外界有着千丝万缕的联系，系统的原理要求项目的策划与决策遵循全面性、动态性和统筹兼顾的原则，充分考虑局部与全局、眼前与长远的关系。

（二）切实可行原则

任何策划与决策方案都必须切实可行，否则，这种方案毫无意义。分析方案的可行性，重点分析方案可能产生的利益、效果、风险程度等，全面衡量，综合考虑，要准确弄清方案是否科学可行。

（三）讲求时效原则

策划与决策方案的价值将随着时间的推移与条件的改变而变化，这就要求在策划与决策过程中把握好时机，处理好时机与效果之间的关系。在高速发展的现代社会，客观情况变化迅速，利益竞争更为激烈，最佳时机往往是稍纵即逝，时机与效果又具有紧密的联系，失去时机必然会严重影响效果，甚至完全没有效果。因此，项目策划一旦敲定，就要尽可能缩短策划、决策到实施的周期。当然，这并不应理解为策划活动以及从策划到实施越快越好，因为，策划的周密性与时间的长短有关；同时，策划方案的实际效果还与客观条件是否成熟有关，只有当客观条件成熟时，策划方案的实施才能取得预期的效果。

三、项目前期策划与决策的程序

项目的前期策划与决策是项目的孕育阶段，对项目的整个生命期有决定性的影响，尽管工程项目的确立主要是上层管理者的工作，从全局的战略性角度出发确立的，但这里面又有许多项目管理工作。要取得项目的成功，必须在项目前期策划阶段就进行严格的项目管理，实行缜密的程序。

（一）项目构思和投资机会研究阶段

项目构思和投资机会研究阶段包括构思的产生、选择；分析影响投资机会的因素；鉴别投资机会；论证投资方向等。

（二）项目建议书阶段

项目建议书阶段包括项目提出的必要性和依据；生产方案、拟建规模和建设地点的初步设想；资源情况、建设条件、协作关系和引进国别的分析；投资估算和资金筹措设想；项目的进度安排；经济效益和环境影响的初步分析等。

（三）项目可行性研究阶段

项目可行性研究阶段是指为寻求有价值的投资机会而对项目的有关背景、资源条件、市场状况等所进行的初步调查研究和分析预测。

（四）项目评估与决策阶段

项目评估与决策阶段是在可行性研究的基础上，按照一定的目标，对投资项目的可靠性进行分析论证，权衡各种方案的利弊，并提出明确判断的一项工作。

第二节　项目构思与投资机会

一、工程项目构思策划及其主要内容

工程项目构思策划是指工程项目在前期立项过程中所进行的全面策划，是把建设意图转化为定义明确、系统清晰、目标具体且富有策略性运作思路的高智力的系统活动。通过工程项目构思策划可以明确项目的发展纲要，构建项目的系统框架，并为项目的决策提供依据，为项目的实施提供指导，为项目的运营奠定基础。

工程项目构思策划的主要任务是根据建设意图进行工程项目的定位和定义，全面构思一个拟建的工程项目系统，并确定该系统的目标和组成结构，使其形成完整配套的能力，从而把工程项目的基本构思变为具有明确内容和要求的行动方案。工程项目构思策划的最终成果是提出工程项目建议书，为工程项目的可行性研究提供可靠依据。

工程项目构思策划一般包括项目构思的提出、项目的定位、项目的目标系统设计和项目的定义等主要内容。

二、投资机会研究

项目投资机会研究，也称投资机会鉴别，是指为寻求有价值的投资机会研究而对项目的有关背景、资源条件、市场状况等所进行的初步调查研究和分析预测，它包括一般机会研究和特定项目机会研究。

一般机会研究通常由国家机关和公共机构进行，其目的是提供投资的方向性建议，包括地域性投资机会、部门性投资机会和资源利用性投资机会的方向性建议。

特定项目机会研究是要鉴别和确定一个具体项目的投资机会。

（一）影响投资机会的因素

宏观环境变化对投资机会的影响，通常指政治法律环境、社会文化环境和经济环境变化对投资机会的影响；微观环境变化对投资机会的影响一般是指产业及竞争结构的变化以及市场需求的变化对投资机会的影响。

（二）鉴别投资机会

在各种投资机会进行选择时，应进行如下几方面的分析和论证：资金来源及性质，自身优势项目，资源和地理位置优势项目，新技术和未来优势项目，市场超前和综合优势项目等投资机会。

（三）论证投资方向

在筛选投资机会后，就要对自然资源条件、市场需求预测、项目开发模式选择、项目实施的环境等进行初步分析，并结合相关投资政策法规、市场经济特征以及基本建设规律，进行科学评估和慎重决策选择投资方向。

三、工程项目构思的产生和选择

任何工程项目都起源于项目的构思。项目构思或产生于满足上层系统问题的期望，或为了满足底层系统的需要，或为了实现上层系统的战略目标和计划等。这种构思可能很多，人们可以通过许多途径和方法达到目的。因此，必须在它们中间作出选择，并经权力部门批准，以作进一步的研究。

（一）构思的产生

工程项目的构思是项目建设的基本构想。工程项目构思产生的原因很多，不同性质的工程项目，构思产生的原因也不尽相同。根据不同的项目和不同的项目参加者，项目构思的起因一般有如下几点内容：

第一，通过市场研究发现新的投资机会、有利的投资地点和投资领域。例如：通过市场调查发现某种产品有庞大的市场容量或潜在市场；出现了新技术、新工艺、新的专利产品；市场出现新的需求等。这些都是新的项目机会。项目应符合市场需求，应有市场的可行性和可能性。

第二，为了实现城市、区域和国家上层系统的发展战略。例如：为了解决国家、地方的社会发展问题，使经济腾飞。战略目标和计划常常都是通过项目实施的，所以一个国家或地方的发展战略或发展计划常常包括许多新的项目。

第三，企业单位发展、拓展项目业务。许多企业以工程项目作为基本业务对象，如工程承包公司、成套设备的供应公司、咨询公司、造船企业、国际合作公司和一些跨国公司，则在它们业务范围内的任何工程信息（如招标公告），都是它们承接业务的机会，都可能产生项目。

第四，通过生产要素的合理组合，产生项目机会。现在许多投资者、项目策划者常常通过大范围的国际间的生产要素的优化组合，策划新的项目。最常见的是通过引进外资，引进先进的设备、生产工艺与当地的廉价劳动力、原材料、已有的厂房组合，生产符合市场需求的产品，产生高效益的工程项目。在国际经济合作领域，这种“组合”的艺术已越来越为人们重视，通过它能导演出各式各样的项目，能取得非常高的经济效益。

项目构思的产生是十分重要的。它在初期可能仅仅是一个“点子”，但却是一个项目的萌芽，投资者、企业家及项目策划者对它要有敏锐的感觉，要有远见和洞察力。

（二）构思的选择

工程项目构思的过程是开放性的，其自由度决定了项目的构思是丰富多彩的。其中，有些可能是不切实际的，有些可能是不能实现的。因此，必须通过工程项目构思的选择来筛选已经形成的各种构思。

第一，工程项目构思的选择要针对解决上层系统问题和需求的现实性，如果项目的构思不能解决实际问题，不具有可操作性，则必须严格排除。

第二，项目构思的选择既要考察环境的制约和充分利用资源，又要考虑到项目的构思是否符合法律、法规的要求，如果项目的构思违背了法律、法规的规定，不满足环境和资源要求，则必须严格排除。

第三，项目构思的选择还要考虑项目的背景，并结合自身的长处和优势来选择最佳的项目构思。

工程项目构思选择的结果可以是某个构思，也可以是几个不同构思的组合。当工程项目构思经过研究被认为是可行的、合理的，并经有关权力部门的认可，便可以在此基础上进行工程项目定位的目标设计。

四、工程项目的定位

工程项目的定位是指在工程项目构思的基础上，根据国家、地区或企业发展的总体规划和市场的需求，综合考虑投资能力和最有利的投资方案，确定工程项目的性质、地位、影响力和档次规格标准。

（一）项目的定位要明确项目的性质

同是建一座商城，是单纯用于人们购物还是集购物、娱乐、餐饮等于一体，其性质显然不同。工程项目性质的不同，将决定项目建设目标和建设内容的不同。

（二）项目的定位要确定项目的地位

工程项目的地位可以是项目在企业发展中的地位，也可以是项目在国民经济发展中的地位。工程项目地位的确定应该与企业发展规划、城市和区域发展规划以及国民经济发展规划紧密结合。在确定工程项目的地位时，应该分别从政治、经济、社会等不同角度加以分析。要注意，某些工程项目虽然经济地位不高，但可能有着深远的政治和社会意义。

（三）项目的定位还要确定项目的影响力和档次规格标准

确定了项目的影响力和档次规格标准有利于明确项目在市场的影响范围，为以后建设目标和内容的设计提供依据。

工程项目定位的最终目的是明确项目建设的基本方针，确定项目建设的宗旨和方向。工程项目定位是项目构思策划的关键环节，也是项目目标系统设计非常重要的前提条件。

第三节 项目建议书

一、项目建议书定义

项目建议书是拟增上项目单位向发改委项目管理部门申报的项目申请。是项目建设筹建单位或项目法人，根据国民经济的发展、国家和地方中长期规划、产业政策、生产力布局、国内外市场、所在地的内外部条件，提出的某一具体项目的建议文件，是对拟建项目提出的框架性的总体设想。对于大中型项目，有的工艺技术复杂，涉及面广，协调量大的项目，还要编制可行性研究报告，作为项目建议书的主要附件之一。项目建议书是项目发展周期的初始阶段，是国家选择项目的依据，也是可行性研究的依据，涉及利用外资的项目，在项目建议书批准后，方可开展对外工作。

二、项目建议书的内容

项目建议书的内容主要包括：

1. 项目的必要性
2. 项目的市场预测
3. 产品方案或服务的市场预测
4. 项目建设必需的条件

三、项目建议书的编报

（一）项目建议书的编报程序

项目建议书由政府部门、全国性专业公司以及现有企事业单位或新组成的项目法人提出。其中，跨地区、跨行业的建设项目以及对国计民生有重大影响的项目、国内合资建设项目，应由有关部门和地区联合提出；中外合资、合作经营项目，在中外投资者达成意向性协议书后，再根据国内有关投资政策、产业政策编制项目建议书；大中型和限额以上拟建项目上报项目建议书时，应附初步可行性研究报告。初步可行性研究报告由有资格的设计单位或工程咨询公司编制。

（二）项目建议书的编报要求

根据现行规定，建设项目是指一个总体设计或初步设计范围内，由一个或几个单位工程组成，经济上统一核算，行政上实行统一管理的建设单位。因此，凡在一个总体设计或初步设计范围内经济上统一核算的主体工程、配套工程及附属设施，应编制统一的项目建议书；在一个总体设计范围内，经济上独立核算的各工程项目，应分别编制项目建议书；在一个总体设计范围内的分期建设工程项目，也应分别编制项目建议书。

四、项目建议书的审批

（一）项目建议书的审批权限

项目建议书要按现行的管理体制、隶属关系，分级审批。原则上，按隶属关系，经主管部门提出意见，再由主观部门上报，或与综合部门联合上报，或分别上报。

第一，大中型基本建设项目、限额以上更新改造项目，委托有资格的工程咨询、设计单位初评后，经省、自治区、直辖市、计划单列市发改委及行业归口主管部门初审后，报国家发改委审批，其中特大型项目（总投资 4 亿元以上的交通、能源、原材料项目，2 亿元以上的其他项目），由国家发改委审核后报国务院审批。总投资在限额以上的外商投资项目，项目建议书分别由省发改委、行业主管部门初审后，报国家发改委会同商务部等有关部门审批；超过 1 亿美元的重大项目，上报国务院审批。

第二，小型基本建设项目，限额以下更新改造项目由地方或国务院有关部门审批。

①小型项目中总投资 1000 万元以上的内资项目、总投资 500 万美元以上的生产性外资项目、300 万美元以上的非生产性利用外资项目，项目建议书由地方或国务院有关部门审批。

②总投资 1000 万元以下的内资项目、总投资 500 万美元以下的非生产性利用外资项目，本着简化程序的原则，若项目建设内容比较简单，也可直接编报可行性研究报告。

（二）项目建议书批准后的工作

项目建议书批准后的工作主要是以下几个方面：

1. 确定项目建设的机构、人员、法人代表、法定代表人
2. 选定建设地址，申请规划设计条件，做规划设计方案
3. 落实筹措资金方案
4. 落实供水、供电、供气、供热、雨污水排放、电信等市政公用设施配套方案
5. 落实主要原材料、燃料的供应

6. 落实环保、劳保、卫生防疫、节能、消防措施
7. 外商投资企业申请企业名称预登记。
8. 进行详细的市场调查分析
9. 编制可行性研究报告

五、水利水电项目建议书格式

水利水电项目建议书格式一般是：

（一）总论

1. 项目名称
2. 承办单位概况（新建项目指筹建单位情况，技术改造项目指原企业情况）
3. 拟建地点
4. 建设内容与规模
5. 建设年限
6. 概算投资
7. 效益分析

（二）市场预测

1. 水利水电供应、需求现状
2. 水利水电供需预测
3. 水利水电价格现状与预测

（三）水利水电资源开发利用条件

1. 流域及电网现状与开发利用规划
2. 拟开发河段水利水电资源量、品质及开发利用的可能性
3. 拟建项目在整个流域内或电网中所处的位置和作用。

（四）水文和气象

1. 流域概况（工程所在流域的地理状况、河道和水土保持状况）
2. 气象特征
3. 其他情况

（五）工程地质

1. 区域地质条件
2. 水库区工程地质条件
3. 坝址及枢纽主要建筑物工程地质条件
4. 其他部分地质条件（排水线路、堤防和河道）

（六）工程任务与规模

1. 土建工程

（1）挡水泄水建筑物

（2）水电站厂房及开关站

2. 水利水电设备

（1）发电机组

（2）电力接入系统方式及主接线

（3）主要电力设备及辅助设备（列出含单价的清单表）

（七）工程选址及工程总体布置

1. 工程等级和设计标准

2. 坝址选择

3. 坝型与枢纽布置

（八）环境影响评价

1. 区域环境概况

2. 工程对水体、水系、生物、水土流失影响分析

3. 保护措施

（九）组织机构与人力资源配置

1. 组织机构设置（法人组建方案、管理机构方案、管理机构图）

2. 人力资源配置（生产作业班次、劳动定员数量及技能要求）

3. 员工培训

（十）项目实施进度

1. 建设工期

2. 进度安排

（十一）投资估算及资金筹措

1. 投资估算

（1）建设投资估算（建筑工程费、设备购置安装费和库区淹没处理补偿费等）

（2）流动资金估算

（3）投资估算表（总资金估算表、单项工程投资估算表）

2. 资金筹措

（1）自筹资金

（2）其他来源

（十二）效益分析

1. 经济效益

（1）销售收入估算（编制销售收入估算表）

(2) 成本费用估算（编制总成本费用表和分项成本估算表）

(3) 利润与税收分析

(4) 投资回收期及投资利润率

2. 社会效益

（十三）结论

第四节 项目可行性研究

一、概述

（一）可行性研究的含义

可行性是指“可以做成的”“可以实现的”“行得通的”“可以成功的”，即“可能的”同义语。可行性研究是对投资建议、工程项目建设、科研课题等方案的确定所进行的系统的、科学的、综合性的研究、分析、论证的一种工作方法。是运用多种科学研究成果，对建设项目投资决策进行技术经济论证的一门综合性学科。

可行性研究是建设项目建设前期对拟建项目在技术上是否先进、经济上是否合理、建设上是否可行的综合分析和全面科学论证的工程经济研究活动。

（二）可行性研究的特点

1. 先行性

可行性研究是在工程项目建设前期所做的工作，正因为它是在项目确定之前所进行的研究、分析、论证工作，而不是项目确定之后再来分析、论证，此时项目建设尚未实施，所以，为可行性研究提供了足够的时间，使之得以深入地、全面地进行研究、分析。

2. 不定性

可行性研究的结果包含可行和不可行两种可能，这就使可行性研究工作得以客观地进行。不论其结果为可行或不可行，都是有意义的，可行，为项目的确定提供了科学的依据；不可行，则避免了浪费和不必要的损失。

3. 预测性

可行性研究是对尚未实施的投资方案或工程项目建设所进行的研究，由于是对未来的事物作出的分析、论证，必然会有一定的误差。为此，对可行性研究结果的精确程度，要予以客观地对待。同时，可行性研究必须慎重从事，尽可能地将各种因素考虑周到，以避免产生较大误差。

4. 决策性

可行性研究是为决策提供科学的依据。因此，必须严肃认真、实事求是。事实上，可行性研究过程本身就是一个决策过程。

（三）工程项目可行性研究的主要作用

建设项目可行性研究的主要作用是作为项目投资决策的科学依据，防止和减少决策失误造成的浪费，提高投资效益。经批准的可行性研究报告，其具体作用如下：

1. 作为确定建设项目的依据

2. 项目融资的依据

3. 作为编制投资项目规划设计及组织实施的依据

4. 作为拟建项目与有关协作单位签订合同或协议的依据

5. 作为环保部门审查项目对环境影响的依据，亦作为向当地政府部门或规划部门建设执照的依据

6. 作为施工组织、工程进度安排及竣工验收的依据

7. 作为企业或其他单位生产经营组织和项目后评价的依据

此外，在项目后评价中，投资项目可行性研究的资料和成果，大多数都要用来与运营效果进行对比分析，构成项目后评价的重要依据。在项目后评估时，以可行性研究报告为依据，将项目的预期效果与实际效果进行对比考核，从而对项目的运行进行全面的评价。

二、可行性研究的阶段划分及内容

生产性工程建设项目，从筹备建设到建成投产，直至报废，其发展过程大体可以分为三个时期，即建设准备时期（规划时期，亦称投资前期）、建设时期（亦称投资时期或实施阶段）、生产时期。分阶段为机会研究阶段；初步可行性研究阶段；最终可行性研究；项目的评估和决策。

三、可行性研究报告的编制

（一）可行性研究报告编制依据

编制可行性研究报告的主要依据有：

1. 国民经济发展的长远规划、国家经济建设的方针、任务和技术经济政策

2. 项目建议书和委托单位的要求

3. 有关的基础数据资料。进行厂址选择、工程设计、技术经济分析可靠的自然、地理、气象、水文、地质、社会、经济等基础数据资料、交通运输与环境保护等资料

4. 有关工程技术经济方面的规范、标定、定额等，以及国家正式颁布的技术法规和技术标准。它们都是考察项目技术方案的基本依据

5. 国家或有关主管部门颁发的有关项目评价的基本参数和指标

（二）可行性研究报告的编制步骤

可行性研究按以下五个步骤进行：

1. 筹划准备

2. 调查研究

3. 方案选择和优化

4. 财务分析与经济评价

对经上述分析后所确定的最佳方案进行详细的财务预测、财务分析、经济效益和国民经济评价。由项目的投资、成本和销售收益进行盈利性分析、费用效益分析和不确定性分析，研究论证项目在经济上的合理性和盈利性，进一步提出资金筹措建议和项目实施总进度计划。

5. 编制可行性研究报告

（三）可行性研究报告内容

建设项目可行性研究报告的内容可概括为三大部分：首先是市场研究，包括产品的市场调查和预测研究，这是项目可行性研究的前提和基础，其主要任务是要解决项目的“必要性”问题；第二是技术研究，即技术方案和建设条件研究，这是项目可行性研究的技术基础，它要解决项目在技术上的“可行性”问题；第三是效益研究，即经济效益的分析和评价，这是项目可行性研究的核心部分，主要解决项目在经济上的“合理性”问题。市场研究、技术研究和效益研究共同构成项目可行性研究的三大支柱。

可行性研究报告内容，体现了进行可行性研究工作的内容，是主管部门进行审批的主要依据。工业建设项目可行性研究报告一般应包括以下内容：

①总论。

②市场预测。

③资源、原材料、燃料及公用设施情况。

④建设规模与产品方案。

⑤建厂条件和厂址选择。

⑥项目设计方案。

⑦环境保护与劳动安全。对项目建设地区的环境状况进行调查，分析拟建项目“三废”（废气、废水、废渣）的种类、成分和数量，并预测其对环境的影响；提出治理方案的选择和回收利用情况，对环境影响进行评价，提出劳动保护、安全生产、城市规划、防震、防洪、防空、文物保护等要求以及采取相应的措施方案。

⑧企业组织、劳动定员和人员培训。全厂生产管理体制、机构的设置，对选择方案的论证；工程技术管理人员的素质和数量要求；劳动定员的配备方案；人员的培训计划和费用估算。

⑨项目施工计划和进度要求。

⑩投资估算和资金筹措。投资估算包括项目总投资估算，主体工程及辅助、配套工程的估算，以及流动资金的估算；资金筹措应说明资金来源、筹措方式、各种资金来源所占的比例、资金成本及贷款的偿付方式。

⑪项目的经济评价。项目的经济评价包括财务评价和国民经济评价，并通过有关指标的计算，进行项目盈利能力、偿还能力等分析，得出经济评价等结论。

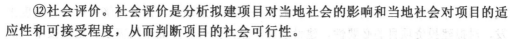

⑫社会评价。社会评价是分析拟建项目对当地社会的影响和当地社会对项目的适应性和可接受程度，从而判断项目的社会可行性。

⑬风险分析。风险分析是在市场预测、技术方案、工程方案、融资方案、财务评价和社会评价等论证中已进行的初步风险分析的基础上，进一步识别拟建项目在建设和运营中潜在的主要风险因素，揭示风险来源，判别风险程度，提出规避风险对策，为决策提供依据。

⑭综合评价与结论、建议。

四、可行性研究报告的评估和审批

（一）评估

在可行性研究报告编制上报后，由决策部门组织（或委托）有资格的工程咨询公司或有关专家，对可行性研究报告进行评估，审查项目可行性研究的可靠性、真实性和客观性。并提出评估报告，为建设项目最终审批决策提供科学依据。

对建设项目可行性研究报告的评估，主要应从三方面进行论证：a. 项目是否符合国家有关政策、法令和规定；b. 项目是否符合国家宏观经济意图，符合国民经济长远规划，布局是否合理；c. 项目的技术是否先进适用，是否经济合理。

（二）审批

审批的程序主要包括预审和审批。

审批权限的具体规定如下：

①大中型建设项目的可行性研究报告，由各主管部门、各省、市、自治区或全国性专业公司负责预审，报国家发改委审批，或国家发改委委托有关单位审批。

②重大项目和特殊项目的可行性研究报告由国家发改委会同有关部门审批，报国务院审批。

③小型项目的可行性研究报告，按隶属关系由各主管部门、各省、市、自治区或全国性公司审批。

第五节 项目评估与决策

一、项目评估概述

（一）项目评估的概念和特点

1. 项目评估的概念

项目评估是指咨询机构接受委托方的委托，在可行性研究的基础上，根据国家有关部门颁布的政策、法规、方法、参数和条例等，从项目、国民经济和社会的角度出发，对拟建投资项目的必要性、建设条件、生产条件、产品市场需求、工程技术、财务效益、经济效益和社会效益等进行全面分析论证，并就该项目是否可行提出相应职业判断的一项工作。

2. 项目评估的特点

项目评估要从委托者的角度出发，对拟建项目进行全面的技术经济论证和评价，预测项目未来的发展前景，从正反两个方面提出建议，为决策者选择项目和组织实施提供多方面的咨询意见，并力求准确、客观地将项目执行的有关资源、市场、技术、财务、经济和社会等方面的基本数据资料和实际情况，真实、完整地呈现于决策者面前，以便其做出正确、合理的投资决策，同时也为项目的组织实施提供依据。

3. 项目评估应解决的关键问题

①对可行性研究中项目目的和目标的分析评价，即从项目的直接目的、长远目标和宏观影响分析项目的可能性和必要性，确定项目的目的和目标。

②对项目可研报告的效益进行分析评价，即从项目的投入产出关系，评价其技术、经济、环境、社会和管理等方面效益指标的可靠性和准确性，判断项目的可行性。

③对项目可研报告中的风险进行分析评价，即从项目投入—产出—目的—目标之间的重要外部条件进行分析，判断项目风险的大小和性质，提出正确的评估咨询意见。项目评估应坚持系统分析的原则，利用统一的指标、合理的价格、科学的方法，进行独立、客观、公正的科学论证，力求选择出最优方案。

（二）项目评估的工作程序

项目评估是一项时间性强、涉及面广、内容复杂的工作，因此，在开展项目评估工作时，一定要合理地组织和有计划地进行。项目评估的基本程序为：

1. 成立评估小组并进行分工
2. 对可行性研究报告和相关资料进行审查和分析
3. 编制评估报告提纲
4. 数据调查
5. 分析与论证
6. 编写评估报告
7. 小组讨论
8. 修改报告
9. 专家论证会
10. 评估报告定稿

（三）项目评估的内容和方法

1. 项目评估内容

咨询工程师接受委托，开展项目评估工作，不同的委托主体，对评估的内容及侧重点的要求明显不同。政府部门委托的评估项目，一般侧重于项目的经济、社会、环境影响评价，分析论证资源配置的合理性；银行等金融机构委托的评估项目，主要侧重于融资主体的清偿能力评价；个人或机构投资者委托的评估项目，将重点评估项目本身的盈利能力、资金的流动性和财务风险。

2. 项目评估方法

进行项目评估的方法是“因地制宜”，根据不同的项目情况和评估要求，采用多种咨询方法。项目目标评估一般采用编制逻辑框架图的方法，分析宏观目标、项目目的、项目成果等不同层次的目标，并确定各层次评估的指标。逻辑框架分析，首要任务是要确定项目的各种目标及项目建设的必要性。要从市场需求、社会发展规划和投资盈利驱动等方面，评价项目建设的目的；从国家产业政策和行业规划情况、产品市场需求及竞争力分析的结论、项目建设对经济社会发展的影响及作用、发展规模经济等角度，评估项目建设的必要性。项目的目标必须是可以考核和度量的，是在一定期限内通过努力必须能够达到的，目标应当是责任明确的，并且各个目标之间能够相互协调一致。通过逻辑框架矩阵，应能清楚地看出各种目标之间的层次关系，制约条件及需要解决的问题。

二、项目评估的内容

在社会生产实践中技术和经济之间从来就是紧密联系在一起的。两者的关系既是相互依赖、互相促进的，又是互相矛盾、互相制约的，因而它们之间的关系是复杂的、多方面的。如何处理好技术与经济的关系，以取得最大的经济效益和社会效益，这是社会经济发展中重要问题，也是项目评价、投资决策所要研究的重要课题。

（一）建设必要性、现实性、可行性和市场预测的评估

评价一个工业建设项目，首先要了解拟建项目的背景并考虑市场需求，这是衡量建设必要性、现实性的一个前提。评估的目的就是根据市场和现有生产能力的状况来判断建设项目产品的目标市场潜量，有无建设的必要，建设该项目有何意义（经济的、政治的、社会的），生产的产品能否满足消费者的需要和有无竞争力。

（二）建设条件的评估

建设条件是项目建成后的物质保证。建设条件主要包括矿产资源、原材料、能源、动力等各种投入的需求平衡，以及生产中三废各种排弃物的处理，评估中应着重考虑以下几个方面：

①资源的可靠性评估。对于上游油气资源开发，要评估资源的储量、品位、成分及开采利用条件；对于中游加工，要评估来源的可靠性和灵活性。对于下游产品的出厂还要考虑建立产品的营销网络。

②原材料供应的可靠性、稳定性和经济合理性评估。

③动力、水资源、能源供应的可靠性评估。

④原料、产品运输条件的可靠性评估。

⑤根据国家立法的要求，对“三废”治理方案和社会环境影响进行评估。

⑥建厂地点的工程地质和水文地质条件评估。

⑦对于老厂改扩建和技术改造项目还要进行老厂依托条件的评估（公用工程、储运工程等）。

⑧相关项目关系的评估。

（三）技术方案的评估

在充分认识技术与经济关系的基础上，如何进行投资决策，最重要的问题是技术选择，即在特定的社会和经济条件下，选择什么样的技术去实现特定的目标。有的技术选择要从宏观的角度研究涉及整个国民经济的发展和社会进步，其影响的广泛性远远超出一个企业的范围。而有的技术是从微观的角度，限于一个企业范围内的产品、工艺和设备的选择。它是影响企业市场竞争力和经济效益的关键性问题。所以微观上技术选择是企业经营活动重要决策，它涉及企业的生存和发展，当然，最终也会影响到整个国民经济的发展。

因而，技术方案的评估关键是多方案选优。一是找出最优方案。二是在不存在最优方案时，择其各方案之长，根据实际需要产生一个较优方案。

技术方案评估的原则是要根据国家对某一行业（或产品）的技术政策来确定该项目选用工艺技术和技术装备的先进性、实用性、可靠性和经济性，并进行评价。注意技术政策服从经济政策，技术服从效益。

（四）机构设置和管理机制的评估

根据多年来的实践经验，认识到项目的机构设置和管理机制也是影响项目成败的重要因素。今后，企业的机构设置和管理机制必须逐步适应建立现代企业制度的需要。

（五）社会经济效果的评估

一般情况下进行企业（项目）的财务评价。有关国计民生的、投资额巨大的项目还要进行国民经济评价。

财务评价是从企业角度出发，以企业盈利最大为目标对建设项目进行评价。对企业财务收支一般要进行动态分析，要考虑货币的时间价值、机会成本、边际效益和投入产出效果。有竞争力的项目才是可以推荐的项目。

（六）项目实施方案的评估

对于老厂改扩建项目要注意原有固定资产的拆除、迁建和停产对施工方案和经济效益带来的影响。

（七）最后要提出评价结论、存在问题和建议

通过对可研报告的深入论证、评价得出项目可行还是不可行，如果可行哪个方案最好，如果不可行，指出为何不可行的结论，并提出该项目存在哪些主要问题及问题的解决办法供决策部门参考。

第六节 项目管理规划

一、工程项目业主方的工程项目管理规划

业主的任务是对整个工程项目进行总体的控制。在工程项目被批准立项后，业主应根据工程项目的任务书对项目的管理工作进行规划，以保证全面完成工程项目任务书规定的各项任务。

项目管理规划作为项目管理的一个重要的工作，在项目立项后编制。由于项目的特殊性和项目管理规划的独特的作用，它应符合如下要求。

（一）符合项目总目标要求

管理规划是为保证实现项目管理总目标而作的各种安排，所以目标是规划的灵魂。首先必须详细地分析项目总目标，弄清总任务。如果对目标和任务理解有误，或不完全，必然会导致项目管理规划的失误。项目管理规划应包括对目标的研究与分解，并与相关者各方就总目标达成共识。

（二）符合实际情况要求

管理规划要有可行性，要符合实际情况要求。在项目管理规划的制订中应进行充分地调查研究，大量地占有资料，并充分利用调查结果，按工程规模、复杂程度、质量水平、工程项目自身的逻辑性和规律性作计划。

（三）符合全面性要求

由于项目管理对项目实施和运营的重要作用，应着眼于项目管理的全过程，考虑项目的组织，以及项目管理的各个方面通常应包括项目管理的目标分解、环境的调查、项目的范围管理和结构分解、项目的实施策略、项目组织和项目管理组织设计，以及对项目相关工作的总体安排。

（四）符合集成化要求

项目管理规划应集成化，规划所涉及的各项工作之间应有很好的接口。项目管理规划的体系应反映规划编制的基础工作、规划包括的各项工作，以及规划编制完成后的相关工作之间的系统联系。

（五）符合弹性要求

管理规划要有弹性，必须留有余地。由于投资者的情况的变化、市场变化、行政干预、设计考虑不周、环境变化、气候的影响等，原目标和规划内容可能不符合实际，

必须作相应调整。

（六）考虑风险防范措施

规划中必须包括相应的风险分析的内容，对可能发生的困难、问题和干扰作出预计，并提出相应的防范措施。

二、工程项目管理规划大纲

（一）项目管理规划大纲的编制程序

1. 明确项目目标
2. 分析项目环境和条件
3. 收集项目的有关资料和信息
4. 确定项目管理组织模式、结构和职责
5. 明确项目管理内容
6. 编制项目目标计划和资源计划
7. 汇总整理，报送审批

这个程序中，关键程序是第六步。前面的五步都是为它服务的，最后一步是例行管理手续。

（二）项目管理规划大纲的内容

项目管理规划大纲包括以下 13 项内容。

①项目概况。项目概况包括项目范围描述、项目实施条件分析和项目管理基本要求等。

②项目范围管理规划。项目范围管理规划要通过工作分解结构图实现，并对分解的各单元进行编码及编码说明。既要对项目的过程范围进行描述，又要对项目的最终可交付成果进行描述。项目管理规划大纲的项目工作结构分解可以粗略一些。

③项目管理目标规划。业主项目管理的目标是组织自身要完成的目标。项目管理目标规划应明确进度、质量、职业健康安全与环境、成本等的总目标，并进行可能的分解。这些目标是项目管理的努力方向，也是管理成果的体现，故必须进行可行性论证，提出纲领性的措施。

④项目管理组织规划。项目管理组织规划应包括组织结构形式、组织构架图、项目经理、职能部门、主要成员人选，拟建立的规章制度等。项目的组织规划应符合业主方的项目组织策略，有利于项目管理的运作。在项目管理规划大纲中不需详细地描述项目经理部的组成状况，仅需原则性地确定项目经理、总工程师等的人选。

⑤项目成本管理规划。项目管理组织应提出完成任务的预算和成本计划。成本计划应包括项目的总成本目标，按照主要成本项目进行成本分解的子目标，保证成本目标实现的技术、组织、经济和合同措施。成本计划目标应留有一定的余地，并有一定的浮动区间，以便激发生产者和管理者的积极性。

⑥项目进度管理规划。项目进度管理规划应包括进度的管理体系、管理依据、管理程序、管理计划、管理实施和控制、管理协调等内容的规划。应明确总工期目标，总工期目标的分解，主要的里程碑事件及主要工程活动的进度计划安排，进度计划表。应规划出保证进度目标实现的组织、经济、技术、合同措施。

⑦项目质量管理规划。项目管理规划大纲确定的质量目标应以符合法律、法规、规范的要求，应体现组织的质量追求。对有关各方质量进行管控的方法、措施都要进行规划，以保证质量目标的实现。

⑧项目职业健康安全与环境管理规划。对职业健康和安全管理体系的建立和运行进行规划，也要对环境管理体系的建立和运行进行规划。对危险源进行预测，对其控制方法进行粗略规划。要编制有战略性和针对性的安全技术措施计划和环境保护措施计划。

⑨项目采购与资源管理规划。项目采购规划要识别与采购有关的资源和过程，包括采购什么，何时采购，询价，评价并确定参加投标的分包人，分包合同结构策划，采购文件的内容和编写等。项目资源管理规划包括识别、估算、分配相关资源，安排资源使用进度，进行资源控制的策划等。

⑩项目信息管理规划。项目信息管理规划的内容包括：信息管理体系的建立，信息流的设计，信息收集、处理、储存、调用等的构思，软件和硬件的获得及投资等，服务于项目的过程管理。

⑪项目沟通管理规划。项目沟通管理规划的内容包括：项目的沟通关系，项目沟通体系，项目沟通网络，项目的沟通方式和渠道，项目沟通计划，项目沟通依据，项目沟通障碍与冲突管理方式，项，目协调组织、原则和方式等。

⑫项目风险管理规划。应根据工程的实际情况对项目的主要风险因素做出预测，并提出相应的对策措施，提出风险管理的主要原则。项目管理规划大纲阶段对风险的考虑较为宏观，应着眼于市场、宏观经济、政治、竞争对手、合同、发包人资信等。在项目管理规划大纲中可根据预测风险选择相应的对策措施。

⑬项目收尾管理规划。项目的收尾管理规划包括工作成果的验收和移交、费用的决算和结算、合同终结、项目审计、项目管理组织解体和项目经理解职、文件归档、项目管理总结等。项目管理规划大纲应作出预测和原则性安排。这个阶段涉及问题较多，不能面面俱到，但是重点问题不能忽略。

三、工程项目管理实施规划

项目管理实施规划是以项目管理规划大纲的总体构想和决策意图为指导，具体规定各项管理业务的目标要求、职责分工和管理方法，为履行合同和项目管理目标责任书的任务做出精细的安排。

（一）项目管理实施规划的编制程序

项目管理实施规划的编制一般遵循以下程序：

①进行合同和实施条件分析。

②确定项目管理实施规划的目录及框架。

③分工编写。项目管理实施规划必须按照专业和管理职能分别由项目经理部的各部门（或各职能人员）编写。有时需要组织管理层的一些职能部门参与。

④汇总协调。由项目经理协调上述各部门（人员）的编写工作，给他们以指导，最后由项目经理定人汇总编写内容，形成初稿。

⑤统一审查。组织管理层出于对项目控制的需要，必须对项目管理实施规划进行审查，并在执行过程中进行监督和跟踪。审查、监督和跟踪的具体工作可由组织管理层的职能部门负责。

⑥修改定稿。由原编写人修改，由汇总人定稿。

⑦报批。由项目经理部报给组织的领导批准项目管理实施规划。它将作为一份有约束力的项目管理文件，不仅对项目经理部有效，而且对组织各个相关职能部门进行服务和监督也有效。

（二）项目管理实施规划的编制依据

项目管理实施规划的编制依据有以下六个方面：

①依据项目管理规划大纲。从原则上讲，项目管理实施规划是规划大纲的细化和具体化，但在依据规划大纲时应注意在做标、招标、开标后的澄清，以及合同谈判过程中获得的新的信息、过去所掌握的信息的错误、不完备的地方，投标人提出的新的优惠条件等。因此，项目管理实施规划肯定比项目管理规划大纲会多一些新的内容。

②依据项目条和环境分析资料。编制项目管理实施规划的时候，项目条件和环境应当比较清晰，因此要获得这两方面的详细信息。这些信息越清楚、可靠，据以编制的项目管理实施规划越有用。一方面，通过广泛收集和调查获得项目条件和环境的资料；另一方面，进行科学的去粗取精分析，使资料和信息可用、适用、有效。

③依据合同及相关文件。合同内容是项目管理任务的源头，是项目管理实施规划编制的背景和任务的来源，也是实施项目管理实施规划结果是否有用的判别标准，因此这项依据更具有规定性乃至强制性。所谓相关文件是指法规文件、设计文件、标准文件、政策文件、指令文件、定额文件等，它们都是编制项目管理实施规划不可或缺的。

④依据同类项目的相关资料。同类项目的相关资料具有可模仿性，因此借鉴具有相似性的项目的经验或教训可以避免走弯路。所以，积累工程项目资料也是极其重要的。

⑤项目管理目标责任书。组织管理层与项目经理之间签订的项目管理目标责任书规定着项目经理的权力、责任和利益，项目的目标管理过程，在项目实施过程中组织管理层与项目经理部之间的工作关系等，编制项目管理实施规划也应以此作为依据。

项目管理目标责任书体现组织的总体经营战略，符合组织的根本利益，保证组织对项目的有力控制，防止项目失控，能够充分发挥项目经理和项目经理部各部门（人员）的积极性和创造性，保证在项目上能够利用组织的资源和组织的总体优势，对项目管理实施规划的成功编制和发挥作用具有重要作用。

⑥其他。其他依据还有：项目经理部的自身条件及管理水平，项目经理部掌握的

新的其他信息，组织的项目管理体系，项目实施中项目经理部的各个职能部门（或人员）与组织的其他职能部门的关系，工作职责的划分等。

（三）项目管理实施规划的编制内容

项目管理实施规划应包括以下 16 项内容：

1. 项目概况

应在项目管理规划大纲项目概况的基础上，根据项目实施的需要进一步细化。由于此时临近项目实施，项目各方面的情况进一步明朗化，故对项目管理规划大纲中项目概况是有条件细化的。项目管理实施规划的项目概况具体包括：项目特点具体描述，项目预算费用和合同费用，项目规模及主要任务量，项目用途及具体使用要求，工程结构与构造，地上、地下层数，具体建设地点和占地面积，合同结构图、主要合同目标，现场情况，水、电、暖气、煤气、通信、道路情况，劳动力、材料、设备、构件供应情况，资金供应情况，说明主要项目范围的工作清单，任务分工，项目管理组织体系及主要目标。

2. 总体工作计划

总体工作计划包括项目管理工作总体目标，项目管理范围，项目管理工作总体部署，项目管理阶段划分和阶段目标，保证计划完成的资源投入、技术路线、组织路线、管理方针和路线等。

3. 组织方案

组织方案包括下列内容：项目结构图、组织结构图、合同结构图、编码结构图、重点工作流程图、任务分工表、职能分工表、必要的说明。

4. 技术方案

技术方案指处理项目技术问题的安排，包括项目构造与结构、工艺方法、工艺流程、工艺顺序、技术处理、设备选用、能源消耗、技术经济指标等。

5. 进度计划

进度计划包括进度图、进度表、进度说明，与进度计划相应的人力计划、材料计划。进度计划应合理分级，即注意使每份计划的范围大小适中，不要使计划范围过大或过小，也不要只用一份计划包含所有的内容。

6. 质量计划

质量计划应确定下列内容：质量目标和要求，质量管理组织和职责，所需的过程、文件和资源，产品（或过程）所要求的评审、验证、确认、监视、检验和试验活动以及接收准则，记录的要求，所采取的措施。

7. 职业健康安全与环境管理计划

职业健康安全与环境管理计划在项目管理规划大纲中职业健康安全与环境管理规划的基础上细化下列内容：项目的职业健康安全管理点；识别危险源，判别其风险等级；可忽略风险和不容许风险、可容许风险、中度风险、重大风险，对不同等级的风险采取不同的对策；制订安全技术措施计划；制订安全检查计划；根据污染情况制订防治污染、保护环境计划。

8. 成本计划

在项目管理实施规划中，成本计划是在项目目标规划的基础上，结合进度计划、成本管理措施、市场信息、组织的成本战略和策略，具体确定主要费用项目的成本数量以及降低成本的数量，确定成本控制措施与方法，确定成本核算体系，为项目经理部实施项目管理目标责任书提出实施方案和方向。

9. 资源需求计划

资源需求计划的编制首先要用预算的办法得到资源需要量，列出资源计划矩阵，然后结合进度计划进行编制，列出资源数据表，画出资源横道图、资源负荷图和资源累积曲线图。

10. 风险管理计划

列出项目过程中可能出现的风险因素清单，并对风险出现的可能性以及如果出现将会造成的损失作出估计。对各种风险作出确认，根据风险量列出风险管理的重点，或按照风险对目标的影响确定风险管理的重点。对主要风险提出防范措施，并落实风险管理责任人，风险责任人通常与风险防范措施相联系。对特别大或特别严重的风险应进行专门的风险管理规划。

11. 信息管理计划

信息管理计划应包括：项目管理的信息需求种类，项目管理中的信息流程，信息来源和传递途径，信息管理人员的职责和工作程序。

12. 项目沟通管理计划

项目沟通管理计划主要包括项目的沟通方式和途径；信息的使用权限规定；沟通障碍与冲突管理计划；项目协调方法。

13. 项目收尾管理计划

项目收尾管理计划应主要包括：项目收尾计划；项目结算计划；文件归档计划；项目创新总结计划。

14. 项目现场平面布置图

应按照国家或行业规定的制图标准绘制，不得有随意性。现场平面布置图应包括以下内容：在现场范围内现存的永久性建筑；拟建的永久性建筑；永久性道路和临时道路；垂直运输机械；临时设施，包括办公室、仓库、配电房、宿舍、料场、搅拌站等；水电管网；平面布置图说明。

15. 项目目标控制措施

项目目标控制措施包括：保证进度目标的措施；保持质量目标的措施；保证安全目标的措施；保证成本目标的措施；保证季节性工作的措施；保护环境的措施等。

16. 技术经济指标

项目技术经济指标是计划目标和完成目标的数量表现，用以评价组织的项目管理实施规划的水平和质量。在项目管理实施规划中应列出规划所达到的技术经济指标。这些指标是规划的结果，体现规划的水平；它们又是项目管理目标的进一步分解，可以验证项目目标的完成程度和完成的可能性。规划完成后作为确定项目经理部责任的依据。组织对项目经理部，以及项目经理部对其职能部门或人员的责任指标应以这些指标为依据。

（四）项目管理实施规划的管理

①项目管理实施规划的编制与审批责任。项目管理规划大纲的编制权和审批权都在组织管理层，而项目管理实施规划的编制权只能在项目管理层，所以必须先进行规划，然后按计划实施管理。项目经理应负责组织相关职能部门（或人员）编制，由综合管理部门对相关职能部门的工作进行协调、综合平衡后汇总，再由项目经理审核后签字后报企业管理层审批。

项目管理实施规划在编制过程中必须听取组织管理层相关部门的意见。如果需要，应会同这些部门共同参与编写，编写完成后再报送这些部门。这样做的目的是：使他们了解项目的实施过程；获得他们对实施规划的认同；将实施规划中涉及的内容纳入部门计划中，对这些工作预先作出安排；取得承诺，在项目的实施过程中保证按照实施规划的要求给项目提供资源，完成他们所应承担的工作责任。

②项目管理实施规划的实施。对项目管理实施规划的实施，与所有计划的实施一样，也要经过交底落实、检查、调整，也就是控制的过程。落实就是将规划落实到相关的责任部门，明确他们的目标、指标、措施，使之承担起责任来，并在最终接受考核评价。项目管理实施规划编制批准后应分发给项目经理部的各职能部门（或人员）、分包人、相关供应人，并向他们做交底，对其中的内容做出解释；应按专业和子项目进行交底，落实执行责任，各部门和各子项目提出保证实现的措施。在全过程中，各方面的工作都应贯彻项目管理实施规划的要求。

检查应是定期的，如按月、季进行检查，将实际情况与规划要求进行对比，判断是否有偏差，是否要纠正偏差。当无法纠正偏差或原目标无法实现时，就要对规划进行调整，改变原目标、做法或措施，使之适应新的情况，继续发挥规划的作用。制订相应的检查规定和奖罚标准，制订检查办法、协调办法、考核办法、奖惩办法。

③项目管理实施规划总结。项目管理实施规划实施完成以后，应按 PDCA 循环原理进行总结，总结出在项目管理实施规划编制、实施中的经验教训，新技术应用成果，技术和管理创新成果等，形成文件，作为改进后续工作的参考和管理资源的储备，使组织的项目管理工作能够持续改进。

第三章 水利工程建设项目施工组织设计

第一节 施工组织设计的基础认知

一、施工组织设计的意义

在施工组织设计工作中，施工总组织设计最早开始，最晚结束，贯穿设计施工全过程。在水工建筑物设计初期，施工总组织设计参与坝址、坝型选择，参与选择和评价水工枢纽布置方案；导流设计中，施工总组织设计配合选择导流方案，对导、截流建筑物的布置，提出指导性的建议；在其他各单项工程施工组织设计中，从拟订方案，经过论证、调整、充实和完善，到得出各项综合技术经济指标的整个过程中，总组织设计工作始终起着指导、配合、协调、综合平衡的作用。同时通过施工组织设计者的深入工作，使总组织设计的成果有了可靠的基础。

施工组织设计，既有技术经济问题，又有方针政策问题；既有承上启下、瞻前顾后配合协调的作用，又有研究和汇总施工组织设计各单项设计成果的责任。施工总组织设计内容丰富、涉及面广、综合性强，其设计成果综合地体现在施工总进度、施工总体布置、施工技术供应等图表上。

二、施工组织设计的分类

按照编制的对象或范围不同，可以分为施工组织设计、单项工程施工组织设计和分部（分项）工程施工组织设计三类。

（一）施工组织设计

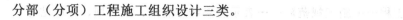

施工组织设计是以整个水利水电枢纽工程为编制对象，用以指导整个工程项目施工全过程的各项施工活动的综合性技术经济文件。它根据国家政策和上级主管部门的指示，分析研究枢纽工程建筑物的特点、施工特性及其施工条件，制定出符合工程实际的施工总体布置、施工总进度计划、施工组织和劳动力、材料、机械设备等技术供应计划，用以指导施工。

（二）单项工程施工组织设计

单项工程施工组织设计是以一个单项（单位）工程为编制对象。

（三）分部（分项）工程施工组织设计

分部（分项）工程施工组织设计主要指以分部（分项）工程为对象，编制较详细、具体。

按照基本建设程序，一般在工程设计阶段要编制施工组织设计，相对比较宏观、概括和粗略，对工程施工起指导作用，但可操作性差；在工程项目招投标或施工阶段要编制单项工程施工组织设计或分部分项工程施工组织设计，编制对象具体，内容也比较翔实，具有实施性，可以作为落实施工措施的依据。

三、编制施工组织设计所需要的主要资料

（一）技术施工阶段施工规划需进一步搜集的基本资料

基本资料如下：

①初步设计中的施工组织设计文件及初步设计阶段搜集到的基本资料。

②技术施工阶段的水工及机电设计资料与成果。

③进一步搜集国内基础资料和市场资料。

④补充搜集国外基础资料与市场信息（国际招标工程需要）。

施工组织设计是工程设计的一部分，其设计需要依托水文、测量、地质、水工、机电等专业的设计，本专业还需要给其他专业提供相关资料，比如给环评、水保、移民、概算专业提供相关资料等等。

（二）主要参考资料及设计手册

主要参考资料及设计手册如下：

①《水利水电工程施工组织设计规范》。

②《水利水电工程施工组织设计手册》（5卷）。

③《水利水电工程施工手册》（5卷）。

④《水利水电工程设计范本》（施工专业部分）。

⑤《水利水电工程设计导则》。

⑥《水利水电工程……施工规范》……表示防渗墙、灌浆、土石坝、水电站等。

⑦对于单项道路、桥梁、供水工程，需要研究交通行业、给排水专业相关规范。

第二节 施工组织设计的方案

一、拟定施工程序的注意事项

（一）注意施工顺序的安排

施工顺序是指互相制约的工序在施工组织上必须加以明确、而又不可调整的安排。建筑施工活动由于建筑产品的固定性，必须在同一场地上进行，如果没有前一阶段的工作，后一阶段就不能进行。在施工过程中，即使它们之间交错搭接地进行，也必须遵守一定的顺序。

施工顺序一般要求：

①先地下后地上：主要指应先完成基础工程、土方工程等地下部分，然后再进行地面结构施工；即使单纯的地下工程也应执行先深后浅的程序。

②先主体后围护：指先对主体框架进行施工，再施工围护结构。

③先土建后设备安装：先对土建部分进行施工，再进行机电金属结构设备等安装的施工。

（二）注意施工季节的影响

不同季节对施工有很大影响，它不仅影响施工进度，而且还影响工程质量和投资效益，在确定工程开展程序时，应特别注意。

二、施工方法与施工机械的选择

施工方案编制的主要内容包括：确定主要的施工方法、施工工艺流程、施工机械设备等。

要加快施工进度、提高施工质量，就必须努力提高施工机械化程度。在确定主要工程施工方法时，要充分利用并发挥现有机械能力，针对施工中的薄弱环节，在条件许可的情况下，尽量制定出配套的机械施工方案，购置新型的高效能施工机械，提高机械动力的装备程度。

在安排和选用机械时，应注意以下几点：

①主导施工机械的型号和性能，既能满足构件的外形、重量、施工环境、建筑轮廓、高度等的需要，又能充分发挥其生产效率。

②选用的施工机械能够在几个项目上进行流水作业，以减少施工机械安装、拆除和运输的时间。

③建设项目的工程量大而又集中时，应选用大型固定的机械设备；施工面大而又分散时，宜选用移动灵活的施工机械。

④选用施工机械时，还应注意贯彻土洋结合、大中小型机械相结合的方针。

第三节　施工组织设计的总进度计划

一、施工进度的各设计阶段及类型

（一）施工进度计划的编制阶段

1. 工程河流规划阶段

根据已掌握的流域内的自然和社会条件，进行的规划，及可能的施工方案，参照已建工程的施工指标，拟定轮廓性施工进度规划，匡算施工总工期、初期发电期、劳动力数量和总工日数。

2. 可行性研究阶段

根据工程具体条件和施工特性，对拟定的各坝址、坝型和水工枢纽布置方案，分别进行施工进度的分析研究，提出施工进度资料，参与方案选择和评价水工枢纽布置方案。在既定方案的基础上，配合拟定并选择导流方案，研究确定主体工程施工分期和施工程序，提出控制性进度表及主要工程的施工强度，初算劳动力高峰时人数和平均人数。

3. 初步设计阶段

根据主管部门对可行性研究报告的审批意见、设计任务和实际情况的变化，在参与选择和评价枢纽布置方案、施工导流方案的过程中，提出并修改施工控制性进度；对导流建筑物施工、工程截流、基坑抽水、拦洪、后期导流和下闸蓄水等工期要认真分析；对枢纽主体工程的土建、机电、金属结构安装等的施工进度要求其程序合理，平行、依次、流水，均衡施工。

4. 技术设计（招标设计）阶段

根据初步设计编制的施工总进度和水工建筑物形式、工程量的局部修改、结合施工方法和技术供应条件，进一步调整、优化施工总进度。

（二）施工进度计划的类型

施工进度计划常用施工进度表等形式表示，施工进度表分为两种类型：

1. 横道图（甘特图）

横道图上标有各单项工程主要项目的施工时段、施工工期和平均强度，并有经平衡后汇总的主要施工强度曲线和劳动力需要量曲线。由于它具有图面简单明确，使用时直观易懂等优点，故在实际工程中广泛应用。其缺点是不能反映各分项工程间的逻辑关系，不能反映进度安排的工期、投资或资源的相互制约关系，并且进度的调整修改工作十分复杂，优化也十分困难。

2. 网络图

它能明确反映各分项工程之间的依存关系，并能标示出控制工期的关键线路，便于施工的控制和管理，同时又有利于采用计算机等先进的计算手段，因此施工进度计划的优化或调整比较方便。

二、编制施工总进度的主要步骤

（一）收集基本资料

在编制施工总进度之前和在工作过程中，要收集和不断完善所需的基本资料，主要包括：

①可行性研究报告及审查意见。

②国家规定的工程施工期限或限期投入运转的顺序和日期，以及上级主管部门对该工程的指示文件。

③工程勘测和技术经济调查资料。

④初步设计各专业阶段成果。

⑤工程建设地点的对外交通现状及近期发展规划。

⑥施工区水源、电源情况及供应条件。

⑦工程的规划设计和预算文件。

⑧交通运输和技术供应的基本资料。

（二）编制轮廓性施工进度

轮廓性施工进度，可根据初步掌握的基本资料和水工建筑物布置方案，结合其他专业设计文件，对关键性工程施工分期、施工程序进行粗略的研究之后，参考已建同类工程的施工进度指标，匡估工程受益工期和总工期。

（三）编制控制性施工进度

编制控制性施工进度时，应以关键性工程施工项目为主线，根据工程特点和施工条件，拟定关键性工程项目的施工程序，分析研究关键性工程的施工进度。选择关键性施工进度作为主线，拟定初步的控制性施工进度表。计算并绘制施工强度曲线，经反复调整，使各项进度合理，施工强度曲线平衡。

（四）施工进度方案比较

在可行性研究阶段或初步设计的前期，一般常有几个施工布置方案，对一个水工方案可能做出几种不同的施工方案因而可以编制出多个相应的施工进度方案，需要对施工进度方案进行比较和优选。

对于具有代表性的施工方案，都应编制控制性施工进度计划表，提出施工进度计划指标和对施工方案的评价意见，作为施工布置方案比较的依据之一。

（五）编制施工总进度表

施工总进度表是施工总进度的最终成果，它是在控制性进度表的基础上进行编制的，其项目较控制性进度表全面而详细。在编制总进度表的过程中，可以对控制性进度作局部修改。对非控制性施工项目，主要根据施工强度和土石方、混凝土方平衡的原则安排。

总进度表除了应绘制出施工强度曲线外，还应绘出劳动力需要量曲线，并计算出整个工程的总劳动工日及机械总台班。

三、编制施工总进度的主要进度计划

（一）列出工程项目

在施工总进度的重要内容是拟定施工中各项工作的施工先后顺序和起止时间，从而起到制定和据此控制总工期的作用，因此编制施工总进度的首要工作是按照工程开展顺序和分期投产要求，将项目建设内容进行分解及合并，列出施工过程中可能涉及的工程项目。

总进度计划的项目划分不宜过细。列项时，应根据施工部署中分期、分批开工的顺序和相互关联的密切程度依次进行，将主要工程项目列入工程名称栏内。例如河床中的水利水电工程的项目分解示意图。

工程项目列出表后，要结合具体项目与已建的类似项目进行对比，完善工程项目表，尽可能做到所列工程项目没有重复和遗漏。

（二）计算工程量

工程量计算时，由于进度计划所对应的设计阶段不同，工程量计算精度也不一样。工程量的计算一般应根据工程量计算规则、设计图纸、有关定额手册或资料进行。其数值的准确性直接关系到项目持续时间的误差，进而影响进度计划的准确性。

计算工程量常采用列表的方式进行。工程量的计量单位要与使用的定额单位相吻合。计算出的工程量应填入工程量汇总表。

（三）分析确定项目之间的逻辑关系

项目之间的逻辑关系取决于工程项目的性质和轻重缓急、施工组织、施工技术等许多因素，概括说来分为两大类。

1. 组织关系

即由施工组织安排决定的施工顺序关系。如工艺上没有明确规定先后顺序关系的工作，由于考虑到其他因素的影响而人为安排的施工顺序关系，均属此类。例如，由导流方案所形成的导流程序，决定了各控制环节所控制的工程项目，从而也就决定了这些项目的衔接顺序。又如，由于劳动力的调配、建筑材料的供应和分配、施工机械的转移、机电设备进场等原因，安排一些项目在先、另一些项目滞后，均属组织关系所决定的顺序关系。再如，采用全段围堰隧洞导流的导流方案时，通常要求在截流以前完成隧洞施工、库区清理、围堰进占、截流备料等工作，由此形成了相应的衔接关系。

2. 工艺关系

即由施工工艺决定的施工顺序关系。在作业内容、施工技术方案确定的情况下，各工种工作逻辑关系是确定的，不得随意更改。如一般土建工程项目，应按照先地下后地上、先基础后结构、先土建后安装再调试的原则安排施工顺序。现浇柱子的工艺顺序为：扎柱筋—支柱模—浇柱混凝土—养护和拆模。土坝坝面作业的工艺顺序为：铺土—平土—晾晒或洒水—压实—刨毛。它们在施工工艺上，都有必须遵循的逻辑顺序，违反这种顺序将付出额外的代价甚至造成巨大损失。

项目之间的逻辑关系，是科学地安排施工进度的基础，应逐项研究，仔细确定。

（四）编制劳动力、材料、机械设备等需要量

根据拟定的施工总进度和定额指标，计算劳动力、材料、机械设备等的需要量，并提出相应的计划。这些计划应与器材调配、材料供应、厂家加工制造的交货日期相协调。所有材料、设备尽量均衡供应，这是衡量施工进度是否完善的一个重要标志。

（五）初拟施工进度

这是编制总进度的一项主要步骤。在草拟总进度计算时，应该做到抓住关键、分清主次、安排合理，保证各项工程的实施时间和顺序互不干扰、可能实现连续作业。在水利工程的实施中，与雨洪有关的、受季节性影响的以及施工技术复杂的控制性工程，往往是影响工程进度的关键环节，一旦这些项目的任何一个发生延误，都将影响整个工程进度。因此，在总进度中，应特别注意对这些项目的进度安排，以保证整个项目的如期进行。

（六）论证施工强度

论证施工强度的目的在于分析初拟的施工进度是否合理。在论证施工强度时，一般采用工程类比法。如果没有类似工程可供对比，则应通过施工设计，从施工方法、施工机械和生产能力、施工的现场布置、施工措施等方面进行论证。

（七）编制正式施工总进度计划

经过调整优化后的施工进度计划，可以作为设计成果整理以后提交审核。此外，还应根据施工开展程序和主要工程项目施工方案，编制好施工项目全场性的施工准备工作计划。

第四节 施工组织设计的总体布置

一、施工总布置的原则、基本资料和基本步骤

（一）施工总布置的作用

施工总平面图是拟建项目施工场地的总布置图，是施工组织设计的重要组成部分，它是根据工程特点和施工条件，对施工场地上拟建的永久建筑物、施工辅助设施和临时设施等进行平面和高程上的布置。施工现场的布置应在全面了解掌握枢纽布置、主体建筑物的特点及其他自然条件等基础上，合理的组织和利用施工现场，妥善处理施工场地内外交通，使各项施工设施和临时设施能最有效地为工程服务。保证施工质量，加快施工进度，提高经济效益。另外，将施工现场的布置成果标在一定比例的施工地区地形图上，绘制的比例一般为 1 ： 1000 或者 1 ： 2000，就构成施工现场布置图。

（二）施工总布置的基本步骤

施工总布置的基本步骤如下：

①收集分析整理资料。

②编制并确定临时工程项目明细及规模。

③施工总布置规划。

④施工分区布置。

⑤场内运输方案。

⑥施工辅助企业及辅助设施布置。

⑦各种施工仓库布置。

⑧施工管理。

⑨总布置方案比较。

⑩修正完善施工总布置并编写文字说明。

（三）现场布置总规划

这是施工现场布置中的最关键一步。应该着重解决施工现场布置中的重大原则问题，具体包括以下几点：

①施工场地是一岸布置还是两岸布置。

②施工场地是一个还是几个，如果有几个场地，哪一个是主要场地。

③施工场地怎样分区。

④临时建筑物和临时设施采取集中布置还是分散布置，哪些集中哪些分散。

⑤施工现场内交通线路的布置和场内外交通的衔接及高程的分布等。

二、施工分区布置

（一）施工分区原则

在进行各分区布置时，应满足主体工程施工的要求。对以混凝土建筑物为主体的工程枢纽，应该以混凝土系统为重点，即布置时以砂石料的生产，混凝土的拌和、运输线路和堆弃料场地为主，重要的施工辅助企业集中布置在所服务的主体工程施工工区附近，并妥善布置场内运输线路，使整个枢纽工程的施工形成最优工艺流程。对于其他设施的布置，则应围绕重点来进行，确保主体1：程施工。

（二）施工分区布置需考虑的事项

施工分区布置需考虑的事项有：

①制冷厂主要任务是供应混凝土建筑物冷却用水、骨料预冷用水、混凝土搅拌用冷水和冰屑。冷水供应最好采用自流方式，输送距离不宜太远，以减少提水加压设备和冷耗。制冷厂的位置应布置在混凝土建筑物和混凝土系统附近的适当地方为宜。

②破碎筛分和砂石筛分系统，应布置在采石场、砂石料场附近，以减少废料运输。若料场分散或受地形条件限制，可将上述系统尽量靠近混凝土搅拌系统。

③钢筋加工厂、木材加工厂、混凝土预制构件厂，三厂统一管理时称综合厂。其位置可布置在第二线场地范围内，并具备运输成品和半成品上坝的运输条件。

④制氧厂具有爆炸的危险性，应布置在安全地区。

⑤供水系统。生产用水主要服务对象是砂石筛分系统、电厂、制冷厂、混凝土系统等，根据水源和取水条件、水质要求、供水范围和供水高程，合理布置。

⑥机械修配厂、汽车修配厂是为工地机械设备和汽车修配、加工零件服务的。它的服务面广，有笨重的机械运出运入，占地面积较大，以布置在第二线或后方为宜，且靠近工地交通干线。

⑦工地房屋建筑和维修系统，它是为全工地房屋建筑和维修服务的，应布置在第二线或后方生活区的适当地点。

⑧砂石堆场、钢筋仓库、木材堆场、水泥仓库等都是专为企业储备、供应材料的，储存数量大，并与企业生产工艺有不可分割的关系，因此，这类仓库和堆场必须靠近它所服务的企业。

（三）分区布置方式

根据工程特点、施工场地的地质、地形、交通条件、施工管理组织形式等，施工总布置一般除建筑材料开采区、转运站及特种材料仓库外，可分为分散式、集中式和混合式3种基本形式。

1. 分散式布置

分散式布置有两种情况。一种情况是枢纽建筑物布置分散，如引水式工程主体建筑物施工地段长达几公里甚至几十公里，因此常在枢纽首部、末端和引水建筑物中间地段设置主要施工分区，负责该地段的施工，此时应合理选择布置交通线路，妥善解决跨河桥渡位置等，尽量与其组成有机整体。我国鲁布革水利枢纽就是因为枢纽建筑物布置分散，而采用分散布置。另一种情况是枢纽永久建筑物集中布置在坝轴线附近，附属项目远离坝址，例如：坝址位于峡谷地区，地形狭窄，施工场地沿河的一岸或两岸冲沟延伸的工程，常把密切相关的主要项目靠近坝址布置，其他项目依次远离坝址布置。我国新安江水利枢纽就是因为地形狭窄而采取分散式布置的实例。

2. 集中式布置

集中式布置的基本条件是枢纽永久建筑物集中在坝轴线附近，坝址附近两岸场地开阔，可基本上满足施工总布置的需要，交通条件比较方便，可就近与铁路或公路连接。因此，集中布置又可分为一岸集中布置和两岸集中布置的方式，但其主要施工场地选择在对外交通线路引入的一岸。我国黄河龙羊峡水利枢纽是集中一岸式布置，而葛洲坝、青铜峡、丹江口等水利枢纽是集中两岸式布置的实例。

3. 混合式布置

混合式布置有较大的灵活性，能更好地利用现场地形和不同地段的场地条件，因地制宜选择内部施工区域划分。以各区的布置要求和工艺流程为主，协调内部各生产环节，就近安排职工生活区，使该区组成有机整体。黄河三门峡水利枢纽工程，就是因坝区地形特别狭窄，而采用混合式布置。把现场施工分区和辅助企业、仓库及居住区分开，施工临时设施，第一线布置在现场，第二线布置在远离现场 17km 的会兴镇后方基地，现场与基地间用准轨铁路专线和公路连接。此外，刘家峡、碧口等枢纽工程也是混合式布置的实例。

（四）分区布置顺序

在施工场地分区规划以后，进行各项临时设施的具体布置。包括：

①当对外交通采用标准轨铁路和水运时，首先确定车站、码头的位置，然后布置场内交通干线、辅助企业和生产系统，再沿线布置其他辅助企业、仓库等有关临时设施，最后布置风、水、电系统及施工管理和生活福利设施。

②当对外交通采用公路时，应与场内交通连接成一个系统，再沿线布置辅助企业、仓库和各项临时设施。

三、场内运输方案

场内运输方案：一是选择运输方式；二是确定工地内交通路线。本着方便生活、有利生产、安全畅通的原则，场内交通的布置要正确选择运输方式，合理布置交通线路。

（一）运输方案的内容

运输方案的内容有：

1. 运输方式选择及其联运时的相互衔接，设备及其数量
2. 选定运输方式的线路等级、标准及线路布置
3. 运输量及运输强度计算，物料流向分析
4. 与选定方式有关的设施及其规模
5. 运输组织及运输能力复核

（二）运输方案编制步骤

运输方案编制步骤如下：

1. 按运输方案的内容要求初拟几个运输方案
2. 计算各方案的技术经济指标
3. 对各方案进行综合比较后，选择最优方案

（三）场内运输方式选择

在选择主要运输方式时，要重点考虑以下两点：

①场内外运输方式尽可能一致，场内运输尽量接近施工和用料地点，减少转运次数，使运输和管理方便。

②选定的运输方式除应满足运输量之外，还必须满足运输强度和施工工艺的要求。

（四）场内交通线路布置

1. 公路线路布置

（1）确定线路走向

①将运输量大、流向基本一致的供需单位和必经、必绕的控制点，按工艺布置的首尾顺序和物料流向用一条或几条线路联系起来，组成不同的干、支线布置方案。

②在画有分区布置的地形图上，标明两岸联系的桥渡位置、地形、地物、地质上的控制点，如垭口、滑塌区、对外交通线进入场区位置等。

③用支线、联络线将其他各供需单位与上述干、支线相联系。

（2）图上定线

①根据线路走向和等级标准，用一定的平均坡度先在地形图上定线。

②按路段量出图上线路长度，切纵剖面作纵剖面设计，切典型横剖面，计算工程量。

③确定大、中、小桥及涵洞工程量。

（3）线路测量设计

①公路线路经实地测量设计最后定线。

②实地测定线路各转角点的坐标值，将线路画到分区布置图上。

2. 铁路线路布置

铁路的平面、纵剖面要求高，在施工场地总平面布置时，一般先考虑铁路线路的技术要求留有余地，并在线路布置和设站的同时，调整并修正施工场地的分区布置。

（1）场内铁路布置方式

根据地形条件，场内铁路布置方式基本有 4 种。

①单、复线直通式布置。适用于场地狭窄的工程。土石坝的土、石料运输，混凝土原材料的砂、石骨料运输，拌制混凝土料上坝的运输等。在运输量不大时，采用单线。若运距较远，可在适当位置设避让站，以提高运输能力，必要时可布置复线。

②弧形式布置。适用于场地开阔、运输量大的工程。能组织流水作业，高度简单，车站咽喉处无对流交叉，但超越行驶距离大。

③通过式布置。适用于场地面积大、运输量大的工程。

④尽头式布置。适用于场地面积较小、运输量小的工程。布置较简单，能连接具有一定高差的场地。

（2）场内铁路线路布置原则

①根据场地的特点和分区布置的设想方案，决定布置方式。

②在地形图上研究线路的具体布置方案，必要时进行草测。提出方案比较时所需要的工程量。

③确定各线路拟达到的主要供需单位。

④按地形及分区布置顺序，决定线路走向。

⑤根据工地地形、地貌、地质上必须的制约点布置。

⑥实地测量设计定线。

3. 两岸交通桥渡位置选择

跨河桥渡位置是场内交通线路的重要控制点，在施工中起着重要的保证作用，因此，应重点研究，妥善处理。

（1）建桥位置选择

①服从生产干线的总方向，并满足线路的一般要求。

②两岸有较好的岩层条件，避开溶洞、滑塌等不良的地质、水文地质地段。

③桥位选在河道顺直、水流稳定、河槽较窄的河段上；轴线尽量垂直高水位主流方向，避开支流汇合处及回流、浅滩等水流不稳定的河段。

④考虑施工方便，两岸联系快捷，距离施工区既近又满足安全要求，并避免干扰。根据实践经验，桥址选在坝轴线下游 1 ～ 2km 为宜。

⑤考虑主河流及较大支流在施工导流、泄洪等不同水力条件下河道的变化，把桥位选在其影响范围以外，或采取相应措施下，不阻碍水流、不抬高尾水位为宜。

⑥满足通航要求。桥位选择要与桥型选择相结合。

（2）渡口位置选择

①在满足两岸运输强度的条件下，可选择渡口形式作为临时或永久的两岸联系方式。

②河道流速一般为 1 ～ 3m/s 的河段。

③山涧河谷水位骤涨骤落幅度较大，低水位水深不能过渡的

河段，没有合适地形以修建不同水位码头的河段，都不宜作为渡口位置。

（五）场内运输方案比较内容

运输方案的比较主要从以下几方面进行：

1. 主要建设工程量
2. 运输线路的技术条件
3. 主要建筑材料需用量
4. 主要设备数量及其来源情况
5. 能源消耗量
6. 占地面积
7. 建设时间
8. 运输安全可靠性，工人劳动条件
9. 直接及辅助生产工人数、全员数
10. 与生产或施工艺衔接、对施工进度保证情况
11. 建设费用和运营费用
12. 其他项目

其中，在对第 11 项进行对比时，通常优选建设费用和运营费用之和最小的方案。其工作内容包括：

（1）计算主要工程项目的建筑工程量

（2）计算运输工程量

（3）计算主要交通设备的购置量

（4）确定建筑工程费用单价、运营费用单价和装卸费用单价

（5）计算各方案总费用，进行比较

第四章　水利工程招投标

第一节　招标程序

一、招标前提交招标报告备案

报告的具体内容：招标已具备的条件，招标方式，分标方案，招标计划安排，投标人资质（资格）条件，评标方法，评标委员会组建方案以及开标、评标的工作具体安排等。

水利部是国务院水行政主管部门，对全国水利工程建设实行宏观管理。水利部所属流域机构（长江水利委员会、黄河水利委员会、淮河水利委员会、珠江水利委员会、海河水利委员会、松辽河水利委员会和太湖流域管理局）是水利部的派出机构，对其所在的流域行使水行政主管部门的职责，负责本流域水利工程建设的行业管理；省（自治区、直辖市）水利（水电）厅（局）是本地区的水行政主管部门，负责本地区水利工程建设的行业管理。

二、编制招标文件

水利水电工程施工招标文件要严格按照规定使用《水利水电工程标准施工招标文件》（水建管〔2009〕629 号）的要求编制。

三、发布招标信息、招标公告或投标邀请书

采用公开招标方式的项目，招标人应当通过原国家发展计划委员会指定的媒介（指《中国日报》《中国经济导报》《中国建设报》和中国采购与招标网：http://www.chinabidding，com.cn）之一发布招标公告，其中大型水利工程建设项目以及国家重点项目、中央项目、地方重点项目还应当同时在《中国水利报》发布招标公告。指定报纸在发布招标公告的同时，应将招标公告如实抄送指定网络。

四、其他要求

第一，招标公告正式媒介发布至发售资格预审文件（或招标文件）的时间间隔一般不少于10日。

第二，招标人应当对招标公告的真实性负责，招标公告不得限制潜在投标人的数量。

第三，采用邀请招标方式的，招标人应当向3个以上有投标资格的法人或其他组织发出投标邀请书。

第四，投标人少于3个的，招标人应当依照《水利工程建设项目招标投标管理规定》（水利部令第14号）重新招标。

五、组织资格预审（若进行资格预审）

资格预审是指在投标前对潜在投标人进行资格审查。目的是为了有效地控制招标工程中的投标申请人数量，确保工程招标人选择到满意的投标申请人实施工程建设。

一般来说，资格审查方式可分为资格预审和资格后审。资格预审适用于公开招标或部分邀请招标的技术复杂的工程、交钥匙的工程等。资格后审是指在开标后对投标人进行的资格审查。对于一些工期要求比较紧、工程技术和结构不复杂的工程项目，为了争取早日开工，可进行资格后审。

六、组织购买招标文件的潜在投标人现场踏勘（若组织）

水利水电施工招标文件的投标人须知前附表规定组织踏勘现场的，招标人按照招标公告（或投标邀请书）规定的时间和地点组织踏勘现场。

七、接受投标人对招标文件有关问题要求澄清的函件，对问题进行澄清，并书面通知所有潜在投标人

招标人对已发出的招标文件进行必要澄清或者修改的，应当在招标文件要求提交投标文件截止日期至少15日前，以书面形式通知所有投标人。该澄清或者修改的内容为招标文件的组成部分。不足15日的，招标人应当顺延提交投标文件的截止时间。

八、组织成立评标委员会，并在中标结果确定前保密

九、在规定时间和地点，接受符合招标文件要求的投标文件在投标截止时间之前，投标人可以撤回已递交的投标文件或进行更正和补充，但应当符合招标文件的要求，投标人在递交投标文件的同时，应当递交投标保证金。

十、组织开标、评标会议

十一、确定中标人

十二、向水行政主管部门提交招标投标情况的书面总结报告

十三、发中标通知书，并将中标结果通知所有投标人

十四、进行合同谈判，并与中标人订立书面合同

中标人收到中标通知书后，招标人、中标人双方应具体协商谈判签订合同事宜，形成合同草案。合同草案一般需要先报招标投标管理机构审查。对合同草案的审查，主要是看其是否按中标的条件和价格拟订。经审查后，招标人与中标人应当自中标通知书后发出之日起30天内，按照招标文件和中标人的投标文件正式签订书面合同。招标人与中标人签订合同后5个工作日内，应当退还投标保证金。

第二节 招标文件编制

一、招标的主要特点

①水利工程施工招标既有普遍性又有特殊性，是普遍性与特殊性的统一。

②水利施工招标投标竞争激烈，容易出现围标、串标、挂靠等情况。

③水利施工招标一般应采用主管部门颁发的招标示范文本和合同条款。

④水利施工招标可设置标底，财政性投资项目一般不设置标底，但要设置最高限价。国家发改委鼓励实行无标底的评标方法。

⑤水利工程施工招标评标方法多样，一般性（小型和技术较简单的）工程可以采用经评审的最低投标价法，大中型工程一般采用综合评估法和二阶段评标法。

⑥施工招标评标现场比较难于判断投标人报价低于其成本价的情况，特别是大中型和技术复杂的水利工程，应在招标文件中采取公正的措施尽量避免最低价中标，以确保水利工程的质量和安全。

⑦大中型水利工程一般分多个标段招标，但分标应有利于施工、有利于管理、有利于竞争，不造成过多的干扰，不影响工程的整体性、安全性和结构完整性。招标时，一个标段编制一个招标文件。分标主要考虑的因素有：

第一，工程特点，指工程规模、技术难易程度、工程施工场地的分布情况等因素。工程规模大、技术复杂、工程场地分布广的工程应采用分标方式，有利于加快进度和适度竞争。

第二，对工程造价的影响。一般情况下，一个承包商来总包易于管理，便于人力、物力、设备的调配与调度，因而有利于降低工程造价。但对大型、复杂的工程项目如果不进行分标，使有资格参加工程投标的承包商大大减少，竞争减少可能会导致报价上涨，可能反而得不到合理的报价。

第三，充分发挥专业承包商的特长。工程项目是由单位工程、单项工程或专业工程组成的，分标时应考虑各部分专业和技术方向的差别，尽量按专业领域和技术方向来划分，以便充分发挥各承包商的专业、技术特长。

第四，施工组织管理是否方便。在分标时应考虑施工组织管理两个方面的因素：施工进度的衔接和施工布置的干扰。分包时应充分考虑施工进度的衔接和施工现场布置的要求，对各承包商之间的施工场地进行细致周密的安排，避免各承包商之间相互干扰。为了保证施工进度平顺地衔接，关键项目一定要选择施工技术水平高、能力强、信誉好的承包商，以防止影响其他承包商的施工进度。

第五，资金筹措情况。分标应考虑到招标人对项目建设资金到位的时间安排。

第六，设计进度方面，主要根据设计合同对各部分项目设计进度的要求，按照设计进度的先后顺序来分标。

⑧大型水利工程大多采用单价承包方式或永久工程单价承包、临时工程总价承包的方式，只有少数水文地质条件好、设计较完善（已经达到施工图设计阶段）的施工招标才采用总价承包方式。

⑨施工招标一般在监理招标后进行，这样有利于施工合同条件的采用和实施，有利于设计施工的协调，有利于实现工程质量、安全、投资、进度的统一。

⑩施工招标涉及面广，合同关系较复杂，既与勘察设计单位有关，也与监理单位有关，还涉及移民征地、设备采购与安装等方面。

二、施工招标文件编制的依据

①国家有关招标投标的法律、行政法规、部门规章、地方性法规规章和主管部门合法的规范性文件等。

②项目审批部门批准的初步设计报告批准文件或核准的施工图设计及其附件设计文本、图纸。

③国家和行业主管部门颁发的有关勘察设计规范、施工技术规范、行业规范、地方规范等。

④《合同法》和有关经济法规、质量法规、劳动法规、移民征地法规、安全生产法规、保险法规和规范性文件。

⑤国家和主管部门颁布的各种施工招标与合同条款示范文本。

⑥招标人对招标项目的质量、进度、投资造价等控制性要求。

⑦招标人对工程创优、文明施工、安全、环保等方面的要求。

⑧招标人对招标项目的特殊技术、施工工艺等要求。

⑨施工招标前项目法人已经与有关单位和部门签订的合同文件。

三、施工招标文件的主要内容

①投标邀请书或投标通知书。

②投标须知。施工招标文件中，投标须知居于非常重要的地位，投标人必须对投标须知的每一条款都认真阅读。投标须知的主要内容包括：工程概况，招标范围和内容，资金来源，投标资格要求，联合体要求，投标费用和保密，招标文件的组成，招标文件的答疑要求，招标文件使用语言，投标文件的组成，是否允许替代方案、有何要求，投标报价要求，合同承包方式，投标文件有效期，投标保证金的形式要求、有效期和金额要求，现场考察要求，投标文件的包装、份数、签署要求，投标文件的递交、截止时间地点规定，投标文件的修改与撤回规定，开标的时间、地点规定，开标评标的程序，评标过程的澄清或签辩，重大偏差的规定与认定，投标文件算术错误的修正，评标方法，重新招标或中止招标的规定，定标原则和时间规定，中标通知书颁发和合同签订的要求，履约保证金的规定等。

③合同条款，包括通用合同条款和专用合同条款。国家有关部门对许多建设项目都制定了规范的合同条款，供招标人使用，如前所述的《标准施工招标资格预审文件》《标准施工招标文件》和GF-2000-0208(水利水电工程施工合同和招标文件示范文本》。前两者要求在政府投资项目中施行，GF-2000—0208合同范本主要适用于大中型水利水电工程的招标投标，小型水利水电工程可参照使用。

根据水利部有关规定，大中型水利工程应该采用GF-2000-0208中规定的合同条件。同时，水利部规定：“除《合同条件》的‘专用合同条款’中所列编号的条款外，‘通用合同条款’其他条款的内容不得更动。”因此，在大中型水利工程招标文件编制中使用合同条件时，通用合同条款不能修改，专用合同条款可结合招标项目的实际来修改和补充。

④投标报价要求及其计算方式。投标报价是评标委员会评标时的重要因素，也是投标人最关心的内容。因此，招标人或招标代理机构在招标文件中应事先规定报价的具体要求、工程量清单及说明、计算方法、报价货币种类等。水利工程基本上是报综

合单价，即包括直接费、间接费、税金、利润、风险等。招标文件中还应注明合同类型（总价合同或是单价合同）、投标价格是否固定不变（如果可变，则应注明如何调整），以及价格的调整方法、调整范围、调整依据、调整数量的认定等，否则很容易引起纠纷。

⑤合同协议书和投标报价书格式。水利工程施工合同协议书对组成合同文件的解释顺序作了如下规定：①协议书（包括补充协议）；②中标通知书；③投标报价书；④专用合同条款；⑤通用合同条款；⑥技术条款；⑦图纸；⑧已标价的工程量清单；⑨经双方确认进入合同的其他文件。

⑥投标保函、履约保函格式。招标文件对投标保函和履约保函一般都规定有具体的格式，也是法定的可以规定的废标条件。除非招标文件有明文规定，否则投标人必须提交招标文件规定格式和内容的保函。如果不这样做，可能引起投标文件的无效。

⑦法定代表证明书、授权委托书格式。这两个文件是投标文件中必须随附的法定文件，是招标文件必备的格式文件，投标人必须按照招标文件的规定格式和内容要求填写，否则可能引起投标文件的无效。

⑧招标项目数量、工程量清单及其说明。工程量清单包括报价说明、分项工程报价表和汇总表等，是水利工程招标投标报价的基础。根据国家和水利部有关规定，水利工程应该采用工程量清单报价，只有这样，所有投标人报价比较基础才统一，否则报价无从比较，对报价的评价也有失公平、公正。工程量清单说明应该清楚规定项目的合同承包方式，报价总价或单价包含的内容、范围，算术错误的修正方法等。投标人不能对工程量清单进行修改、补充，因为如果各投标人都对工程量清单进行修改补充，那么，各投标人报价比较的基础就不同。因此招标文件不允许投标人修改工程量清单，否则可能导致废标。

⑨投标辅助资料。其主要包括如下内容：①主要材料预算价格表；②材料价格表；③单价汇总表；④机械台时费计算表；⑤混凝土、砂浆材料单价计算表；⑥建筑、安装工程单价分析表；⑦拟投入本合同工作的施工队伍简要情况表（格式）；⑧拟投入本合同工作的主要人员表（格式）；⑨拟投入本合同工作的主要施工设备表（格式）；⑩劳动力计划表（格式）；⑪主要材料和水、电需用量计划表（格式）。

⑩资格审查或证明文件资料。其主要包括以下内容：①投标人资质文件复印件；②投标人营业执照复印件；③联合体协议书（如有）；④投标人基本情况表（格式）；⑤近期完成的类似工程情况表（格式）；⑥正在施工的新承接的工程情况表（格式）；⑦注册会计师事务所出具的财务状况表（格式）。

⑪投标人经验、履约能力、资信情况等证明文件。施工投标是竞争性非常激烈的投标，特别是对于大型水利工程来说，投标人的经验、能力和资信是招标人非常看重的一个方面。但这些方面的内容也容易出现虚假材料，招标人或招标代理机构应采取措施防止投标人造假，以便于评标委员会审查判断其真伪性。

⑫评标标准和方法。评标方法的选择是施工招标过程中非常重要的一个环节，应根据招标项目的规模、技术复杂程度、施工条件、市场竞争情况等因素来规定评标方

法和标准。招标文件中必须非常明确地表达施工招标的评标标准和方法，发出招标文件后，除非有错误，否则不要随便更改评标标准和方法，因为招标文件是在资格审查完成后发出的，此时已经知道所有的投标人，如果随意修改评标标准和方法，很容易引起不必要的误解。

对于水利项目来说，评标的方法主要有三种：经评审的最低投标价法、综合评估法和二阶段评标法。

评标的标准，一般包括价格标准和非价格标准。价格标准比较容易确定，非价格标准应尽可能客观和量化，按货币或相对权利（即系数或得分）进行量化。一般，对于服务和特许经营评标，非价格标准主要有：投标人资格、主要技术或服务人员资格资历、经验、信誉、可靠性保证、专业技术方案、管理能力、资金实力、类似经验、服务能力与保证等因素；对于工程施工评标，非价格标准主要有：工期、质量、安全、文明施工、技术人员和管理人员素质、资信、经验等因素；对于货物评标，非价格标准主要有：付款计划、交货期、运营成本、货物的有效性和配套性、零配件供应能力、服务承诺及反应、相关培训、质量保证、技术、安全性能、环境效益等因素。

⑬技术条款。技术规格和要求是招标文件中最重要的内容之一，是指招标项目在技术、质量方面的标准，也就是通常说的招标技术条款。技术规格或技术要求的确定，往往是招标能否具有竞争性、能否达到预期目的的技术制约因素。因此，世界各国和有关国际组织都普遍要求，招标文件规定的技术规格、标准应采用所在国法定的或国际公认的标准。《招标投标法》规定：“国家对招标项目的技术、标准有规定的，招标人应当按照其规定在招标文件中提出相应要求”，也就是要求招标人或招标代理机构或设计单位在编制招标文件时对招标项目的技术要求应按照国家规范和标准，国家、行业主管部门或地方有规定的按行业或地方标准，国家、主管部门、地方没有规定的，可参照国际惯例或行业惯例，不能另搞一套。

对于大中型水利水电工程来说，应采用 GF-2000-0208 合同条件；对于一些特殊施工技术、施工工艺或在 GF-2000-0208 中没有论述的，则应由项目设计单位负责编写、补充和完善。

⑭招标图纸。招标图纸一般由招标项目的设计单位负责提供，内容包含在招标设计中。如果招标文件要求的份数超出原设计合同的数量，则需要另行支付图纸费用。

⑮其他招标资料。其他招标资料主要指，不构成招标文件的内容、仅对投标人编写投标文件具有参考作用的资料。招标人对投标人根据参考资料而引起的错误不承担任何责任。

第三节 投标程序

一、水利水电工程施工投标的一般程序

从投标人的角度看，水利水电工程施工投标的一般程序，主要经历以下几个环节:

①参加资格预审。

②购买招标文件。

③组织投标班子。

④研究招标文件。

⑤参加踏勘现场和投标预备会。

⑥编制、递送投标文件。

⑦出席开标会议，填写投标文件澄清函。

⑧接受中标通知书，签订合同，提供履约担保。

二、投标活动的主要内容

当招标人通过新闻媒介发出招标公告后，承包商应首先认真研究招标工程的性质、规模、技术难度，结合自身主观影响因素，如技术实力、经济实力、管理实力、信誉实力等，认真分析业主、潜在竞争对手、风险问题等客观影响因素，决定是否参与投标。

投标人获取招标信息渠道是否通畅，往往决定该投标人是否在投标竞争中占得先机，这就需要投标人日常建立广泛的信息网络。投标人获取招标信息的主要途径有:①通过招标公告来发现投标目标；②通过政府部门或行业协会获取信息；③通过设计单位、咨询机构、监理单位等获取信息；④搞好公共关系，深入有关部门收集信息；⑤取得老客户的信任，从而承接后续工程或接受邀请，获取信息；⑥和业务相关单位经常联系，以获取信息或能够联合承包项目；⑦通过社会知名人士介绍获取信息等。

第一，参加资格预审。资格审查方式可分为资格预审和资格后审。如招标人发布资格预审公告，则投标人需要按照《水利水电工程标准施工招标资格预审文件》中规定的资格预审申请文件格式认真准备申请文件，参加资格预审。

第二，购买招标文件和有关资料，缴纳投标保证金。投标人经资格审查合格后，便可向招标人申购招标文件和有关资料，同时要按照招标文件规定的时间缴纳投标保证金。

投标保证金是为防止投标人对其投标活动不负责任而设定的一种担保形式。一般来说，投标保证金可以采用现金，也可以采用支票、银行汇票，还可以是银行出具的

银行保函等。

第三，组织投标班子。实践证明，建立一个强有力的、内行的投标班子是投标获得成功的根本保证。施工企业必须精心挑选精明能干、富有经验的人员组成投标工作机构。

投标班子一般应包括下列三类人员：

其一，经营管理类人员。这类人员一般是从事工程承包经营管理的行家里手，熟悉工程投标活动的筹划和安排，具有相当的决策水平。

其二，专业技术类人员。这类人员是从事各类专业工程技术的人员，如建造师、造价工程师等。

其三，商务金融类人员。这类人员是从事有关金融、贸易、财税、保险、会计、采购、合同、索赔等项工作的人员。

第四，研究招标文件。购买招标文件后，应认真研究文件中所列工程条件、范围、项目、工程信、工期和质量要求、施工特点、合同主要条款等，弄清承包责任和报价范围，避免遗漏，发现含义模糊的问题，应做书面记录，以备向招标人提出询问。同时列出材料和设备的清单，调查其供应来源状况、价格和运输问题，以便在报价时综合考虑。

第五，参加踏勘现场和投标预备会。投标人在去现场踏勘之前，应先仔细研究招标文件有关概念的含义和各项要求，特别是招标文件中的工作范围、专用条款以及设计图纸和说明等，然后有针对性地拟定出踏勘提纲，确定重点需要澄清和解答的问题，做到心中有数。投标人参加现场踏勘的费用，由投标人自己承担。招标人一般在招标文件发出后，就着手考虑安排投标人进行现场踏勘等准备工作，并在现场踏勘中对投标人给予必要的协助。

投标人进行现场踏勘的内容，主要包括以下几个方面：

其一，工程的范围、性质以及与其他工程之间的关系。

其二，投标人参与投标的工程与其他承包商或分包商之间的关系。

其三，现场地貌、地质、水文、气候、交通、电力、水源等情况，有无障碍物等等。

其四，进出现场的方式，现场附近有无食宿条件、料场开采条件、其他加工条件、设备维修条件等。

其五，现场附近治安情况。

投标预备会，又称答疑会、标前会议，一般在现场踏勘之后的 1 ～ 2 天内举行，也可能根据情况不举行。研究招标文件和勘查现场过程中发现的问题，应向招标人提出，并力求得到解答，而且自己尚未注意到的问题，可能会被其他投标人提出；设计单位、招标人等也将会就工程要求和条件、设计意图等问题做出交底说明。因此，参加投标预备会对于进一步吃透招标文件、了解招标人意图、工程概况和竞争对手情况等均有重要作用，投标人不应忽视。

第六，编制和递交投标文件。经过现场踏勘和投标预备会后，投标人可以着手编制投标文件。投标人编制和递交投标文件的具体步骤和要求如下：

其一，结合现场踏勘和投标预备会的结果，进一步分析招标文件。招标文件是编制投标文件的主要依据，因此，必须结合已获取的有关信息认真细致地加以分析研究，特别是要重点研究其中的投标人须知、专用条款、设计图纸、工程范围以及工程量清单等，要弄清到底有没有特殊要求或有哪些特殊要求。

其二，校核招标文件中的工程量清单。投标人是否校核招标文件中的工程量清单或校核得是否准确，直接影响到投标报价和中标机会。因此，投标人应认真对待。通过认真校核工程量，投标人大体确定了工程总报价之后，估计某些项目工程量可能会增加或减少的，就可以相应地提高或降低单价。如发现工程量有重大出入的，特别是漏项的，可以在投标截止规定时间前以书面形式提出澄清申请，要求招标人对招标文件予以澄清。

其三，根据工程类型编制施工规划或施工组织设计。投标文件中施工规划或施工组织设计是一项重要内容，它是招标人对投标人能否按时、按质、按价完成工程项目的主要判断依据。由于水利工程招标一般分标，这里通常认为应该是单位工程施工组织设计。一般包括施工程序、方案，施工方法，施工进度计划，施工机械、材料、设备的选定和临时生产、生活设施的安排，劳动力计划，以及施工现场平面和空间的布置。施工规划或施工组织设计的主要编制依据是设计图纸、技术规范，工程量清单，招标文件要求的开工、竣工日期，以及对市场材料、机械设备、劳动力价格的调查。编制施工规划或施工组织设计，要在保证工期和工程质量的前提下，尽可能使成本最低、利润最大。具体要求是：根据工程类型编制出最合理的施工程序，选择和确定技术上先进、经济上合理的施工方法，选择最有效的施工设备、施工设施和劳动组织，周密、均衡地安排人力、物力和生产，正确编制施工进度计划，合理布置施工现场的平面和空间。

其四，根据工程价格构成进行工程估价，确定利润方针，计算和确定报价。投标报价是投标的一个核心环节，投标人要根据工程价格构成对工程进行合理估价，确定切实可行的利润方针，正确计算和确定投标报价。投标人不得以低于成本的报价竞标。

其五，形成、制作投标文件。投标文件应完全按照招标文件的各项要求编制。投标文件应当对招标文件提出的实质性要求和条件作出响应，一般不能带任何附加条件，否则将导致投标无效。投标文件一般应包括以下内容：①投标函及投标函附录；②法定代表人身份证明或附有法定代表人身份证明的授权委托书；③投标保证金；④已标价工程量清单与报价表；⑤施工组织设计；⑥项目管理机构；⑦资格审查资料；⑧投标人须知前附表规定的其他材料。

其六，递送投标文件。递送投标文件，也称递标，是指投标人在招标文件要求提交投标文件的截止时间前，将所有准备好的投标文件密封送达投标地点。招标人收到投标文件后，应当签收保存，不得开启。投标人在投标截止时间之前，可以对所递交的投标文件进行补充、修改或撤回，并书面通知招标人，但所递交的补充、修改或撤回通知必须按招标文件的规定编制、密封和标志。补充、修改的内容为投标文件的组成部分。

第七，出席开标会议，填写投标文件澄清函。投标人在编制、递交了投标文件后，要积极准备出席开标会议。参加开标会议对投标人来说，既是权利也是义务。投标人参加开标会议，要注意其投标文件是否被正确启封、宣读，对于被错误地认定为无效的投标文件或唱标出现的错误，应当现场提出异议。

在评标期间，评标委员会要求澄清投标文件中不清楚问题的，投标人应积极予以说明、解释、澄清。澄清投标文件一般由评标委员会向投标人发出投标文件澄清通知，由投标人书面作出说明或澄清的方式进行。说明、澄清和确认的问题，作为投标文件的组成部分。在澄清过程中，投标人不得更改报价、工期等实质性内容，开标后和定标前提出的任何修改声明或附加优惠条件，一律不得作为评标的依据。但评标委员会按照评审办法，对确定为实质上响应招标文件要求的投标文件进行校核时发现的计算上或累计上的计算错误，应进行修改并取得投标人的认可。

第八，接受中标通知书，签订合同，提供履约担保。投标人被确定为中标人后，应接受招标人发出的中标通知书。未中标的投标人有权要求招标人退还其投标保证金。自中标通知书发出之日起30日内，招标人和中标人应当按照招标文件和中标人的投标文件订立书面合同，中标人提交履约保函。招标人和中标人不得另行订立背离招标文件实质性内容的其他协议。当确定的中标人拒绝签订合同时，招标人可与确定的候补中标人签订合同，并按项目管理权限向水行政主管部门备案。

第四节 投标文件编制

一、投标文件的编制要求

（一）投标文件编制的一般要求

①投标人编制投标文件时必须使用招标文件提供的投标文件表格格式，但表格可以按同样格式扩展。投标保证金、履约保证金的方式，按招标文件有关条款的规定可以选择。投标人根据招标文件的要求和条件填写投标文件的空格时，凡要求填写的空格都必须填写，不得空着不填，否则即被视为放弃意见。实质性的项目或数字，如工期、质量等级、价格等未填写的，将被作为无效或作废的投标文件处理。将投标文件按规定的日期送交招标人，等待开标、决标。

②应当编制的投标文件“正本”仅一份，“副本”则按招标文件前附表所述的份数提供，同时要在标书封面标明“投标文件正本”和“投标文件副本”字样。投标文件正本和副本如有不一致之处，以正本为准。

③投标文件正本和副本均应使用不能擦去的墨水打印或书写，各种投标文件的填写都要字迹清晰、端正，补充设计图纸要整洁、美观。

④所有投标文件均由投标人的法定代表人签署、加盖印鉴，并加盖法人单位公章。

⑤填报投标文件应反复校核，保证分项和汇总计算均无错误。全套投标文件均应无涂改和行间插字，除非这些删改是根据招标人的要求进行的，或者是投标人造成的必须修改的错误。修改处应由投标文件签字人签字证明并加盖印鉴。

⑥如招标文件规定投标保证金为合同总价的某一百分比时，开投标保函不要太早，以防泄漏自己报价。但有的投标者提前开出并故意加大保函金额，以麻痹竞争对手的情况也是存在的。

⑦投标人应将投标文件的技术标和商务标分别密封在内层包封，再密封在一个外层包封中，并在内封上标明"技术标"和"商务标"。标书包封的封口处都必须加贴封条，封条贴缝应全部加盖密封章或法人章。内层和外层包封都应由投标人的法定代表人签署、加盖印鉴，并加盖法人单位公章。内层和外层包封都应写明投标人名称和地址、工程名称、招标编号，并注明开标时间以前不得开封。在内层和外层包封上还应写明投标人的名称与地址、邮政编码，以便投标出现逾期送达时能原封退回。如果内外层包封没有按上述规定密封并加写标志，投标文件将被拒绝，并退还给投标人。投标文件应按时递交至招标文件前附表所述的单位和地址。

⑧投标文件的打印应力求整洁、悦目，避免评标专家产生反感。投标文件的装订也要力求精美，使评标专家从侧面产生对投标企业实力的认可。

（二）技术标编制的要求

技术标与施工组织设计虽然在内容上是一致的，但在编制要求上却有一定差别。施工组织设计的编制一般注重管理人员和操作人员对规定和要求的理解和掌握。而技术标则要求能让评标委员会的专家们在较短的时间内，发现标书的价值和独到之处，从而给予较高的评价。因此，技术标编制前应注意以下问题。

①针对性。在评标过程中，投标人往往把技术标做得很厚。而其中的内容往往都是对规范标准的成篇引用，或对其他项目标书的成篇抄袭，因而使标书毫无针对性。该有的内容没有，无须有的内容却充斥标书。这样的标书常常引起评标专家的反感，因而导致技术标严重失分。

②全面性。如前面评标办法介绍的，对技术标的评分标准一般都分为许多项目，这些项目都分别被赋予一定的评分分值。这就意味着，这些项目不能发生缺项，一旦发生缺项，该项目就可能被评为零分，这样中标概率将会大大降低。

另外，对一般项目而言，评标的时间往往有限，评标专家没有时间对技术标进行深入的分析。因此，只要有关内容齐全，且无明显的低级错误或理论上的错误，技术标一般不会扣很多分。所以，对一般工程来说，技术标内容的全面比内容的深入细致更重要。

③先进性。技术标得分要高，一般来说也不容易。没有技术亮点，没有特别吸引招标人的技术方案，是不大可能得高分的。因此，标书编制时，投标人应仔细分析招标人的热衷点，在这些点上采用先进的技术、设备、材料或工艺，使标书对招标人和评标专家产生更强的吸引力。

④可行性。技术标的内容最终都是要付诸实现的，因此，技术标应有较强的可行

性。为了凸显技术标的先进性，盲目提出不切实际的施工方案、设备计划，都会给今后的具体实施带来困难，甚至导致建设单位或监理工程师提出违约指控。

⑤经济性。投标人参加投标，承揽业务的最终目的都是为了获取最大的经济利益，而施工方案的经济性，直接关系到投标人的效益，因此必须十分慎重。另外，施工方案也是投标报价的一个重要影响因素，经济合理的施工方案，能降低投标报价，使报价更具竞争力。

（三）投标文件的递交

投标人应在招标文件前附表规定的日期内将投标文件递交给招标人。当招标人按招标文件中投标须知规定，延长递交投标文件的截止日期时，投标人要仔细记住新的截止时间，避免因标书的逾期送达而导致废标。

投标人可以在递交投标文件以后，在规定的投标截止时间之前，采用书面形式向招标人递交补充、修改或撤回其投标文件的通知。在投标截止日期以后，不能更改投标文件。投标人的补充、修改或撤回通知，应按招标文件中投标须知的规定编制、密封、签章、标识和递交，并在包封上标明“补充”“修改”或“撤回”字样。补充、修改的内容为投标文件的组成部分。根据投标须知的规定，在投标截止时间与招标文件中规定的投标有效期终止日之间的这段时间内，投标人不能再撤回投标文件，否则其投标保证金将不予退还。

投标人递交投标文件不宜太早，一般在招标文件规定的截止日期前一两天内密封送交指定地点比较好。

二、投标估价及其依据

投标报价前，投标人首先应根据有关法规、取费标准、市场价格、施工方案等，并考虑到上级企业管理费、风险费用、预计利润和税金等所确定的承揽该项工程的企业水平的价格，进行投标估价。投标估价是承包商生产力水平的真实体现，是确定最终报价的基础。

投标估价的主要依据如下：

①招标文件，包括招标答疑文件。

②建设工程工程量清单计价规范、预算定额、费用定额以及地方的有关工程造价文件，有条件的企业应尽量采用企业施工定额。

③劳动力、材料价格信息，包括由地方造价管理部门发布的造价信息资料。

④地质报告、施工图，包括施工图指明的标准图。

⑤施工规范、标准。

⑥施工方案和施工进度计划。

⑦现场踏勘和环境调查所获得的信息。

⑧当采用工程量清单招标时应包括工程量清单。

三、投标报价的程序

承包工程有总价合同、单价合同、成本加酬金合同等合同形式，不同的合同形式的计算报价是有差别的。报价计算主要步骤如下：

（一）研究招标文件

招标文件是投标的主要依据，承包商在计算标价之前和整个投标报价期间，均应组织参加编制商务标的人员认真细致地阅读招标文件，仔细分析研究，弄清招标文件的要求和报价内容。一般主要应弄清报价范围、取费标准、采用定额、工料机定价方法、技术要求、特殊材料和设备、有效报价区间等。同时，在招标文件研究过程中要注意发现互相矛盾和表述不清的问题等。对这些问题，应及时通过招标预备会或采用书面提问形式，请招标人给予解答。

在投标实践中，报价发生较大偏差甚至造成废标的原因，常见的有两个。其一是造价估算误差太大，其二是没弄清招标文件中有关报价的规定。因此，标书编制以前，全体与投标报价有关的人员都必须反复认真研读招标文件。

（二）现场调查

现场条件是投标人投标报价的重要依据之一。现场调查不全面不细致，很容易造成与现场条件有关的工作内容遗漏或者工程量计算错误。由这种错误所导致的损失，一般是无法在合同的履行中得到补偿的。现场调查一般主要包括如下方面。

①自然地理条件。包括施工现场的地理位置，地形、地貌，用地范围，气象、水文情况，地质情况，地震及设防烈度，洪水、台风及其他自然灾害情况等。

②市场情况。包括建筑材料和设备、施工机械设备、燃料、动力和生活用品的供应状况、价格水平与变动趋势，劳务市场状况，银行利率和外汇汇率等情况。

对于不同建设地点，由于地理环境和交通条件的差异，价格变化会很大。因此，要准确估算工程造价就必须对这些情况进行详细调查。

③施工条件。包括临时设施、生活用地位置和大小，供排水、供电、进场道路、通信设施现状，引接供排水线路、电源、通信线路和道路的条件和距离，附近现有建（构）筑物、地下和空中管线情况，环境对施工的限制等。

这些条件，有的直接关系到临时设施费支出的多少，有的则或因与施工工期有关，或因与施工方案有关，或因涉及技术措施费，从而直接或间接影响工程造价。

④其他条件。包括交通运输条件、工地现场附近的治安情况等。

交通条件直接关系到材料和设备的到场价格，对工程造价影响十分显著。治安状况则关系到材料的非生产性损耗，因而也会影响工程成本。

（三）编制施工组织设计

施工组织设计包括进度计划和施工方案等内容，是技术标的主要组成部分。

施工组织设计的水平反映了承包商的技术实力，是决定承包商能否中标的主要因素。而且施工进度安排合理与否，施工方案选择是否恰当，都与工程成本、报价有密切关系。一个好的施工组织设计可大大降低标价。因此，在估算工程造价之前，工程技术人员应认真编制好施工组织设计，为准确估算工程造价提供依据。

（四）计算或复核工程量

要确定工程造价，首先要根据施工图和施工组织设计计算工程量，并列出工程量表。而当采用工程量清单招标时，需要对工程量清单中的数量进行复核。

工程量的大小是影响投标报价的最直接因素。为确保复核工程量准确，在计算中应注意以下几个方面。

1. 正确进行项目划分，做到与当地定额或单位估价表项目一致
2. 按一定顺序进行，避免漏算或重算
3. 以施工图为依据
4. 结合已定的施工方案或施工方法
5. 进行认真复核与检查

（五）确定人工、材料、机械使用单价

工、料、机的单价应通过市场调查或参考当地造价管理部门发布的造价信息确定。而工、料、机的用量尽量根据企业定额确定，无企业定额时，可依据国家或地方颁布的预算定额确定。

（六）计算工程直接费

根据分项工程中工、料、机等生产要素的需用量和单价，计算分项工程的直接成本的单价和合价，而后计算出其他直接费、现场经费，最后计算出整个工程的直接工程费。

（七）计算间接费

根据当地的费用定额或企业的实际情况，以直接工程费为基础，计算出工程间接费。

（八）估算其他费用

其他费用包括企业管理费、预计利润、税金及风险费用。

（九）计算工程总估价

综合工程直接费、间接费、上级企业管理费、风险费用、预计利润和税金形成工程总估价。

（十）审核工程估价

①单位工程造价。将投标报价折合成单位工程造价，例如房屋工程按平方米造价，铁路、公路按公里造价，铁路桥梁、隧道按每延米造价，公路桥梁按桥面单位面积（桥面面积）造价，水电站按单位装机容量造价等，并将该项目的单位工程造价与类似工程的单位工程造价进行比较，以判定报价水平的高低。

②全员劳动生产率。所谓全员劳动生产率是指全体人员每工日的生产价值。一定时期内，企业一定的生产力水平决定了全员劳动生产率水平相对稳定。因而企业在承

揽同类工程或机械化水平相近的项目时应具有相近的全员劳动生产率水平。因此，可以此为尺度，将投标工程造价与类似工程造价进行比较，从而判断造价的正确性。

③单位工程消耗指标。各类建筑工程每平方米建筑面积所需的劳动力和各种材料的数量均有一个合理的指标。因而将投标项目的单位工程用工、用料水平与经验指标相比，也能判断其造价是否处于合理的水平。

④分项工程造价比例。一个单位工程是由很多分项工程构成的，它们在工程造价中都有一个合理的大体比例，承包商可通过投标项目的各分项工程造价的比例与同类工程的统计数据相比较，从而判断造价估算的准确性。

⑤各类费用的比例。任何一个工程的费用都是由人工费、材料费、施工机械费、设备费、间接费等各类费用组成的，它们之间都应有一个合理的比例。将投标工程造价中的各类费用比例与同类工程的统计数据进行比较，也能判断估算造价的正确性和合理性。

⑥预测成本比较。若承包商曾对企业在同一地区的同类工程报价进行积累和统计，则还可以采用线性规划、概率统计等预测方法进行计算，计算出投标项目造价的预测值。将造价估算值与预测值进行比较，也是衡量造价估算正确性和合理性的一种有效方法。

⑦扩大系数估算法。根据企业以往的施工实际成本统计资料，采用扩大系数估算投标工程的造价，是在掌握工程实施经验和资料的基础上的一种估价方法。其结果比较接近实际，尤其是在采用其他宏观指标对工程报价难以校准的情况下，本方法更具优势。扩大系数估算法，属宏观审核工程报价的一种手段。不能以此代替详细的报价资料，报价时仍应按招标文件的要求详细计算。

⑧企业内部定额估价法。根据企业的施工经验，确定企业在不同类型的工程项目施工中的工、料、机等的消耗水平，形成企业内部定额，并以此为基础计算工程估价。此方法不但是核查报价准确性的重要手段，也是企业内部承包管理、提高经营管理水平的重要方法。

（十一）确定报价策略和投标技巧

根据投标目标、项目特点、竞争形势等，在采用前述的报价决策的基础上，具体确定报价策略和投标技巧。

（十二）最终确定投标报价

根据已确定的报价策略和投标技巧对估算造价进行调整，最终确定投标报价。

第五节 开标程序

一、开标活动

（一）开标时间、地点、参会人员

招标单位应在前附表规定的开标时间和地点举行开标会议，投标单位的法人代表或授权的代表应签名报到，以证明出席开标会议。投标人的法定代表人或其委托代理人未参加开标会的，招标人可将其投标文件按无效标处理。

时间：投标人须知前附表规定的投标截止时间。

地点：投标人须知前附表规定的地点，如：水利公共资源交易市场开标大厅。参会人员：招标人、投标人、招标代理机构、建设行政主管部门及监督机构等。

（二）投标保证金的形式

开标会议在招标管理机构监督下，由招标单位组织主持，对投标文件开封进行检查，确定投标文件内容是否完整和按顺序编制、是否提供了投标保证金、文件签署是否正确。按规定提交合格撤回通知的投标文件不予开封。

投标保证金的形式包括现金、银行汇票、银行本票、支票、投标保函。根据《工程建设项目施工招标投标办法》第三十七条规定：投标保证金一般不得超过投标总价的百分之二，但最高不得超过八十万元。

（三）投标文件有下列情形之一的，招标人不予受理

1. 逾期送达的或者未送达指定地点的
2. 未按招标文件要求密封的
3. 未经法定代表人签署或未盖投标单位公章或未盖法定代表人印鉴的
4. 未按规定格式填写，内容不全或字迹模糊、辨认不清的
5. 投标单位未参加开标会议

（四）投标文件有下列情形之一的，由评标委员会初审后按废标处理

①无单位盖章并无法定代表人或法定代表人授权的代理人签字或盖章。

②未按规定的格式填写，内容不全或关键字迹模糊、无法辨认的。

③投标人递交两份或多份内容不同的投标文件，或在一份投标文件中对同一招标项目报有两个或多个报价，且未声明哪一个有效，按招标文件规定提交备选投标方案

的除外。

④投标人名称或组织结构与资格预审时不一致的。

⑤未按招标文件要求提交投标保证金的。

⑥联合体投标未附联合体各方共同投标协议的。

二、开标程序

主持人按下列程序进行开标。

①宣布开标纪律。

②公布在投标截止时间前递交投标文件的投标人名称，并确认投标人法定代表人或其委托代理人是否在场。

③宣布主持人、开标人、唱标人、记录人、监标人等有关人员姓名。

④除投标人须知前附表另有约定外，由投标人推荐的代表检查投标文件的密封情况。

⑤宣布投标文件开启顺序：按递交投标文件的先后顺序的逆序。

⑥设有标底的，公布标底。

⑦按照宣布的开标顺序当众开标，公布投标人名称、标段名称、投标保证金的递交情况、投标报价、质量目标、工期及其他招标文件规定开标时公布的内容，并进行文字记录。

⑧主持人、开标人、唱标人、记录人、监标人、投标人的法定代表人或其委托代理人等有关人员在开标记录上签字确认；开标记录表（格式）见表 13-1。

⑨开标结束。

第六节　评标与定标

一、最低评标价法

（一）评标方法

1. 评审比较的原则

最低评标价法是以投标报价为基数，考量其他因素形成评审价格，对投标文件进行评价的一种评标方法。

评标委员会对满足招标文件实质要求的投标文件，根据详细评审标准规定的量化因素及量化标准进行价格折算，按照经评审的投标价由低到高的顺序推荐中标候选人，或根据招标人授权直接确定中标人，但投标报价低于其成本的除外，并且中标人的投标应当能够满足招标文件的实质性要求。经评审的投标价相等时，投标报价低的优先，投标报价也相等的，由招标人自行确定。

2. 最低评标价法的基本步骤

首先按照初步评审标准对投标文件进行初步评审，然后依据详细评审标准对通过初步审查的投标文件进行价格折算，确定其评审价格，再按照由低到高的顺序推荐1～3名中标候选人或根据招标人的授权直接确定中标人。

（二）评审标准

1. 初步评审标准

根据《标准施工招标文件》的规定，投标初步评审为形式评审、资格评审、响应性评审、施工组织设计和项目管理机构评审标准四个方面。

（1）形式评审标准

初步评审的因素一般包括：投标人的名称、投标函的签字盖章、投标文件的格式、联合体投标人、投标报价的唯一性、其他评审因素等。审查、评审标准应当具体明了，具有可操作性。比如申请人名称应当与营业执照、资质证书以及安全生产许可证等一致；申请函签字盖章应当由法定代表人或其委托代理人签字或加盖单位公章等。对应于前附表中规定的评审因素和评审标准是列举性的，并没有包括所有评审因素和标准，招标人应根据项目具体特点和实际需要，进一步删减、补充和细化。

（2）资格评审标准

资格评审的因素一般包括营业执照、安全生产许可证、资质等级、财务状况、类似项目业绩、信誉、项目经理、其他要求、联合体投标人等。该部分内容分为以下两种情况：

①未进行资格预审的。评审标准须与投标人须知前附表中对投标人资质、财务、业绩、信誉、项目经理的要求以及其他要求一致，招标人要特别注意在投标人须知中补充和细化的要求，应体现出来。

②已进行资格预审的。评审标准须与资格预审文件资格审查办法详细审查标准保持一致。在递交资格预审申请文件后、投标截止时间前发生可能影响其资格条件或履约能力的新情况，应按照招标文件中投标人须知的规定提交更新或补充资料。

a. 响应性评审标准。响应性评审的因素一般包括投标内容、工期、工程质量、投标有效期、投标保证金、权利义务、已标价工程量清单、技术标准和要求等。

b. 施工组织设计和项目管理机构评审标准。施工组织设计和项目管理机构评审的因素一般包括施工方案与技术措施、质量管理体系与措施、安全管理体系与措施、环境保护管理体系与措施、工程进度计划与措施、资源配备计划、技术负责人、其他主要成员、施工设备、试验和检测仪器设备等。

针对不同项目特点，招标人可以对施工组织设计和项目管理机构的评审因素及其标准进行补充、修改和细化，如施工组织设计中可以增加对施工总平面图、施工总承包的管理协调能力等评审指标，项目管理机构中可以增加对项目经理的管理能力，如创优能力、创文明工地能力以及其他一些评审指标等。

2. 详细评审标准

详细评审的因素一般包括单价遗漏、付款条件等。

详细评审标准对规定的量化因素和量化标准是列举性的，并没有包括所有量化因素和标准，招标人应根据项目具体特点和实际需要，进一步删减、补充或细化。例如，增加算数性错误修正量化因素，即根据招标文件的规定对投标报价进行算数性错误修正。还可以增加投标报价的合理性量化因素，即根据本招标文件的规定和对投标报价的合理性进行评审。除此之外，还可以增加合理化建议量化因素，即技术建议可能带来的实际经济效益，按预定的比例折算后，在投标价内减去该值。

（三）评标程序

1. 初步评审

第一，对于未进行资格预审的，评标委员会可以要求投标人提交规定的有关证明以便核验。评标委员会依据上述标准对投标文件进行初步评审，有一项不符合评审标准的，应否决其投标。

对于已进行资格预审的，评标委员会依据评标办法中规定的评审标准对投标文件进行初步评审。有一项不符合评审标准的，应否决其投标。当投标人资格预审申请文件的内容发生重大变化时，评标委员会依据评标办法中规定的标准对其更新资料进行评审。

第二，投标报价有算术错误的，评标委员会按以下原则对投标报价进行修正，修正的价格经投标人书面确认具有约束力。投标人不接受修正价格的，应当否决该投标人的投标。

①投标文件中的大写金额与小写金额不一致的，以大写金额为准。

②总价金额与依据单价计算出的结果不一致的，以单价金额为准修正总价，但单价金额小数点有明显错误的除外。

2. 详细评审

①评标委员会依据本评标办法中详细评审标准规定的量化因素和标准进行价格折算，计算出评标价，并编制价格比较一览表。

②评标委员会发现投标人的报价明显低于其他投标报价，或者在设有标底时明显低于标底，使得其投标报价可能低于其成本的，应当要求该投标人作出书面说明并提供相应的证明材料。投标人不能合理说明或者不能提供相应证明材料的，由评标委员会认定该投标人以低于成本报价竞争，否决其投标。

3. 投标文件的澄清和修正。

①在评标过程中，评标委员会可以书面形式要求投标人对所提交的投标文件中不明确的内容进行书面澄清或说明，或者对细微偏差进行修正。评标委员会不接受投标人主动提出的澄清、说明或修正。

②澄清、说明和修正不得改变投标文件的实质性内容（算术性错误修正的除外）。投标人的书面澄清、说明和修正属于投标文件的组成部分。

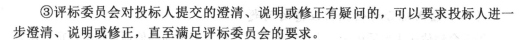

③评标委员会对投标人提交的澄清、说明或修正有疑问的，可以要求投标人进一步澄清、说明或修正，直至满足评标委员会的要求。

4. 评标结果。

①除授权评标委员会直接确定中标人外，还可以按照经评审的价格由低到高的顺序推荐中标候选人，但最低价不能低于成本价。

②评标委员会完成评标后，应当向招标人提交书面评标报告。

评标报告应当如实记载以下内容：基本情况和数据表；评标委员会成员名单；开标记录；符合要求的投标一览表；否决投标的情况说明；评标标准、评标方法或者评标因素一览表；经评审的价格一览表；经评审的投标人排序；推荐的中标候选人名单或根据招标人授权确定的中标人名单，签订合同前要处理的事宜；以及需要澄清、说明、修正事项纪要。

二、百分制打分法

百分制打分法是由评标委员对投标者的各项投标内容进行无记名打分，最后统计得分，得分超过投标标准分且是最高分者为中标单位。

打分法虽然比较公正，但主观性强，也不是最科学的评标方法。针对这些情况有的学者提出了综合评估法，这种方法较前面几种方法具有合理性和科学性，但在评标时，对投标单位的评语缺少客观性，存在一定的主观性。

三、综合评估法

（一）概述

所谓综合评估法，就是在评标过程中，根据招标文件中的规定，将投标单位的（经济）报价因素、技术因素、商务因素等方面进行全面综合考察，推荐最大限度地满足招标文件中规定的各项评价标准的投标为中标候选人的一种评标方法。

衡量投标文件是否最大限度地满足招标文件中规定的各项评价标准，可以采取折算为货币的方法、打分的方法或者其他方法。常采用打分的方法进行量化，需量化的因素及其权重应当在招标文件中明确规定。

水利项目招标评标，特别是大型项目，无论是勘察设计、建设监理，还是土建施工、重要设备材料采购、科技项目、项目法人、代建单位、设计施工总承包等招标，大多采用综合评估法。可以说，综合评估法是大型和复杂工程和服务招标普遍采用的一种评标方法，在水利项目招标评标中占有重要地位，但如何科学、公正、公平地设置各种评标因素和评审标准，也是值得研究的重要课题。综合评估法一般采用百分制评分，列入评标项目的技术、报价、商务等因素的每一项赋予一定的评分标准值，然后将各评委的评分根据评标办法的规定进行汇总统计，以综合评分得分高低先后顺序推荐第一、第二、第三中标候选人。

（二）应用综合评估法需注意的问题

①综合评估法主要适用于大中型水利工程，技术复杂的其他项目招标，项目需要综合考虑投标人的技术经济、资源资金、商务资信等因素的服务招标等。对于技术要求较低或具有通用技术标准的项目，不宜采用综合评估法。

②综合评估法使用的关键之一是如何合理确定各评标因素的权重。应用综合评估法时，应注意结合项目实际和市场竞争程度，在咨询专家和参考类似项目的基础上确定各评标因素的权重。一般来说，技术工艺复杂、技术质量要求高的项目应在技术因素方面设置较大的权重，相应降低报价因素的权重；对于服务招标，如项目管理、科技、勘察、设计、监理、咨询等招标更应该注重技术方案、实力、资信和经验的因素。

③对于技术要求和质量要求较高的项目，除在评标因素权重方面考虑外，还可以对某些技术指控因素设置合格标准或最低要求，规定投标人的该项技术指标因素达不到要求时，可以就此判定其技术不合格而判定其整个投标不合格，但这类规定一定要在招标文件上明确规定，对所有投标人一视同仁。

④综合评估法一般均应设置最高限价，对于公益性水利工程和采用财政性资金的项目招标，最高限价以国家批准的概算或国家有关限额规定为基础确定最高限价。是否规定最低限价则根据项目实际和市场竞争等因素来确定。

⑤采用综合评估法评标，在进行评标专家的抽取或确定时，应保证有技术方面和造价经济方面的专家参加评标，不能仅抽取技术专家或造价经济专家，必须根据项目涉及的专业技术因素和报价比重等因素确定技术专家与造价经济专家的比例和具体数量。无论如何，采用综合评估法时不能没有造价经济方面的专家参加评标。

⑥采用综合评估法时，招标文件中应明确规定，评标委员会评标时首先应根据招标文件和评标办法的有关规定对各投标人的标书进行有效性评审，凡无效的标书就不应该再进行技术经济评审了。

⑦采用综合评估法时，必须明确定标条件和排名规定，一般应规定综合评估分数最高的为第一名，依次类推；而且评标报告也必须推荐或确定第一、第二、第三名候选人。对于使用国有资金的项目，建议直接授权评标委员会确定中标人。

第五章　施工项目准备工作

第一节　施工项目部建设

一、施工项目管理的组织

水利工程项目的实施除项目法人外，还有设计单位、施工单位、供货单位和工程管理咨询单位以及有关的政府质量与安全监督部门等，项目组织应注意表达项目法人以及项目的参与单位有关的各工作部门之间的组织关系。

从施工单位所组织的施工项目部的组织结构进行分解，并用图的方式表示，就形成项目组织结构图项目组织结构图反映一个组织系统中各组成部门（组成元素）之间的组织关系（指令关系）。在组织结构图中，矩形框表示工作部门，上级工作部门对其直接下属工作部门的指令关系用单向箭线表示。常用的组织结构模式包括职能组织结构、线性组织结构和矩阵组织结构。

职能组织结构的A为项目负责人；B为职能部门，可以按专业和管理目标分别设置，如质量管理部、安全管理部、财务管理部、技术管理部、合同管理部等；C为现场作业队或施工班组，一般按工种划分。

线性组织结构的B通常是专业队伍，C为各个工段（班组）。该组织模式机构简单、权力集中、命令统一、职责分明、决策迅速、隶属关系明确。缺点是“个人管理”，一般专业性不强的工程可以采用此模式。

矩阵组织机构加强了各职能部门的横向联系。具有较大的机动性和适应性；把上下、左右集权与分权实行最优的结合，有利于解决复杂难题，适宜于国际工程事业部管理情况等。

二、施工项目负责人

（一）对施工项目负责人的要求

施工项目负责人，是指参加全国一级或二级建造师水利水电工程专业考试通过，经注册取得相应执业资格，同时经安全考核合格，具有有效安全考核合格证（B 证），并具有一定数量类似工程经历，受施工企业法定代表人委托对工程项目施工过程全面负责的项目管理者，是施工企业法定代表人在工程项目上的代表人。

根据水利部关于招投标和住建部水利水电工程建造师执业范围划分的有关要求，项目负责人应当由本单位的水利水电工程专业注册建造师担任，注册建造师级别按照规定确定。除执业资格要求外，项目负责人还必须有一定数量类似工程业绩，且具备有效的安全生产考核合格证书。资格审查文件应提交项目负责人属于本单位人员的相关证明材料安全生产许可证有效性可要求安全生产许可证应在有效期内，没有被吊销安全生产许可证等情况。属于本单位人员必须同时满足以下条件：

1. 聘任合同必须由投标人单位与之签订

2. 与投标人单位有合法的工资关系

3. 投标人单位为其办理社会保险关系，或具有其他有效证明其为本单位人员身份的文件

水库和防洪工程按工程等别划分；堤防工程、灌溉渠道或排水沟和灌排建筑物等3类工程不分等别，因此其执业工程规模标准根据其级别来确定；农村饮水、河湖整治、水土保持、环境保护及其他等 5 类工程的规模标准以投资额划分。

第二节　施工项目负责人的职责

施工项目负责人在承担水利工程项目施工的管理过程中，应当按照施工企业与建设单位签订的工程承包合同，与本企业法定代表人签订项目承包合同，并在企业法定代表人授权范围内，行使组织项目管理班子；以企业法定代表人的代表身份处理与所承担的工程项目有关的外部关系，受托签署有关合同；指挥工程项目建设的生产经营活动，调配并管理进入工程项目的人力、资金、物资、施工设备等生产要素；选择施工作业队伍；进行合理的经济分配以及企业法定代表人授予的其他管理权力。

施工项目负责人不仅要考虑项目的利益，还应服从企业的整体利益。项目负责人的任务包括项目的行政管理和项目管理两方面。项目负责人应对施工工程项目进行组织管理、计划管理、施工及技术管理、质量管理、资源管理、安全文明施工管理、外

联协调管理、竣工交验管理。

①加强工程管理，确保工程按质按期完成，并最大限度地降低工程成本，节约投资。

②项目负责人在施工企业工程部经理的领导下，主要负责对工程施工现场的施工组织管理。通过施工过程中对项目部、施工队伍的现场组织管理及与甲方、监理、总包各方的协调，从而实现工程总目标。

③认真贯彻执行公司的各项管理规章制度，逐级建立健全项目部各项管理规章制度。

④项目负责人是建筑施工企业的基层领导者和施工生产指挥者，对工程的全面工作负有直接责任。

⑤项目负责人应对项目工程进行组织管理、计划管理、施匚及技术管理、质量管理、资源管理、安全文明施工管理、外联协调管理、验收管理’一

⑥组织做好工程施工准备工作，对工程现场施工进行全面管理，完成公司下达的施工生产任务及各项主要工程技术经济指标。

⑦组织编制工程施工组织设计，组织并进行施工技术交底。

⑧组织编制工程施工进度计划，做好工程施工进度实施安排，确保工程施工进度按合同要求完成。

⑨抓好工程施工质量及材料质量的管理，保证工程施工质量，争创优质工程，树立公司形象，对用户负责。

⑩对施工安全生产负责，重视安全施工，抓好安全施工教育、加强现场管理，保证现场施工安全。

⑪组织落实施工组织设计中安全技术措施，组织并监督工程施工中安全技术交底和设备设施验收制度的实施。

⑫对施工现场定期进行安全生产检查，发现施工生产中不安全问题，组织制定措施并及时解决对上级提出的安全生产与管理方面的问题要定时、定人、定措施予以解决。

⑬发生质量、安全事故，要做好现场保护与抢救工作并及时上报，组织配合事故的调查，认真落实制定的防范措施，吸取事故教训。

⑭重视文明施工、环境保护及职业健康工作开展，积极创建文明施工、环境保护及职业健康，创建文明工地。

⑮勤俭办事，反对浪费，厉行节约，加强对原材料机具、劳动力的管理，努力降低工程成本。

⑯建立健全和完善用工管理手续，外包队使用必须及时向有关部门申报。严格用工制度与管理，适时组织上岗安全教育，对外包队的健康与安全负责，加强劳动保护工作。

⑰组织处理工程变更洽商，组织处理工程事故及问题纠纷协调、组织工程自检、配合甲方阶段性检查验收及工程验收、组织做好工程撤场善后处理。

⑱组织做好工程资料台账的收集、整理、建档、交验规范化管理。

⑲树立“公司利益第一”的宗旨，维护公司的形象与声誉，洁身自律，杜绝一切

违法行为的发生。

⑳协助配合公司其他部门进行相关业务工作。

完成施工企业交办的其他工作。

三、施工项目部建立

（一）建立施工项目领导机构

根据工程规模、结构特点和复杂程度，确定施工项目领导机构的人选和名额；遵循合理分工与密切协作、因事设职与因职选人的原则，建立有施工经验、有开拓精神和工作效率高的施工项目领导机构。除项目负责人和技术负责人外，还应配备一定数量的施工员、质检员、材料员、资料员、安全员、造价员等职业岗位人员二各岗位人员应各负其责，负责

施工技术管理工作。其中，项目负责人、技术负责人、财务负责人、质量管理人员、安全管理人员必须为本单位人员。

水利部建设与管理部门和中国水利工程协会规定了相应的若核办法及管理办法项目负责人、安全管理人员以及安全部门负责人必须取得有效的安全考核合格证。

（二）建立精干的施工队伍

根据施工项目部的组织方式，确定合理的劳动组织，建立相应的专业或混合工作队或班组，并建立岗位责任制和考核办法。垂直运输机械作业人员、安装拆卸匸、爆破作业人员、起重信号工、登高架设作业人员等特种作业人员，必须按照国家有关规定经过专门的安全作业培训，并取得特种作业操作资格证书后，方可上岗作业。

按照开工日期和劳动力需要量计划，组织工人进场，安排好职工生活，并进行项目部和班组二级安全教育，以及防火和文明施工等教育。

（三）做好技术交底工作

为落实施工计划和技术责任制，应按管理系统逐级进行交底交底内容通常包括：工程施工进度计划和月、旬作业计划；各项安全技术措施、降低成本措施和质量保证措施；质量标准和验收规范要求；设计变更和技术核定事项等。以上内容都应详细交底，必要时进行现场示范。例如，进行三级、特级、悬空高处作业时，应事先制定专项安全技术措施施工前，应向所有施工人员进行技术交底

（四）建立健全各项规章制度

建立健全各项规章制度，规章制度主要包括：项目管理人员岗位责任制度，项目技术管理制度，项目质量管理制度，项目安全管理制度，项目计划、统计与进度管理制度，项目成本核算制度，项目材料和机械设备管理制度，项目现场管理制度，项目分配与奖励制度，项目例会及施工日志制度，项目分包及劳务管理制度，项目组织协调制度，以及项目信息管理制度。

第三节 施工项目技术准备

一、编制施工技术方案和计划

项目负责人和技术负责人应组织技术岗位管理人员编制合同项目的施工技术方案，包括施工组织设计和专项安全措施方案（附验算结果），报监理机构审批。

根据《水利工程建设安全生产管理规定》的规定，施工单位应当在施组织设计中编制安全技术措施和施工现场临时用电方案，对下列达到一定规模的危险性较大的工程应当编制专项施工方案，并附具安全验算结果，经施工单位技术负责人签字以及总监理工程师核签后实施

同时，根据施工技术方案编制施工进度计划；再根据施工进度计划和签订的施工合同要求，编制施工用图计划、施工资金流量计划、施工材料、设备供应计划等。如果施工单位要分包非主体结构项目，还应报审分包人资质、经验、能力、信誉、财务，主要人员经历等资料。

二、工程预付款申报

预付款用于承包人为合同工程施工购置材料、工程设备、施工设备、修建临时设施以及组织施工队伍进场等，分为工程预付款和工程材料预付款。预付款必须专用于合同工程。

（一）工程预付款的额度和预付办法

一般工程预付款为签约合同价的10%，分两次支付，招标项目包含大宗设备采购的可适当提高但不宜超过20%。

（二）工程预付款担保

1. 承包人在第一次收到工程预付款的同时需提交等额的工程预付款保函（担保）

2. 第二次工程预付款保函可用承包人进入工地的主要设备（其估算价值已达到第二次预付款金额）代替

3. 工程预付款担保的担保金额可根据工程预付款扣回的金额相应递减

三、熟悉和审查施工图纸

（一）熟悉、审查设计图纸的内容

①审查拟建工程的总平面图水工建筑物或构筑物的设计功能与使用要求；

②审查设计图纸是否完整、齐全，以及设计图纸和资料是否符合国家有关工程建设的设计、施工方面的方针与政策；

③审查设计图纸与说明书在内容上是否一致，以及设计图纸与其各组成部分之间有无矛盾和错误；

④审查建筑总平面图与其他结构图在几何尺寸、坐标、标高、说明等方面是否一致，技术要求是否正确；

⑤审查工业项目的生产工艺流程和技术要求，掌握配套投产的先后次序和相互关系，以及设备安装图纸与其相配合的土建施工图纸在坐标、标高上是否一致，掌握土建施工质量是否满足设备安装的要求；

⑥审查地基处理与基础设计同拟建工程地点的工程水文、地质等条件是否一致，以及建筑物或构筑物与地下建筑物或构筑物、管线之间的关系；

⑦明确拟建工程的结构形式和特点，复核主要承重结构的强度、刚度和稳定性是否满足要求，审查设计图纸中的工程复杂、施工难度大和技术要求高的分部分项工程或新结构、新材料、新工艺，检查现有施工技术水平和管理水平能否满足工期与质量要求，并采取可行的技术措施加以保证；

⑧明确建设期限、分期分批投产或交付使用的顺序和时间，以及工程所需主要材料、设备的数量、规格、来源和供货日期；

⑨明确建设、设计和施工等单位之间的协作、配合关系，以及建设单位可以提供的施工条件。

（二）熟悉、审查设计图纸的程序

熟悉、审查设计图纸的程序通常分为自审阶段、会审阶段和现场签证阶段等三个阶段。

1. 设计图纸的自审阶段

图纸自审由施工单位主持，主要是对设计图纸的疑问和对设计图纸的有关建议等，并写出图纸自审记录。

2. 设计图纸的会审阶段

一般由建设单位主持，由设计单位、施工单位和监理单位参加，四方共同进行设计图纸的会审。图纸会审时，首先由设计单位的工程主设计人向与会者说明拟建工程的设计依据、意图、功能及对特殊结构、新材料、新工艺、新技术的应用和要求；然后施工单位根据自审记录以及对设计意图的理解，提出对设计图纸的疑问和建议；最后在统一认识的基础上，对所探讨的问题逐一地做好记录，形成“图纸会审纪要”，由建设单位正式行文，参加单位共同会签、盖章，作为与设计文件同时使用的技术文件和指导施工的依据，以及建设单位与施工单位进行工程结算的依据。

3. 设计图纸的现场签证阶段

在拟建工程施工的过程中，如果发现施工的条件与设计图纸的条件不符，或者发现图纸中仍然有错误，或者因为材料的规格、质量不能满足设计要求，或者因为施工单位提出了合理化建议，需要对设计图纸进行及时修订时，应遵循技术核定和设计变更的签证制度，进行图纸的施工现场签证。如果设计变更的内容对拟建工程的规模、投资影响较大，要报请项目的原批准单位批准。在施工现场的图纸修改、技术核定和设计变更资料，都要有正式的文字记录，归入拟建工程施工档案，作为指导施工、工程结算和竣工验收的依据。

四、原始资料调查分析

（一）自然条件调查分析

自然条件调查分析包括施工场地所在地区的气象、地形、地质和水文、施工现场地上和地下障碍物状况、周围民宅的坚固程度及其居民的健康状况等项调查。自然条件调查分析为编制施工现场的“四通一平”计划提供依据。

（二）技术经济条件调查分析

技术经济条件调查主要包括：地方建筑生产企业情况，地方资源情况，交通运输条件，水、电和其他动力条件，主要设备、材料和特殊物资供应情况，参加施工的各单位（含分包）生产能力情况调查等。

五、编制施工预算

施工预算是根据中标后的合同价、施工图纸、施工组织设计或施工方案、施工定额等文件进行编制的，它直接受中标后合同价的控制。它是施工企业内部控制各项成本支出、考核用工、“两价”对比、签发施工任务单、限额领料、基层进行经济核算的依据。

第四节　施工现场准备

一、施工现场平面布置

（一）施工总布置的内容

施工总布置的内容主要有：

1. 配合选择对外运输方案，选择场内运输方式以及两岸交通联系的方式，布置线路，确定渡口、桥梁位置，组织场内运输

2. 选择合适的施工场地，确定场内区域划分原则，布置各施工辅助企业及其他生产辅助设施，布置仓库站场、施工管理及生活福利设施

3. 选择给水、供电、压气、供热以及通信等系统的位置，布置干管、干线

4. 确定施工场地排水、防洪标准，规划布置排水、防洪沟槽系统

5. 规划弃渣、堆料场地，做好场地土石方平衡以及开挖土石方调配

6. 规划施工期环境保护和水土保持措施

施工总布置的内容概括起来包括：原有地形已有的地上、地下建筑物、构筑物、铁路、公路和各种管线等；一切拟建的永久建筑物、构筑物、道路和管线；为施工服务的一切临时设施；永久、半永久性的坐标位置，料场和弃渣场位置。'

（二）施工总布置原则

施工总布置应根据工程总体布置结合现场环境，遵循因地制宜、因时制宜、有利生产、方便生活、易于管理、安全可靠、经济合理的原则。

①施工总布置应综合分析水工枢纽布置、主体建筑物规模、型式、特点、施工条件和工程所在地区社会、自然条件等因素，妥善处理好环境保护和水土保持与施工场地布局的关系，合理确定并统筹规划为工程施工服务的各种临时设施。

②施工总布置方案应贯彻执行十分珍惜和合理利用土地的方针，遵循因地制宜、因时制宜、有利生产、方便生活、易于管理、安全可靠、注重环境保护、减少水土流失、充分体现人与自然和谐相处以及经济合理的原则，经全面系统比较论证后选定。

③施工总布置设计时应考虑以下各点：

第一，施工临时设施与永久性设施，应研究相互结合、统一规划的可能性。临时性建筑设施不要占用拟建永久性建筑或设施的位置。

第二，确定施工临时性建筑设施项目及其规模时，应研究利用已有企业设施为施工服务的可能性与合理性。

第三，主要施工工厂设施和临时设施的布置应考虑施工期洪水的影响，防洪标准根据工程规模、工期长短、河流水文特性等情况，分析不同标准洪水对其危害程度，在 5 ～ 20 年重现期范围内酌情采用。高于或低于上述标准时，应进行充分论证

第四，场内交通规划必须满足施工需要，适应施工程序、工艺流程；全面协调单项工程、施工企业、地区间交通运输的连接与配合，运输方便，费用少，尽可能减少二次转运；力求使交通联系简便，运输组织合理，节省线路和设施的工程投资，减少管理运营费用。

第五，施工总布置应做好土石方挖填平衡，统筹规划堆、弃渣场地；弃渣应符合环境保护及水土保持要求。在确保主体工程施工顺利的前提下，要尽量少占农田：

第六，施工场地应避开不良地质区域、文物保护区。

第七，避免在以下地区设置施工临时设施：严重不良地质区域或滑坡体危害地区；泥石流、山洪、沙尘暴或雪崩可能危害地区；重点保护文物、古迹、名胜区或自然保护区；与重要资源开发有干扰的地区；受爆破或其他因素严重影响的地区。

施工总布置应该根据施工需要分阶段逐步形成，做好前后衔接，尽量避免后阶段拆迁。初期场地平整范围按施工总布置最终要求确定。

（三）施工平面的布置

1. 收集基本资料

（1）当地国民经济现状及发展的前景

（2）可为工程施工服务的建筑、加工制造、修配、运输等企业的规模、生产能力及其发展规划

（3）现有水陆交通运输条件和通过能力，近远期发展规划

（4）水、电以及其他动力供应条件

（5）邻近居民点、市政建设状况和规划

（6）当地建筑材料及生活物资供应情况

（7）施工现场土地状况和征地的有关问题

（8）工程所在地区行政区规划图、施工现场地形图及主要临时工程剖面图，三角水准网点等测绘资料

（9）施工现场范围内的工程地质与水文地质资料

（10）河流水文资料、当地气象资料

（11）规划、设计各专业设计成果或中间资料

（12）主要工程项目定额、指标、单价、运杂费率等

（13）当地及各有关部门对工程施工的要求

（14）施工现场范围内的环境保护要求

2. 编制临时建筑物的项目清单

在充分掌握基本资料的基础上，根据施工条件和特点，结合类似工程经验或有关规定，编制临时建筑物的项目单，并初步确定它们的服务对象、生产能力、主要设备、风水电等需要量及占地面积、建筑面积和布置的要求。

以混凝土工程为主体的枢纽工程，临建工程项目一般包括以下内容：

（1）混凝土系统（包括搅拌楼、净料堆场、水泥库、制冷楼）

（2）砂石加工系统（包括破碎筛分厂、毛料堆场、净料堆场）

（3）金属结构机电安装系统（包括金属结构加工厂、金属结构拼装场、钢管加工厂、钢管拼装场、制氧厂）

（4）机械修配系统（包括机械修配厂、汽车修配厂、汽车停放保养场、船舶修配厂、机车修配厂）

（5）综合加工系统（包括木材加工厂、钢筋加工厂、混凝土预制构件厂）

（6）风、水、电、通信系统（包括空压站、水厂、变电站、通信总机房）

（7）基础处理系统（包括基地、灌浆基地）

（8）仓库系统（包括基地冲击钻机仓库、工区仓库、现场仓库、专业仓库）

（9）交通运输系统（包括铁路场站、公路汽车站、码头港区、轮渡）

（10）办公生活福利系统（办公房屋、单身宿舍房屋、家属宿舍房屋、公共福利房屋、招待所）

3. 现场布置总规划

现场布置总规划是施工现场布置中的最关键一步。应该着重解决施工现场布置中的重大原则问题，具体包括：

（1）施工场地是一岸布置还是两岸布置

（2）施工场地是一个还是几个，如果有几个场地，哪一个是主要场地

（3）施工场地怎样分区

（4）临时建筑物和临时设施采取集中布置还是分散布置，哪些集中、哪些分散

（5）施工现场内交通线路的布置和场内外交通的衔接及高程的分布等

一般施工现场为了方便施工，利于管理，都将现场划分成主体工程施工区，辅助企业区，仓库、站、场、转运站，码头等储运中心，当地建筑材料开采区，机电金属结构和施工机械设备的停放修理场地，工程弃料堆放场，施工管理中心和主要施工分区，生活福利区等。各区域用场内公路沟通，在布置上相互联系，形成统一的、高度灵活的、运行方便的整体。

在进行各分区布置时，应满足主体工程施工的要求：对以混凝土建筑物为主体的工程枢纽，应该以混凝土系统为重点，即布置时以砂石料的生产、混凝土的拌和、运输线路和堆弃料场地为主，重要的施工辅助企业集中布置在所服务的主体工程施工工区附近，并妥善布置场内运输线路，使整个枢纽工程的施工形成最优工艺流程。对于其他设施的布置，则应围绕重点来进行，确保主体工程施工。

在区域规划时，围绕集中布置、分散布置和混合布置等三种方式，水利水电工程一般多采用混合布置。

第一，地形较狭窄时，可沿河流一岸或两岸冲沟绵延布置，按临时建筑物及其设施对施现场影响程序分类排队，对施工影响大的靠近坝址区布置，其他项目按对工程影响程序大小顺序逐渐远离布置，如水布垭工程采用了这种布置方式。

第二，地形特别狭窄时，可把与施工现场关系特别密切的设施（如混凝土生产系统）布置在坝址附近，而其他一些施工辅助企业等布置在离大坝较远的基地，这是典型的混合布置，如三门峡水库等。

对于引水式水电站或大型输水工程，常在取水口、中间段和厂房段设立施工场地，即形成“一条龙”的布置形式，又称分散布置。其缺点是施工管理不便、场内运输量大等。

在现场规划布置时，要特别注意场内运输干线的布置，如两岸交通联系的线路，砂石骨料运输线路，上、下游联系的过坝线路等。

4. 施工现场布置

施工总平面布置图应根据设计资料和设计原则，结合工程所在地的实际情况，编制出几个可能方案进行比较，然后选择较好的布置方案。

（1）施工交通运输的布置

施工交通包括对外交通和场内交通两部分。对外交通是指联系施工工地与国家公路或地方公路、铁路车站、水运港口及航空港之间的交通，一般应充分利用现有设施，

选择较短的新建、改建里程，以减少对外交通工程量，－场内交通是联系施工工地内部各工区、料场、堆料场及各生产生活区之间的交通，一般应与对外交通衔接。

在进行施工交通运输方案的设计时，应主要解决的问题有：选定施工场内外的交通运输方式和场内外交通线路的连接方式；进行场内运输线路的平面布置和纵剖面设计；确定路基、路面标准及各种主要的建筑物（如桥涵、车站、码头等）的位置、规模和形式；提出运输工具和运输工程量、材料和劳动力的数量等。

①确定对外交通和场内交通的范围

对外交通方案应确保施工工地与国家公路或地方公路、铁路车站、水运港口之间的交通联系，具备完成施工期间外来物资运输任务的能力；场内交通方案应确保施工工地内部各工区、当地材料产地、堆渣场、各生产生活区之间的交通联系，主要道路与对外交通的衔接。

②场内交通规划的任务

场内交通规划的任务是正确选择场内运输主要和辅助的运输方式，合理布置线路，合理规划和组织场内运输。各分区间交通道路布置合理、运输方便可靠、能适应整个工程施工进度和工艺流程要求，尽量避免或减少反向运输和二次倒运。

③场内运输的特点

场内运输的特点是：物料品种多、运输量大、运距短；物料流向明确，车辆单向运输；运输不均衡；对运输保证性要求高；场内交通的临时性；个别情况允许降低标准；运输方式多样性等。

④交通运输方式的选择

运输方式的选择应考虑工程所在地区可资利用的交通运输设施情况，施工期总运输量、分年度运输量及运输强度，重大件运输条件，国家（地方）交通干线的连接条件以及场内、外交通的衔接条件，交通运输工程的施工期限及投资，转运站以及主要桥涵、渡口、码头、站场、隧道等的建设条件。

场外运输方式的选择，主要取决于工程所在地区的交通条件、施工期的总运输量及运输强度、最大运件重量和尺寸等因素。中、小型水利工程一般情况下应优先采用公路运输方式，对于水运条件发达的地区，应以水运方式为主，其他运输方式为辅。

场内运输方式的选择，主要根据各运输方式自身的特点，场内物料运输量，运输距离对外运输方式、场地分区布置、地形条件和施工方法等。中、小型工程一般采用以汽车运输为主，其他运输为辅的运输方式。对外交通运输专用线或场内公路设计时，应结合具体情况，参照国家有关的公路标准来进行。

场内运输方式分水平运输和垂直运输方式两大类。垂直运输方式和永久建筑物施工场地、各生产系统内部的运输组织等，一般由各专业施工设计考虑，场内交通规划主要考虑场区之间的水平运输方式。水电工程常采用公路和铁路运输作为场内主要水平运输方式。

（2）仓库与材料堆场的布置

①当采用铁路运输时，仓库通常沿铁路线布置，并且要留有足够的装卸前线；如

果没有足够的装卸前线，必须在附近设置转运仓库。布置铁路沿线仓库时，应将仓库设置在靠近工地一侧，以免内部运输跨越铁路。同时，仓库不宜设置在弯道处或坡道上。

②当采用水路运输时，一般应在码头附近设置转运仓库，以缩短船只在码头上的停留时间。

③当采用公路运输时，仓库的布置较灵活，一般中心仓库布置在工地中央或靠近使用的地方，也可以布置在靠近外部交通连接处。砂石、水泥、石灰、木材等仓库或堆场宜布置在施工对象附近，以免二次搬运。一般笨重设备应尽量布置在车间附近，其他设备仓库可布置在其外围或其他空地上。

④炸药库应布置在僻静的位置，远离生活区；汽油库应布置在交通方便之处，且不得靠近其他仓库和生活设施，并注意避开多发的风向。

（3）加工厂布置

一般应将加工厂集中布置在同一个地区，且多处于工地边缘。各种加工厂应与相应仓库或材料堆场布置在同一地区。

污染较大的加工厂，如砂石加工厂、沥青加工厂和钢筋加工厂，应尽量远离生活区和办公区，并注意风向。

（4）布置内部运输道路

根据加工厂、仓库及各施工对象的相对位置，研究货物转运图，区分主要道路和次要道路。

①在规划临时道路时，应充分利用拟建的永久性道路，提前修建永久性道路或者修路基和简易路面作为施工所需的道路，以达到节约投资的目的。

②道路应有两个以上进出口，道路末端应设置回车场；场内道路干线应采用环形布置，主要道路宜采用双车道，宽度不小于 6 m；次要道路宜采用单车道，宽度不小于 3.5 m。

③一般场外与省、市公路相连的干线，因其以后会成为永久性道路。因此，一开始就应建成高标准路面。场区内的干线和施工机械行驶路线，最好采用碎石级配路面，以利于修补；场内支线一般为土路或砂石路。

（5）行政与生活临时设施布置

应尽量利用建设单位的生活基地或其他永久性建筑，不足部分另行建造，还可考虑租用当地的民房。

一般全工地性行政管理用房宜设在全工地入口处，以便对外联系；也可设在工地中间，便于对全工地进行管理；工人用的福利设施应设置在工人较集中的地方，或工人必经之处；生活基地应设在场外，距工地 500 ～ 1000 m 为宜；食堂可布置在工地内部或工地与生活区之间。其位置应尽量避开危险品仓库和砂石加工厂等，以利于安全和减少污染。

（6）临时水电管网及其他动力设施的布置

临时水电管网沿主要干道布置干管、主线；临时总变电站应设置在高压电引入处，不应设置在工地中心；设置在工地中心或工地中心附近的临时发电设备，沿干道布置主线；施工现场供水管网有环状、枝状和混合式三种形式。

根据工程防火要求，应设立消防站。一般设置在易燃物（木材、仓库、油库、炸药库等）附近，并须有通畅的出口和消防车道，其宽度不宜小于 6 m；沿道路布置消防栓时，其间距不得大于 100 m，消防栓到路边的距离不得大于 2 m。

工地电力网：一般 3 ～ 10 kV 高压线采用环状，380/220 V 低压线采用枝状布置。工地上通常采用架空布置，距路面或建筑物不小于 6 m。

应该指出，上述各设计步骤不是截然分开、各自孤立进行的，而是互相联系、互相制约的，需要综合考虑、反复修正才能确定下来。

二、施工现场准备

（一）施工现场控制网测量

根据给定永久性坐标和高程，按照建筑总平面图要求，进行施工现场控制网测量，设置场区永久性控制测量标桩。

（二）做好“四通一平”

确保施工现场“四通一平”，并尽可能使永久性设施与临时性设施结合起来。拆除场地上妨碍施工的建筑物或构筑物，并根据建筑总平面图规定的标高和土方竖向设计图纸，进行平整场地的工作。

（三）建设施工临时设施

按照施工平面布置图和工程进度安排，进行设施建设。

（四）组织施工机具进场

根据施工机具需要量计划，按施工平面图要求，组织施工机械、设备和工具进场，按规定地点和方式存放，并应进行相应的保养和试运转等项工作。土石方施工以挖运填筑机械为主，混凝土施工以拌和设备和水平运输及垂直运输机械为主。

（五）组织建筑材料进场

根据建筑材料、构（配）件和制品需要量计划，组织其进场，根据施工场地布置地点和方式储存或堆放。

（六）拟订有关试验、试制项目计划

建筑材料进场后，应进行各项材料的试验、检验。对于新技术项目，应拟订相应试验和试制计划，并均应在开工前实施。

（七）做好季节性施工准备

按照施工组织设计要求，认真落实冬、雨季和高温季节施工项目的施工设施和技术组织措施。

（八）设置消防、保安设施

按照施工组织设计的要求，根据施工总平面图的布置，建立消防、保安等组织机构和有关的规章制度，布置安排好消防、保安等措施。

三、施工场外协调

（一）材料加工和订货

根据各项资源需要量计划，同建材加工和设备制造部门或单位取得联系，签订供货合同，保证按时供应。

（二）施工机械租赁或订购

对于缺少且需用的施工机械，应根据资源需求量计划，同相关单位签订租赁合同或订购合同。

（三）安排好分包或劳务

通过经济效益分析，适合分包或委托劳务而本单位难以承担的专业工程，如大型土石方、结构安装和设备安装工程，应尽早做好分包或劳务安排；采用招标或委托方式，同相应承担单位签订分包或劳务合同，保证合同实施。

第六章 工程项目组织管理

第一节 工程项目组织的结构形式

一、职能式组织结构

职能式又称部门控制式，通常指项目任务由企业中现有的职能部门作为承担主体来完成。职能式组织有两种表现形式，一种是将一个大的项目按照公司行政、人力资源、财物、各专业技术、营销等职能部门的特点与职责，分成若干子项目，由相应的各职能单元完成各方面的工作。另一种形式用于一些中小项目，在人力资源、专业等方面要求不高的情况下，根据项目专业特点，直接将项目安排在公司某一职能部门内部进行，在此形式下项目团队成员主要由该职能部门人员组成。职能式组织形式无专职的项目经理和有形的项目团队。

（一）职能式组织形式的主要优点

①项目团队中各成员无后顾之忧。由于项目成员来自各职能部门，在项目工作期间所属关系没有发生变化，项目成员不会为将来项目结束时的去向担忧，因而能客观地参与项目实施。

②各职能部门可以在本部门工作任务与项目工作任务的平衡中去安排力量，当项目团队中的某一成员因故不能参加时，其所在的职能部门可以重新安排人员予以补充。

③当项目全部由某一职能部门负责时，项目的人员管理与使用将变得更为简单，

具有更大的灵活性。

④项目团队的成员有同一部门的专业人员作技术支撑，有利于项目的专业技术问题的解决。

⑤利于公司项目管理水平的保证和持续提升。由于是以各职能部门作基础，项目管理水平不会因项目团队成员的流失而有过大的影响。

（二）职能式组织形式的主要缺点

①没有特定人员承担项目的全部责任。

②由于项目团队成员分散于各职能部门，团队中的成员普遍会将项目的工作视为额外工作，对项目的工作没有更多的热情，项目的利益往往得不到优先考虑。

③对于参与多个项目的职能部门，特别是对某个人来说，不利于项目之间的力量投入安排。

④技术复杂的项目通常需要多个职能部门的共同合作，职能式组织形式不利于不同职能部门团队成员之间的交流。

综上所述，职能式组织形式适用于规模较小，时间较短，以技术为重点的工程项目。

二、直线式组织结构

（一）直线式项目组织的优点

①保证单头领导，每个组织单元仅向一个上级负责，一个上级对下级直接行使管理和监督的权力即直线职权，一般不能越级下达指令。项目工作任务、责任、权力明确，指令唯一，这样可以减少扯皮和纠纷，协调方便。

②项目经理有指令权，能直接控制资源，向业主负责。

③信息流通快，决策迅速，项目容易控制。

④项目结构形式与项目结构分解图基本一致，这使得目标分解和责任落实比较容易，不会遗漏项目工作，组织障碍较小，协调费用低。

⑤项目任务分配明确，责任权利关系清楚。

（二）直线式项目组织的缺点

①当项目比较多、比较大时，每个项目对应一个完整独立的组织机构，使资源不能达到合理使用。

②项目经理责任较大，一切决策信息都集中于项目经理处，这就要求其能力强、知识全面、经验丰富；否则决策较难，容易出错。

③不能保证项目组织成员之间信息流通速度和质量，由于权力争执会使合作困难。

④直线式组织中，如果专业划分太细，会造成多级分包，进而造成组织层次的增加。

三、矩阵式项目组织结构

（一）矩阵式组织的优点

矩阵式组织克服了直线式和职能式组织形式的缺点。它的主要优点如下。

①能够形成以项目任务为中心的管理，集中企业全部资源（特别是技术力量）于各项目上，项目目标能够得到保证，能迅速反映和满足顾客要求，对环境变化有较好的适应能力。企业能保证项目全过程和各项目之间管理的连续性和稳定性。

②由于各种资源由企业统一管理，能达到最有效、均衡、节约、灵活地使用企业资源，特别是能最有效地利用企业的职能人员和专门人才。能够形成全企业统一指挥，协调管理，进而保证项目和部门工作的稳定和效率。一个公司项目越多，虽然增加了计划和平衡的难度，但上述这种效果越显著。

③在矩阵式组织中，项目组成员仍归属于一个职能部门，则不仅能保证企业组织和项目工作的稳定性，而且使员工有机会在职能部门中通过参加各种项目，获得专业上的发展，积累丰富的经验和阅历。

④矩阵式组织结构富有弹性，有自我调节功能，能更好地适用于动态管理和优化组合，适用于时间和费用压力大的多项目和大型项目管理。例如，增加一个项目，对于职能部门仅增加了一项专业业务，仅影响计划和资源分配，而项目结束并不影响企业组织结构。

⑤矩阵式组织结构、权利与责任关系灵活，能保证项目经理对项目最有力控制的前提下，充分发挥各职能部门的作用，保证协调、信息和指令的途径较短，组织层次少，企业组织扁平化。“决策层一职能部门一实施层”之间的距离最小，沟通速度快。

⑥组织上打破了传统的以权力为中心的模式，树立了以任务为中心的思想。这种组织的领导不是集权的，而是分权的、民主的、合作的，所以管理者的领导风格必须变化。组织的运作必须是灵活的、公开的。企业中人们信息共享，需要互相信任和承担义务，能促进人们相互学习、交流知识和信息，促进良好的沟通，便于接受新思想，使整个组织氛围符合创新的需要。

矩阵式组织能同时兼顾产品（或项目）和专业职能活动，职能部门和项目组共同承担项目任务，共同工作，各个参加者独立地追求不同部门和不同项目利益的平衡，能够发挥双方的积极性，因此它综合了项目组织和职能组织的优点。

（二）矩阵式组织的缺点

①存在组织上的双重领导，双重职能，双重汇报关系，双重信的息流、工作流和指令。项目经理和部门经理双方容易产生争权、扯皮和推卸责任的现象。所以，必须严格区分两大类工作（项目和部门）的任务、责任和权力，划定界限。因此，对企业管理规范化和程序化要求高，要求有完备的、严密的组织规则、程序，明确的职权划分，有效的企业项目管理系统；否则，极易造成项目经理或部门领导的越权、双方的矛盾，容易产生混乱和争执，甚至出现对抗状态。

②由于出现双重领导，所以信息量大、会议多、报告多。

③必须具有足够数量的、经过培训的、强有力的项目经理。

④由于许多项目同时进行，导致项目之间竞争专业部门的资源，而一个职能部门同时管理许多项目的相关专业工作，则它的资源分配是关键问题。由于企业内各项目间的次序不易确定，所以带来协调上的困难。由于要争夺有限的资源（资金、人力、设备），职能经理与项目经理之间容易发生矛盾。

⑤采用矩阵式的组织结构会对已建立的企业组织规则产生冲击，如要修改和打破企业过去的职权和责任模式、生产过程、后勤系统、资源的分配模式、管理工作程序、人员评价等。

⑥需要很强的计划和控制系统。由于项目对资源数量和质量的需求高度频繁的变化，难以准确估计，容易造成混乱、低效率，容易使项目的目标受到损害。

第二节 工程项目管理规划

一、工程项目业主方的项目管理规划

业主的任务是对整个项目进行总体的控制。在工程项目被批准立项后，业主应根据工程项目的任务书对项目的管理工作进行规划，以保证全面完成任务书所规定的各项任务。

项目管理规划作为项目管理的一个重要的工作，在项目立项后编制。由于项目的特殊性和项目管理规划的独特作用，它应符合以下要求。

（一）符合项目总目标要求

管理规划是为了保证实现项目管理总目标而做的各种安排，所以目标是规划的灵魂。首先必须详细地分析目标，弄清总任务。如果对目标和任务理解有误，或不完全，必然会导致项目管理规划的失误。项目管理规划应包括对目标的研究与分解，并与相关各方就总目标达成共识。

（二）符合全面性要求

管理规划要有可行性，要符合实际情况要求。在项目管理规划的制定中应进行充分的调查研究，大量地占有资料，并充分利用调查结果，按工程规模、复杂程度、质量水平、工程项目自身的逻辑性和规律性作计划。

（三）符合全过程要求

由于项目管理对实施运营的重要作用，应着眼于项目管理的全过程，考虑项目的组织，以及项目管理的各个方面，通常应包括项目管理的目标分解、环境调查、项目的范围管理和结构分解、项目的实施策略、项目组织和项目管理组织设计，以及对相关工作的总体安排（如功能策划、技术设计、实施方案和组织、建设、融资、交付、运行的全部）。

（四）符合集成化要求

项目管理规划应是集成化，规划所涉及的各项工作之间应有良好的接口。项目管理规划的体系应反映规划编制的基础工作、规划包括的各项工作，以及规划编制完成后的相关工作之间的系统联系。

（五）符合弹性要求

管理规划要有弹性，必须留有余地。由于投资者的环境变化、市场变化、行政干预、设计考虑不周等，原目标和规划内容有可能不符合实际，必须做相应的调整。

（六）考虑风险防范措施

规划中必须包括相应的风险分析的内容，对可能发生的困难、问题和干扰做出预估，并提出相应的防范措施。

二、工程项目施工方的管理规划

（一）施工方的项目管理规划大纲

项目管理规划大纲是由企业管理层在投标之前编制的，旨在作为投标依据，满足招标文件要求及签订合同要求的文件。

在工程项目中，项目管理规划大纲应由项目管理层依据招标文件及发包人对招标文件的解释、企业管理层对招标文件的分析研究结果、工程现场情况、发包人提供的信息和资料、有关市场信息以及企业法定代表人的投标决策意见编写。

1. 项目管理规划大纲的编制程序

项目管理规划大纲的编制程序一般分为7步：①明确项目目标；②分析项目环境和条件；③收集项目相关资料和信息；④确定项目管理组织模式、结构和职责；⑤明确项目管理内容；⑥编制项目目标计划和资源计划；⑦汇总整理，报送审批。这个程序中，关键程序是第六步。前面的5步是为它服务的，最后一步是例行管理手续。

2. 项目管理规划大纲的内容

项目管理规划大纲包括以下13项内容。

①项目概况。项目概况包括项目范围描述、项目实施条件分析和项目管理基本要求等。

②项目范围规划。项目范围规划要通过工作分解结构图实现，并对分解的各单元进行编码及编制说明。既要对项目的过程范围进行描述，又要对项目的最终可交付成果进行描述。项目管理规划大纲的项目工作结构分解可以粗略一些。

③项目管理目标规划。业主项目管理的目标是组织自身要完成的目标。项目管理目标规划应明确进度、质量、职业健康安全与环境、成本等的总目标，并进行可能的

分解。这些目标是项目管理的努力方向，也是管理成果的体现，故必须进行可行性论证，提出纲领性的措施。

④项目管理组织规划。项目管理组织规划应包括组织结构形式、组织构架图、项目经理、职能部门、主要成员人选、拟建立的规章制度等。项目的组织规划应符合业主的项目组织策略，有利于项目管理的运作。

⑤项目成本管理规划。项目管理组织应提出完成任务的预算和成本计划。成本计划应包括项目的总成本目标，按照主要成本项目进行成本分解的子目标，保证成本目标实现的技术、组织、经济和合同措施。成本计划目标应留有一定的余地，并有一定的浮动区间，以便激发生产和管理者的积极性。

⑥项目进度管理规划。项目进度管理规划应包括进度的管理体系、管理依据、管理程序、管理计划、管理实施和控制、管理协调等内容的规划。应明确总工期目标，总工期目标的分解，主要的里程碑事件及主要的工程活动的进度安排、进度计划表。应规划出保证进度目标实现的组织、经济、技术、合同措施。

⑦项目质量管理规划。项目管理规划大纲确定的质量目标应符合法律、法规、规范的要求，应体现组织的质量追求。对有关各方质量进行管控的方法、措施都要进行规划，以保证质量目标的实现。

⑧项目职业健康安全与环境管理规划。对职业健康安全与环境管理体系的建立和运行进行规划，也要对环境管理体系的建立和运行进行规划。对危险源进行预测，对其控制方法进行粗略规划。要编制有战略性和针对性的安全技术措施计划和环境保护措施计划。

⑨项目采购与资源管理规划。项目采购规划要识别与采购相关的资源和过程，包括采购什么、何时采购、询价、评价并确定参加投标的分包人、分包合同结构策划、采购文件的内容和编写等。项目资源管理规划包括识别、估算、分配相关资源，安排资源使用进度，进行资源控制的策划等。

⑩项目信息管理规划。项目信息管理规划的内容包括：信息管理体系的建立，信息流的设计，信息收集、处理、储存、调用等的构思，软件和硬件的获得及投资等。它服务于项目的过程管理。

⑪项目沟通管理规划。项目沟通管理规划的内容包括：项目沟通关系，项目沟通体系，项目沟通网络，项目沟通方式和渠道，项目沟通计划，项目沟通依据，项目沟通障碍与冲突管理方式，项目协调组织、原则和方式等。

⑫项目风险管理规划。应根据工程的实际情况对项目的主要风险因素做出预测，并提出相应的对策措施，提出风险管理的主要原则。项目管理规划大纲阶段对风险的考虑较为宏观，应着眼于市场、宏观经济、政治、竞争对手、合同、发包人资信等。在项目管理规划大纲中可根据预测风险选择相应的对策措施。

⑬项目收尾管理规划。项目的收尾管理规划包括工作成果的验收和移交、费用的决算和结算、合同终结、项目审计、项目管理组织解体和项目经理解职、文件归档、项目管理总结等。项目管理规划大纲应作出预测和原则性安排。这个阶段涉及问题较

多，不能面面俱到，但重点问题不能忽略。

（二）施工方项目管理实施规划

1. 项目管理实施规划的编制程序

项目管理实施规划的编制一般遵循以下程序。

①进行合同和实施条件分析。

②确定项目管理实施规划的目录及框架。

③分工编写。项目管理实施规划必须按照专业和管理职能分别由项目经理部的各部门（或各职能人员）编写。有时需要组织管理层的一些职能部门参与。

④汇总协调。由项目经理协调上述各部门（人员）的编写工作，给他们以指导，最后由项目经理定人汇总编写内容，形成初稿。

⑤统一审查。组织管理层出于对项目控制的需要，必须对项目管理实施规划进行审查，并在执行过程中进行监督和跟踪。审查、监督和跟踪的具体工作可由组织管理层的职能部门负责。

⑥修改定稿。由原编写人修改，由汇总人定稿。

⑦报批。由项目经理部报给组织的领导批准项目管理实施规划。它将作为一份有约束力的项目管理文件，不仅对项目经理部有效，而且对组织各个相关职能部门进行服务和监督也有效。

2. 项目管理实施规划的编制依据

项目管理实施规划的编制依据有以下 6 个方面。

（1）项目管理规划大纲

从原则上讲，项目管理实施规划是规划大纲的细化和具体化，但在依据规划大纲时应注意在做标、招标、开标后的澄清，以及合同谈判过程中获得的新的信息、过去所掌握的信息的错误、不完备的地方，投标人提出的新的优惠条件等。因此，项目管理实施规划肯定比项目管理规划大纲多一些新的内容。

（2）项目条件和环境分析资料

编制项目管理实施规划的时候，项目条件和环境应当比较清晰，因此要获得这两方面的详细信息。这些信息越清楚、可靠，据以编制的项目管理实施规划越有用。一方面，通过广泛收集和调查获得项目条件和环境的资料；另一方面，进行科学的去粗取精分析，使资料和信息可用、适用、有效。

（3）合同及相关文件

合同内容是项目管理任务的源头，是项目管理实施规划编制的背景和任务的来源，也是项目管理实施规划结果是否有用的判别标准，因此这项依据更具有规定性乃至强制性。相关文件是指法规文件、设计文件、标准文件、政策文件、指令文件、定额文件等，它们都是编制项目管理实施规划不可或缺的。

（4）同类项目的相关资料

同类项目的相关资具有可模仿性，因此借鉴具有相似性的项目的经验或教训可以避免走弯路。所以，积累工程项目资料也是极其重要的。

（5）项目管理目标责任书

组织管理层与项目经理之间签订的项目管理目标责任书规定着项目经理的权力、责任和利益，项目的目标管理过程，在项目实施过程中组织管理层与项目经理部之间的工作关系等，编制项目管理实施规划也应以此为依据。项目管理目标责任书体现组织的总体经营战略，符合组织的根本利益，保证组织对项目的有力控制，防止项目失控，能够充分发挥项目经理和项目经理部各部门（人员）的积极性和创造性，保证在项目上能够利用组织的资源和组织的总体优势，对项目管理实施规划的成功编制和发挥作用具有重要意义。

（6）其他

其他依据还有项目经理部的自身条件及管理水平，项目经理部掌握的新的其他信息，组织的项目管理体系，项目实施中项目经理部的各个职能部门（或人员）与组织的其他职能部门的关系，工作职责的划分等。

3. 项目管理实施规划的编制内容

项目管理实施规划应包括以下16项内容。

（1）项目概况

应在项目管理规划大纲项目概况的基础上，根据项目实施的需要进一步细化。由于此时临近项目实施，项目各方面的情况进一步明朗化，故对项目管理规划大纲中项目概况是有条件细化的。项目管理实施规划的项目概况具体包括项目特点具体描述，项目预算费用和合同费用，项目规模及主要任务量，项目用途及具体使用要求，工程结构与构造，地上、地下层数，具体建设地点和占地面积，合同结构图、主要合同目标，现场情况，水、电、暖气、煤气、通信、道路情况，劳动力、材料、设备、构件供应情况，资金供应情况，说明主要项目范围的工作清单，任务分工，项目管理组织体系及主要目标。

（2）总体工作计划

总体工作计划包括项目管理工作总体目标，项目管理范围，项目管理工作总体部署，项目管理阶段划分和阶段目标，保证计划完成的资源投入、技术路线、组织路线、管理方针和路线等。

（3）组织方案

组织方案包括项目结构图、组织结构图、合同结构图、编码结构图、重点工作流程图、任务分工表、职能分工表和必要的说明。

（4）技术方案

技术方案指处理项目技术问题的安排，包括项目构造与结构、工艺方法、工艺流程、工艺顺序、技术处理、设备选用、能源消耗和技术经济指标等。

（5）进度计划

进度计划包括进度图、进度表、进度说明，与进度计划相应的人力计划、材料计划。进度计划应合理分级，即注意使每份计划的范围大小适中，不要使计划范围过大或过小，也不要只用一份计划包含所有的内容。

（6）质量计划

质量计划应确定下列内容：质量目标和要求，质量管理组织和职责，所需的过程、文件和资源，产品（或过程）所要求的评审、验证、确认、监视、检验和试验活动以及接收准则，记录的要求，所采取的措施。

（7）职业健康安全与环境管理计划

职业健康安全与环境管理计划在项目管理规划大纲中，职业健康安全与环境管理规划的基础上细化下列内容：项目的职业健康安全管理点识别危险源，判别其风险等级（可忽略风险和不允许风险、可允许风险、中度风险、重大风险），对不同等级的风险采取不同的对策，制订安全技术措施计划，制订安全检查计划，根据污染情况制订防治污染、保护环境计划。

（8）成本计划

在项目管理实施规划中，成本计划是在项目目标规划的基础上，结合进度计划、成本管理措施、市场信息、组织的成本战略和策略，具体确定主要费用项目的成本数量以及降低成本的数量，确定成本控制措施与方法，确定成本核算体系，为项目经理部实施项目管理目标责任书提出实施方案和方向。

（9）资源需求计划

资源需求计划的编制首先要用预算的办法得到资源需要量，列出资源计划矩阵，然后结合进度计划进行编制，列出资源数据表，画出资源横道图、资源负荷图和资源累积曲线图。

（10）风险管理计划

列出项目过程中可能出现的风险因素清单，并对风险出现的可能性（概率）以及如果出现将会造成的损失做出估计。对各种风险做出确认，根据风险量列出风险管理的重点，或按照风险对目标的影响确定风险管理的重点。对主要风险提出防范措施，并落实风险管理责任人，风险管理责任人通常与风险防范措施相联系。对特别大或特别严重的风险应进行专门的风险管理规划。

（11）信息管理计划

信息管理计划应包括项目管理的信息需求种类，项目管理中的信息流程、信息来源和传递途径，信息管理人员的职责和工作程序。

（12）项目沟通管理计划

项目沟通管理计划应包括项目的沟通方式和途径，沟通障碍与冲突管理计划，项目协调方法。

（13）项目收尾管理计划

项目收尾管理计划应主要包括项目收尾计划、项目结算计划、文件归档计划、项目创新总结计划。

（14）项目现场平面布置图

应按照国家或行业规定的制图标准绘制，不得有随意性。现场平面布置图应包括以下内容：在现场范围内现存的永久性建筑；拟建的永久性建筑；永久性道路和临时道路；垂直运输机械；临时设施，包括办公室、仓库、配电房、宿舍、料场、搅拌站等；水电管网；水电管网平面布置图说明。

（15）项目目标控制措施

项目目标控制措施包括保证进度目标的措施、保证质量目标的措施、保证安全目标的措施、保证成本目标的措施、保证季节性工作的措施及保护环境的措施等。

（16）技术经济指标

项目技术经济指标是计划目标和完成目标的数量表现，用以评价组织的项目管理实施规划的水平和质量。在项目管理实施规划中应列出规划所达到的技术经济指标。这些指标是规划的结果，体现规划的水平。它们又是项目管理目标的进一步分解，可以验证项目目标的完成程度和完成的可能性。规划完成后作为确定项目经理部责任的依据。组织对项目经理部，以及项目经理部对其职能部门或人员的责任指标应以这些指标为依据。

第三节　项目经理与建造师

一、项目经理

（一）项目经理的角色

项目管理涉及多方依赖关系的特点决定了项目经理必须扮演多种角色。

1. 领导者

项目领导人应当具有敏锐的洞察力，能在错综复杂的环境中作出正确的决策，从而领导团队走向成功。领导者还应该具有明显的表率作用、强大的凝聚作用，以保证其他人能够跟随他，能够激发团队成员的斗志并指导他们走向共同目标。

2. 追随者

项目经理作为一个团队的领导，同时也是母体公司领导的追随者，是由组织的管理阶层提拔起来的，在对项目全权负责时也必须对公司领导负责，必须对上级遵从。这种追随的特性也决定了项目经理权利的有限性，若没有公司领导层的支持就不能保证项目的顺利完成。项目经理必须懂得如何成为一名有效的追随者以及如何与同等地位的人保持良好关系，以为项目赢得更大的帮助与支持。

3. 协调者

根据对项目经理和职能经理的比较，职能经理一般是从不同的职位上培养或提拔上来的，所以具备其所管理的技术领域的专业技能，因而，职能经理的角色主要是监督人。而项目的地位在所在组织中通常不是明确确定的，项目是跨专业的，项目经理很少有与项目相关的数种技术中的一种或两种以上的技术专长。因此，项目经理很难是一个称职的监督者，而是一个协调者。

项目经理必须确保项目中的工作人员具有恰当的知识和资源，包括完成他们各自任务的最宝贵的资源——时间；项目经常被冲突所困扰——项目成员之间的冲突、项目团队与高级管理层之间的冲突（特别是与职能部门经理）、与客户和外部人员之间的冲突，项目经理要协调好这些冲突；做好项目进行过程中各子系统之间的平衡优化，从而确保整个系统的绩效最优化。所有这些都使项目经理必须充分扮演协调者的角色。

4. 沟通者

一个项目会涉及有着切身利益关系的多个项目干系人，项目经理处在这些职责混沌的状态中，在管理项目时，必须面对这些频繁的利益冲突，项目经理必须是一个负责任的人。

（二）项目经理的责、权、利

1. 项目经理的责任

项目经理的任务就是要对项目实行全面的管理，具体体现在对项目目标要有一个全局的观点，并制订计划、报告项目进展、控制反馈、组建团队，在不确定的环境下对不确定性问题进行决策，在必要的时候进行谈判以及解决冲突。

考虑到项目经理在企业中、在项目中的地位及作用，项目经理的责任主要体现在3个层次上，即项目经理对企业应该承担的责任、对项目应该承担的责任以及对项目小组成员所应承担的责任。下面分别讨论。

（1）项目经理对企业所应承担的责任

项目经理对企业所应承担的责任主要表现为以下3个方面：

①保证项目的目标与企业的经营目标一致，使项目的成功实施以实现企业的战略目标为前提。

②对企业分配给项目的资源进行适当的管理，保证在资源约束条件下所得资源能够被充分利用。一个企业通常拥有不止一个项目，其重要性和优先程度各不相同，同时，企业所拥有的资源常常是有限的，项目经理有责任保证其负责的项目所得资源被充分利用。

③与企业高层领导进行及时有效的沟通，及时汇报项目的进展状况，成本、时间等资源的花费，项目实施可能的结果以及对将来可能发生问题的预测。项目不是孤立存在的，项目经理要想获得高层领导的支持，要使企业高层领导及时了解项目的进展情况以及已经出现或今后可能出现的问题。

（2）项目经理对项目所应承担的责任

项目经理对项目所应承担的责任具体表现在以下两个方面：

①对项目的成功负有主要责任，对项目实施进行计划、监督与控制，保证项目按时、在预算内达到预期结果。

②保证项目的整体性，保证项目在实施过程中自始至终以实现项目目标为最终目

标。由于项目在实施过程中存在各种各样的冲突，项目经理在解决项目冲突的过程中起到重要作用，做到化解矛盾、平衡利害。

（3）项目经理对项目小组成员所应承担的责任

项目经理对项目小组成员所应承担的责任表现在以下3个方面：

①项目经理有责任为项目组成员提供良好的工作环境与工作氛围。项目经理作为项目的负责人与协调人，首先应该保证项目小组成员形成一个良好的工作团队，成员之间密切配合，互相合作，拥有良好的团队精神、工作氛围与工作环境。特别地，对项目小组中的关键成员以及高级研究人员要进行特别的照顾，这是激励项目小组成员的重要手段。

②项目经理有责任对项目小组成员进行绩效考评。项目经理要建立一定的考评制度，对项目小组成员的绩效进行监督和考评，公正的考评制度也是激励员工的一种手段。

③由于项目小组是一个临时的集体，项目经理在激励项目小组成员的同时还应为项目小组成员的未来进行考虑，使他们在项目完成之后有一个好的归宿，这样可以使他们无后顾之忧，保证他们为项目安心工作。

2. 项目经理的权限

（1）参与企业进行的施工项目投标和签订施工合同

（2）经授权组建项目经理部，确定项目经理部的组织结构，选择、聘任管理人员，确定管理人员的职责，并定期进行考核、评价和奖惩

（3）在企业财务制度规定的范围内，根据企业法定代表人授权和施工项目管理的需要，决定资金的投入和使用，决定项目经理部的计酬办法

（4）在授权范围内，按物资采购程序性文件的规定行使采购权

（5）根据企业法定代表人授权或按照企业的规定选择、使用作业队伍

（6）主持项目经理部工作，组织制定施工项目的各项管理制度

（7）根据企业法定代表人授权，协调和处理与施工项目管理有关的内部与外部事项

3. 项目经理应享有的利益

目前，在国有建筑企业中，因项目经理管理面较大，付出的多，得到的少，久而久之，工作积极性降低。要明确项目经理的利益，改隐性收入为显性收入。故项目经理应该享有以下利益。

（1）获得基本工资、岗位工资和绩效工资

（2）除按“项目管理目标责任书”可获得物质奖励外，还可获得表彰、记功、优秀项目经理等荣誉称号

（3）考核和审计

未完成“项目管理目标责任书”确定的项目管理责任目标或造成亏损的，应按其中有关条款承担责任，并接受经济或行政处罚。

项目经理的最终利益是项目经理行使权力和承担责任的结果，也是市场经济条件下责权利统一的具体表现。

（三）项目经理应该具备的能力

1. 人际关系能力

很多事实说明，项目经理失败的一个简单而重要的原因是缺少人际关系能力。在项目开始之初，由于企业的资源是有限的，项目经理要获得充分的、有效的资源并不容易。在实际中存在这种情况：调配给项目组的某一技术领域专家人手不够或业务水平、技术能力欠缺，甚至某一专业缺乏人员开展工作，此时项目经理就需要借助关系，依靠其谈判技巧向上级部门积极争取完成项目所需的人力资源。同时，项目经理应该能综合种种人际关系技能建立一个项目团队，能和团队的其他干系人共同工作，营造出一个忠诚、负责、信任和奉献的文化氛围。如前所述，项目经理应该树立以人为中心的领导风格，授权给项目成员，更多情况下作为项目的良师益友、与之共同工作，树立领导魅力，获得成员的拥护、支持与尊重，从而使项目成员能够自觉地为高效实现项目目标而努力。

2. 领导与管理能力

由于项目经理权力有限，却又不得不面对复杂的组织环境，肩负保证项目成功的责任，因此，项目经理需要具备很强的领导才能。具体地，要求他有快速决策的能力，即能够在动态的环境中收集并处理相关信息，制定有效的决策。项目经理的领导才能取决于个人的经验及其在组织内部所获得的信任度。

3. 系统观念及战略管理的能力

项目经理必须具有全局观念，不能无视项目与母体公司的相互关系，必须保证项目目标与公司整体战略目标的一致性，把项目看作一系列子系统或相互关联的要素，不仅考虑项目的经济目标，同时还应该看到项目的其他目标，如顾客满意、将来的增长对相关市场的开拓、对其他目标的影响等。按系统理论，子系统的最优并不能保证母体大系统的最优，项目目标的成功必须以大系统的最优为基础。

项目目标具有多重性，如项目具有时间目标、成本目标以及技术性能目标，这三者之间往往存在着权衡关系，而且在项目寿命周期的不同阶段，项目各目标的相对重要性也不同。如在项目的初期，技术性能目标最重要，每个项目组成员都应该明确本项目最终要达到的技术目标；而到项目中期，成本目标往往被优先考虑，此时项目经理的一项重要任务就是要控制成本；而到了项目后期，时间目标则最为重要，此时项目经理所关注的是，在预算范围内，在实现技术目标的前提下，如何保障项目按期完成。另外，项目目标与企业目标以及个人目标之间也存在着权衡关系。如果项目经理同时负责几个项目，则项目经理就需要在不同项目之间进行权衡。总之，在项目实施过程中，处处存在着这种权衡关系，项目经理应该具备权衡能力，保证大系统的最优实现。

4. 应付危机及解决冲突的能力

项目的唯一性意味着项目常常会面临各种风险和不确定性，会遇到各式各样的危机，如资源的危机、人员的危机等。项目经理应该具有对风险和不确定性进行评价的能力，同时应该通过经验的积累及学习过程提供果断应对危机的能力。另外，项目经理还应通过与项目成员之间的密切沟通及早发现问题，预防危机的出现。

项目的特征之一就是冲突性。在项目管理过程中存在着项目组之间、项目组与公司之间、项目组与职能部门之间、项目与顾客之间的各式各样的冲突。冲突的产生会造成混乱，如果不能有效地解决或解决问题的时间延长，就会影响团队成员的凝聚力，最终会影响到项目实施的结果。然而，冲突又是不能避免的，唯一可行的就是去解决它，冲突得到有效解决的同时还可以体现出它有益的一面，它可以增强项目组成员的参与性，促进信息的交流，提高人们的竞争意识。了解这些冲突发生的关键并有效地解决它是项目经理所应具备的一项重要能力。

5. 技术能力

因项目的特点要求项目经理无法专注于某一具体领域，所以不必要求项目经理是技术领域的带头人，但仍要求他对技术比较精通，否则自然无法实现组织与各项目关系人的有效沟通以及正确决策，从而不能保证项目目标的实现。项目经理若花费太多的时间钻研细节，自然会忽视项目的管理。在具备基本的沟通以及决策能力后，当有更详细、更深层次的问题需要咨询和回答，或在更复杂的技术环境下做出决策时，项目经理应当学会授权，信任团队中技术领域的专家，项目经理要做的只是调动、激发他们更好地完成任务。

（四）项目经理应具备的素养

处于复杂多变的项目环境中，要想成为一名成功的项目经理，还必须具有一些重要的个性特征。

1. 乐观的态度

项目经理应该抱着乐观主义精神，坦然面对失败与挫折，并从中总结经验与教训。

2. 承担风险、制定决策的勇气

项目实施过程中，按部就班并不能保证项目高效地完成，特别是面对一些不确定因素时，风险与机遇并存，项目经理必须具有大将风度，在分析利害、权衡利弊的基础上，勇于承担风险、果断做出决定，指引项目团队前进。

3. 持之以恒

世上很多事情其成功的关键往往在于“坚持一下”。在创新行业的团队队伍中，这种精神尤为重要，只有具有非凡的毅力和韧性，坚持项目的工作目标，不断的尝试努力，不轻言放弃，才能最终成为胜利者。

4. 信任

用人不疑，疑人不用。在项目团队里，更多需要的是一种团队精神，强调的是成员的自我管理，项目经理必须授权给团队成员，充分相信他们的创造力。

二、建造师

（一）建造师的执业范围

《建造师执业资格制度暂行规定》明确规定，我国的建造师是指从事建设工程项目总承包和施工管理关键岗位的专业技术人员。

（二）建造师的级别和专业

建造师分一级建造师和二级建造师。一级建造师可以担任《建筑业企业资质等级标准》中规定的必须由特级、一级建筑业企业承建的建设工程项目施工的项目经理；二级建造师只可担任二级及以下建筑业企业承建的建设工程项目施工的项目经理。

不同类型、不同性质的建设工程项目，有着各自的专业性和技术特点，对项目经理的专业要求有很大的不同。建造师实行分专业管理，就是为了适应各类工程项目对建造师专业技术的不同要求，并与现行建设工程管理体制相衔接，充分发挥各有关专业部门的作用。

一级建造师的专业目前分为建筑工程、公路工程、铁路工程、民航机场工程、港口与航道工程、水利水电工程、市政专用工程、通信与广电工程、矿业工程、机电工程10个。

二级建造师的专业分为建筑工程、公路工程、水利水电工程、市政公用工程、矿业工程和机电工程6个。

（三）建造师的执业技术能力

《建造师执业资格制度暂行规定》中分别对一级建造师和二级建造师的执业技术能力提出了不同的要求。

1. 一级建造师的执业技术能力如下。

①具有一定的工程技术、工程管理理论和相关经济理论水平，并具有丰富的施工管理专业知识。

②能够熟练掌握和运用与施工管理业务相关的法律、法规、工程建设强制性标准和行业管理的各项规定。

③具有丰富的施工管理实践经验和资历，安全生产。

④有一定的外语水平。

2. 二级建造师的执业技术能力如下：

①了解工程建设的法律、法规、工程建设强制性标准及有关行业管理的规定。

②具有一定的施工管理专业知识。

③具有一定的施工管理实践经验和资历，有一定的施工组织能力，能保证工程质量和安全生产。

（四）建造师和项目经理的关系

项目经理是建筑业企业实施工程项目管理设置的一个岗位职务，项目经理根据企业法定代表人的授权，对工程项目自开工准备至竣工验收实施全面全过程的组织管理。项目经理的资质由行政审批获得。

建造师是从事建设工程管理包括工程项目管理的专业技术人员的执业资格，按照规定具备一定条件，并参加考试合格的人员，才能获得这个资格。获得建造师执业资格的人员，经注册后可以担任工程项目的项目经理及其他有关岗位职务。项目经理责任制与建造师执业资格制度是两个不同的制度，但在工程项目管理中是具有联系的两个制度。建造师与项目经理定位不同，但所从事的都是建设工程的管理。建造师执业的覆盖面较大，可涉及工程建设项目管理的许多方面，担任项目经理只是建造师执业中的一项，而项目经理则仅限于企业内某一特定工程的项目管理。建造师选择工作的权利相对自主，可在社会市场上有序流动，有较大的活动空间，项目经理岗位则是企业设定的，项目经理是由企业法人代表授权或聘用的、一次性的工程项目施工管理者。

建造师执业资格制度建立之后，国家强制要求，大中型工程项目的项目经理必须由取得建造师执业资格的建造师担任。

第七章 水利水电工程项目管理体制

第一节 水利水电工程项目基本制度

一、项目法人责任制

项目法人责任制是为了建立建设项目的投资约束机制，规范项目法人的有关建设行为，明确项目法人的责、权、利，提高投资效益，保证工程建设质量和建设工期。对于经营性水利工程建设项目，由项目法人对项目的策划、资金筹措、建设实施、生产经营、债务偿还和资产保值增值，实行全过程负责。

二、招标投标制

水利部对水利工程建设中招标范围、招投标发布、施工、监理、材料设备采购、勘察设计、评标办法、招投标监督等作出了详细明确规定，水利工程建设项目的招投标工作走向法制化的轨道。

三、建设监理制

建设工程监理是伴随着招投标制而产生的，是为了适应国际贷款项目运行规则而建立的一种国内建设管理制度。利用世界银行和亚洲银行贷款建设的项目，必须按照世行和亚行的要求执行其合同条件。FIDIC（国际咨询工程师联合会）编写的《业主与咨询工程师标准服务协议书》（白皮书）、《土木工程施工合同条件》（红皮书）、《电气与机械工程合同条件》（黄皮书）、《工程总承包合同条件》（桔黄皮书）是国际贷款机构所采用的合同条件，简称《FIDIC 合同条件》。

《FIDIC 合同条件》的执行是以“工程师”为主来实现合同管理，承包人的所有指令都只能从“工程师”获得，业主不直接参与合同的管理。为适应国际贷款的要求，必须组建相应的机构进行工程施工合同管理。当时水电部首先在鲁布革组建了咨询公司，后来在二滩水电站、小浪底水利枢纽建设中，业主分别组建了二滩建设咨询公司、小浪底工程咨询公司进行施工合同管理。在当时的情况下，这些咨询公司就是业主单位负责合同管理、工程施工管理等部门分离出来组建的，实质上和业主是一个单位，并不是《FIDIC 合同条件》要求的第三方。但这种模式为我国实行工程建设监理制起到积极作用。

“三项”制度的实行，改变了我国水利工程建设“自营制”模式，适应市场经济条件下水利工程建设的要求，提高了投资效益。

第二节　项目法人组织形式及职责

一、项目法人的组织形式

（一）建设管理局制

目前公益性和准公益性项目中最普遍的项目法人模式，单一建设主体的水利工程建设项目法人一般都采用这种模式。比如水利部小浪底水利枢纽建设管理局就是由水利部负责组建的项目法人单位，负责小浪底水利枢纽工程的筹资、建设，竣工后的运营、还贷等。淮河最大的控制性工程——临淮岗控制性工程就是由淮河水利委员会负责组建的项目法人，即淮河水利委员会临淮岗控制性工程建设管理局，负责该工程建设及竣工后管理运行。长江重要堤防隐蔽工程建设管理局、嫩江右岸省界堤防工程建设管理局，只负责工程建设，建成后交归地方运行管理。地方项目如辽宁省白石水库建设管理局等，都属于这种建设管理体制。

（二）董事会制（下设有限责任公司负责工程建设和运营管理）

多个投资主体共同投资建设的准公益性水利工程建设项目，一般采用这种体制组建项目法人。

（三）项目建设办公室制

这种建设体制一般很少采用，是近年来利用外资进行公益性水利工程项目建设而采取的一种模式。如利用亚行贷款松花江防洪工程建设项目，利用亚行贷款黄河防洪项目，项目本身无法产生直接经济效益和承担还贷任务，必须由国家财政担保，统一向亚行贷款，由中央财政和项目所在的有关省（自治区）政府负责还贷。

（四）已有项目法人建设制

这种模式普遍运用在原有水利工程项目的加固改造，比如水库的除险加固、原有灌区的改造扩建、原有堤防工程加高培厚等。在项目实施阶段，原管理单位就是建设项目的项目法人单位，这样既有利于工程建设的实施，又有利于竣工后的运行管理。

二、项目法人的组建

项目法人是工程建设的主体，是项目由构想到实体的组织者、执行者。项目法人的组建是关系到项目成败的大事。

（一）项目法人的组建时间

水利工程建设项目的项目法人组建一般是在项目建议书批复以后，组建项目的筹建机构；待项目可行性研究报告批复（即立项）后，根据项目性质和特点组建工程建设的项目法人。

（二）组建项目法人的审批和备案

组建的项目法人要按项目管理权限报上级主管部门审批和备案。

中央项目由水利部（或流域机构）负责组建项目法人。流域机构负责组建项目法人的，须报水利部备案。

地方项目由县级以上人民政府或委托的同级水行政主管部门负责组建项目法人，并报上级人民政府或委托的水行政主管部门审批，其中 2 亿元以上的地方大型水利工程项目由项目所在地的省（自治区、直辖市）及计划单列市人民政府或其委托的水行政主管部门负责组建项目法人，任命法定代表人。

对于经营性水利工程建设项目，按照《中华人民共和国公司法》组建国有独资或合资的有限责任公司。

新建项目一般应按建管一体的原则组建项目法人。除险加固、续建配套、改建扩建等建设项目，原管理单位基本具备项目法人条件的，原则上由原管理单位作为项目法人或以其为基础组建项目法人。

（三）组建项目法人的上报材料

组建项目法人需上报材料的主要内容如下：

1. 项目主管部门名称
2. 项目法人名称、办公地址
3. 法人代表姓名、年龄、文化程度、专业技术职称、参加工程建设简历
4. 技术负责人姓名、年龄、文化程度、专业技术职称、参加工程建设简历
5. 机构设置、职能及管理人员情况

6. 主要规章制度

（四）项目法人的机构组成

水利工程建设项目在建设期一般需要设立以下部门：综合管理部门（或办公室）、财务部门、计划合同部门、工程管理部门、征地移民管理部门以及物资管理和机电管理部门（根据工程特点按需要和职责设立），大型项目还需设立安全保卫部门。

（五）项目法人的组织结构形式

项目法人的组织结构形式一般采用线性职能制，各部门按照职能进行分工，垂直管理。对于一个项目法人同时承担多个项目建设的，也可以按照矩阵组织结构模式。如长江重要堤防隐蔽工程建设管理局，负责长江重要堤防隐蔽工程 28 项，其项目位于湖北、湖南、安徽、江西等省。为了有效管理，长江重要堤防隐蔽工程建设管理局设立 22 个工程建设代表处作为工程项目法人的现场派出机构，全过程负责施工现场管理。

三、项目法人主要职责

水利工程建设项目法人的主要职责如下：

①组织初步设计文件的编制、审核、申报等工作。

②按照基本建设程序和批准的建设规模、内容、标准，组织工程建设。

③负责办理工程质量监督和主体工程开工报告报批手续。

④负责委托地方政府办理征地、移民和拆迁工作，按照委托协议检查征地和移民实施进度、资金拨付。

⑤负责与项目所在地地方人民政府及有关部门协调解决工程建设外部条件。

⑥依法对工程项目的勘察、设计、监理、施工和材料及设备等组织招标，并签订有关合同。

⑦组织编制、上报项目年度建设计划，落实年度工程建设资金，严格按照概算控制工程投资，用好、管好建设资金。

⑧组织施工用水、电、通信、道路和场地平整等准备工作及必要的生产、生活临时设施的建设。

⑨加强施工现场管理，严格禁止转包、违法分包行为。

⑩及时组织研究和处理建设过程中出现的技术、经济和管理问题，按时办理工程结算。

⑪负责监督检查工程建设管理情况，包括工程投资、工期、质量、生产安全和工程建设责任制情况等。

⑫负责组织编制、上报在建工程度汛方案，落实有关安全度汛措施，并对在建工程安全度汛负责。

⑬负责建设项目范围内的环境保护、劳动卫生和安全生产等管理工作。

⑭按时编制和上报计划、财务、工程建设情况等统计报表。

⑮负责组织编制竣工决算。

⑯负责按照有关验收标准组织或参与验收工作。

⑰负责工程档案资料的管理，包括对各参建单位所形成档案资料的收集、整理、归档工作，并进行监督、检查。

⑱接受主管部门、质量监督部门、招投标行政监督部门的监督检查，并呈报各种报告和报表。

四、项目法人建设管理制度

管理制度是一个组织和组织成员行为的规范，项目法人组建以后必须制定相应的管理制度，规定自身及建设各方的管理行为。一般分为综合管理、劳动人事管理、财务管理、计划合同管理、质量管理等方面的管理制度。

第三节 项目法人与建设各方的关系

一、项目法人与主管部门的关系

项目法人与行政主管部门是行政隶属关系。行政主管部门在建设管理方面，主要是加强宏观调控、搞好统筹规划、制定政策、组织协调、检查监督、发布信息和提供服务等，为项目建设和生产运行创造良好的环境。项目法人应主动接受行政主管部门的监督、检查和管理。

二、项目法人与贷款方的关系

项目法人与贷款方是一种经济法律关系，即债务人与债权人的关系，是通过贷款协议（属借款合同）确定了双方的权利和义务，这对于项目建设起着重要作用。在利用国际贷款进行项目建设时，贷款方对建设项目的采购原则和程序、承包人的法定资格、项目的招标方式和招标文件的制定、评标标准和授标条件、合同管理与价款支付等方面都会作出规定。

三、项目法人与承包人的关系

项目法人与承包人是一种经济法律关系，即通过双方签订的项目承包合同（属于建设工程合同），项目法人将拟建的工程项目发包给承包人，承包人按照合同规定完成项目任务，获得相应报酬。建设工程承包合同明确规定了双方的权利、义务、责任、风险，生效的合同具有法律效力，对合同双方均有约束力，任何一方违约，都要承担相应的责任。

四、项目法人与监理（工程师）的关系

在早期，我国利用世行贷款建设的水利水电工程项目中，监理单位（国际上叫工程师单位）都是由项目法人自行组建。但国际上要求这种自行组建监理单位的方式必须由合同双方共同组建争端委员会，对合同争议可提交争端委员会评审和解决。从20世纪90年代中期以后，我国积极推行“三项”制度，监理单位作为独立企业法人，通过投标或被委托方式，承揽水利工程建设监理任务，并按监理合同（属于委托合同）的规定完成项目的监理服务，获得相应报酬。监理合同规定了合同双方的权利、义务和责任，任何一方违约，都要承担相应的责任。虽然监理不是项目承包合同的一方，但项目法人通过项目承包合同给予监理工程师授权，以项目承包合同为准则，协调合同当事人的权利、义务、责任和风险，以及对承包人的工作进行监督和管理。在项目承包合同实施过程中，项目法人应依据合同规定和授权规范自己的行为，不随意干涉监理工程师的具体工作。监理工程师必须实事求是和公正地进行合同管理，不得与承包人有任何承包任务以外的经济联系，更不能与承包人串通侵害发包人的利益，否则项目法人有权要求监理单位更换违规的监理人员。造成损失的要追究监理单位和监理工程师的责任。

五、监理（工程师）与承包人的关系

监理（工程师）与承包人没有直接的合同关系，但在项目法人和承包人签订的合同中有项目法人对监理工程师的授权。在项目承包合同执行过程中，监理工程师代表项目法人按合同规定对承包人的工作进行监督和管理。监理（工程师）与承包人的关系，更多体现形式是项目法人与承包人的关系。在项目承包合同执行过程中和项目法人授权范围内，监理（工程师）应严格履行合同规定，监督检查承包人是否履行合同义务，是否在投资、进度和质量得到控制的情况下完成项目任务。按工程完成进度和承包合同规定，进行支付价款、合同变更和费用调整。既要维护项目法人的利益，也要尊重承包人的合法权益。

六、项目法人与勘察设计单位的关系

项目法人与勘察设计单位是一种经济法律关系，通过双方签订勘察设计合同（属建设工程合同），项目法人将工程建设项目勘察设计任务发包给勘察设计单位。勘察设计单位根据项目的立项批复文件和国家的法律法规、工程技术标准和设计标准以及项目法人建设意图，完成合同规定的任务，并获得相应报酬。在项目实施过程中，勘察设计单位根据合同进度提供设计图纸、派出设计代表提供现场设计服务等。图纸经监理工程师确认后，勘察设计单位如提出设计变更，须报告项目法人同意，勘察设计单位无权应监理工程师或承包人要求而直接进行工程设计变更。

七、项目法人与分包人的关系

项目法人（发包人）与分包人没有直接合同关系，但一般规定，承包人对部分项目进行分包，以及选定分包人必须事先征得项目法人的同意。因此，无论在投标时项目法人已同意承包人建议的分包人，还是实施时项目法人事先同意的分包人，承包人均应对分包出去的工程项目施工以及分包人的任何工作和行为全部负责，分包人对完成的工作成果向项目法人（发包人）承担连带责任。对于指定分包人，承包人有权拒绝和接受。如果承包人接受了指定分包人，则该指定分包人和其他分包人一样，被视为承包人雇佣的分包人，并签订分包合同。承包人对此指定分包人的工作和行为负全部责任，并负责该分包人工作的管理和协调，指定分包人应接受承包人的统一管理和监督，并按规定向承包人缴纳管理费。由于指定分包人造成的与其分包工作有关而又属于承包人的管理和监督责任所无法控制的索赔、诉讼和损失赔偿均应由指定分包人直接对项目法人负责，项目法人也应直接向指定分包人追索，承包人不对此承担责任。这就是指定分包和一般分包的区别。

第四节 施工企业资质等级

一、施工总承包企业资质等级的划分和承包范围

施工总承包企业可以对工程实行施工总承包或者主体工程实行施工承包。承包企业可以对所承包的工程全部自行施工，也可以将非主体工程或劳务作业分包给具有相应专业承包资质或劳务分包资质的其他企业（在实际工程施工承包合同执行中，应根据招标文件对于分包的要求执行）。

水利水电工程施工总承包企业资质等级分为特级、一级、二级、三级。

（一）特级企业

资质标准要求企业注册资本金3亿元以上，净资产3.6亿元以上，可承担各种类型的水利水电工程及辅助生产设施工程的施工。

（二）一级企业

资质标准要求企业注册资本金5000万元以上，净资产6000万元以上，可承担单项合同额不超过企业注册资本金5倍的各种类型水利水电工程及辅助生产设施工程的施工。

（三）二级企业

资质标准要求企业注册资本金2000万元以上，净资产2500万元以上，可承担单项合同额不超过企业注册资本金5倍的下列工程的施工：库容1亿m3、装机容量

WOMW 及以下的水利水电工程及辅助生产设施工程的建筑、安装和基础工程施工。

（四）三级企业

资质标准要求企业注册资本金 600 万元以上，净资产 720 万元以上，可承担单项合同额不超过企业注册资本金 5 倍的下列工程的施工：库容 1000 万 m3、装机容量 10MW 及以下的水利水电工程及辅助生产设施工程的建筑、安装和基础工程施工。

二、施工专业承包企业资质等级的划分和承包范围

水利水电工程专业承包企业分为一级、二级、三级。

（一）水利水电机电设备安装工程专业承包范围

1. 一级企业

资质标准要求企业注册资本金 1500 万元以上，净资产 1800 万元以上，可承担各类水电站、泵站主机（各类水轮发电机组、水泵机组）及辅助设备和水电（泵）站电气设备的安装工程。

2. 二级企业

资质标准要求企业注册资本金 500 万元以上，净资产 600 万元以上，可承担单项合同额不超过企业注册资本金 5 倍的单机容量 100MW 及以下的水电站、单机容量 100kW 及以下的泵站主机及附属设备和水电（泵）站电气设备的安装工程。

3. 三级企业

资质标准要求企业注册资本金 200 万元以上，净资产 240 万元以上，可承担单项合同额不超过企业注册资本金 5 倍的单机容量 25MW 及以下的水电站、单机容量 500kW 及以下的泵站主机及附属设备和水电（泵）站电气设备的安装工程。

（二）堤防工程专业承包范围

1. 一级企业

资质标准要求企业注册资本金 2000 万元以上，净资产 2400 万元以上，可承担各类堤防的堤身填筑、堤身整险加固、防渗导渗、填塘固基、堤防水下工程、护坡护岸、堤顶硬化、堤防绿化、生物防治和穿堤建筑物（不含单独立项的分洪闸、进水闸、排水闸、挡潮闸等）工程的施工。

2. 二级企业

资质标准要求企业注册资本金 1000 万元以上，净资产 1400 万元以上，可承担单项合同额不超过企业注册资本金 5 倍的 2 级及以下堤防的堤身填筑、堤身整险加固、防渗导渗、填塘固基、堤防水下工程、护坡护岸、堤顶硬化、堤防绿化、生物防治和穿堤建筑物（不含单独立项的分洪闸、进水闸、排水闸、挡潮闸等）工程的施工。

3. 三级企业

资质标准要求企业注册资本金 400 万元以上，净资产 500 万元以上，可承担单

项合同额不超过企业注册资本金 5 倍的 3 级及以下堤防的堤身填筑、堤身整险加固、防渗导渗、填塘固基、堤防水下工程、护坡护岸、堤顶硬化、堤防绿化、生物防治和穿堤建筑物（不含单独立项的分洪闸、进水闸、排水闸、挡潮闸等）工程的施工。

（三）水工大坝工程专业范围

1. 一级企业

资质标准要求企业注册资本金 2500 万元以上，净资产 3000 万元以上，可承担各类坝型的坝基处理、永久和临时水工建筑物及其辅助生产设施的施工。

2. 二级企业

资质标准要求企业注册资本金 1000 万元以上，净资产 1200 万元以上，可承担单项合同额不超过企业注册资本金 5 倍的、70m 及以下各类坝型的坝基处理、永久和临时水工建筑物及其辅助生产设施的施工。

3. 三级企业

资质标准要求企业注册资本金 500 万元以上，净资产 600 万元以上，可承担单项合同额不超过企业注册资本金 5 倍的、50m 及以下各类坝型的坝基处理、永久和临时水工建筑物及其辅助生产设施的施工。

第五节　监理单位资质等级

一、各专业资质等级可以承担的业务范围

（一）水利工程施工监理专业资质

甲级可以承担各等级水利工程的施工监理业务。

乙级可以承担二等（堤防 2 级）以下各等级水利工程的施工监理业务。丙级可以承担三等（堤防 3 级）以下各等级水利工程的施工监理业务。

（二）水土保持工程施工监理专业资质

甲级可以承担各等级水土保持工程的施工监理业务。

乙级可以承担二等以下各等级水土保持工程的施工监理业务。

丙级可以承担三等水土保持工程的施工监理业务。

同时具备水利工程施工监理专业资质和乙级以上水土保持工程施工监理专业资质的，方可承担淤地坝中的骨干坝施工监理业务。

（三）机电及金属结构设备制造监理专业资质

甲级可以承担水利工程中的各类型机电及金属结构设备制造监理业务。乙级可以

承担水利工程中的中、小型机电及金属结构设备制造监理业务。

（四）水利工程建设环境保护监理专业资质

可以承担各类各等级水利工程建设环境保护监理业务。

二、各级资格标准

（一）甲级监理单位资质条件

①具有健全的组织机构、完善的组织章程和管理制度。，技术负责人具有高级专业技术职称，并取得总监理工程师岗位证书。

②专业技术人员。监理工程师以及其中具有高级专业技术职称的人员、总监理工程师，均不少于规定的人数。水利工程造价工程师（或者从事水利工程造价工作 5 年以上并具有中级专业技术职称的人员）不少于 3 人。

③具有 5 年以上水利工程建设监理经历，且近 3 年监理业绩分别为：

第一，申请水利工程施工监理专业资质，应当承担过（含正在承担，下同）两项Ⅱ等水利枢纽工程，或者一项口等水利枢纽工程、两项Ⅱ等（堤防 2 级）其他水利工程的施工监理业务;该专业资质许可的监理范围内的近3年累计合同额不少于600万元。

承担过水利枢纽工程中的挡、泄、导流、发电工程之一的，可视为承担过水利枢纽工程。

第二，申请水土保持工程施工监理专业资质，应当承担过两项 n 等水土保持工程的施工监理业务；该专业资质许可的监理范围内的近 3 年累计合同额不少于 350 万元。

第三，申请机电及金属结构设备制造监理专业资质，应当承担过 4 项中型机电及金属结构设备制造监理业务；该专业资质许可的监理范围内的近 3 年累计合同额不少于 300 万元。

④能运用先进技术和科学管理方法完成建设监理任务。

⑤注册资金不少于 200 万元。

（二）乙级监理单位资质条件

①具有健全的组织机构、完善的组织章程和管理制度。技术负责人具有高级专业技术职称，并取得总监理工程师岗位证书。

②专业技术人员。监理工程师以及其中具有高级专业技术职称的人员、总监理工程师，均不少于规定的人数。水利工程造价工程师（或者从事水利工程造价工作 5 年以上并具有中级专业技术职称的人员）不少于 2 人。

③具有 3 年以上水利工程建设监理经历，且近 3 年监理业绩分别为：

第一，申请水利工程施工监理专业资质，应当承担过 3 项Ⅲ等水利枢纽工程，或者两项。

Ⅲ等水利枢纽工程、两项Ⅲ等（堤防 3 级）其他水利工程的施工监理业务；

该专业资质许可的监理范围内的近 3 年累计合同额不少于 400 万元。

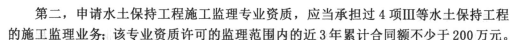

第二，申请水土保持工程施工监理专业资质，应当承担过4项Ⅲ等水土保持工程的施工监理业务；该专业资质许可的监理范围内的近3年累计合同额不少于200万元。

④能运用先进技术和科学管理方法完成建设监理任务。

⑤注册资金不少于100万元。

首次申请机电及金属结构设备制造监理专业乙级资质，只需满足第一、第二、第四、第五项；申请重新认定、延续或者核定机电及金属结构设备制造监理专业乙级资质，还须该专业资质许可的监理范围内的近3年年均监理合同额不少于30万元。

乙级监理单位可以承担大（2）型及其以下各类水利工程建设监理业务0

（三）丙级和不定级监理单位资质条件

①具有健全的组织机构、完善的组织章程和管理制度。技术负责人具有高级专业技术职称，并取得总监理工程师岗位证书。

②专业技术人员。监理工程师以及其中具有高级专业技术职称的人员、总监理工程师，均不少于规定的人数。水利工程造价工程师（或者从事水利工程造价工作5年以上并具有中级专业技术职称的人员）不少于1人。

③能运用先进技术和科学管理方法完成建设监理任务。

④注册资金不少于50万元。

申请重新认定、延续或者核定丙级（或者不定级）监理单位资质，还须专业资质许可的监理范围内的近3年年均监理合同额不少于30万元。

第六节 勘察设计单位资质

一、工程勘察、设计资质的划分

（一）工程勘察资质

工程勘察资质分为工程勘察综合资质、工程勘察专业资质、工程勘察劳务资质。工程勘察综合资质只设甲级；工程勘察专业资质设甲级、乙级，根据工程性质和技术特点，部分专业设有丙级；工程勘察劳务资质不分等级。

取得工程勘察综合资质的企业，可以承接各专业（海洋工程勘察除外）、各等级工程勘察业务；取得工程勘察专业资质的企业，可以承接相应等级相应专业的工程勘察业务；取得工程勘察劳务资质的企业，可以承接岩土工程治理、工程钻探、凿井等工程勘察劳务业务。

（二）工程设计资质

工程设计资质分为工程设计综合资质、工程设计行业资质、工程设计专业资质和工程设计专项资质。

工程设计综合资质只设甲级；工程设计行业资质、工程设计专业资质、工程设计专项资质设甲级、乙级。

根据工程性质和技术特点，个别行业、专业、专项资质设有丙级，建筑工程专业资质设有丁级。取得工程设计综合资质的企业，可以承接各行业、各等级的建设工程设计业务；取得工程设计行业资质的企业，可以承接相应行业相应等级的工程设计业务及本行业范围内同级别的相应专业、专项（设计施工一体化资质除外）工程设计业务；取得工程设计专业资质的企业，可以承接本专业相应等级的专业工程设计业务及同级别的相应专项工程设计业务（设计施工一体化资质除外）；取得工程设计专项资质的企业，可以承接本专项相应等级的专项工程设计业务。

二、工程勘察、设计资质的审批程序

（一）审批权限管理

申请工程勘察甲级资质、工程设计甲级资质，以及涉及铁路、交通、水利、信息产业、民航等方面的工程设计乙级资质的，应当向企业工商注册所在地的省、自治区、直辖市人民政府建设主管部门提出申请。其中，中央管理的企业直接向国务院建设行政主管部门提出申请，其所属企业由中央管理的企业向国务院建设行政主管部门提出申请，同时向企业工商注册所在地省、自治区、直辖市人民政府建设行政主管部门备案。

省、自治区、直辖市人民政府建设主管部门应当自受理申请之日起20日内初审完毕，并将初审意见和申请材料报国务院建设主管部门。

国务院建设主管部门应当自省、自治区、直辖市人民政府建设主管部门受理申请材料之日起60日内完成审查，公示审查意见，公示时间为10日。其中，涉及铁路、交通、水利、信息产业、民航等方面的工程设计资质，由国务院建设主管部门送国务院有关部门审核，国务院有关部门在20日内审核完毕，并将审核意见送国务院建设主管部门。

工程勘察乙级及以下资质、劳务资质、工程设计乙级（涉及铁路、交通、水利、信息产业、民航等方面的工程设计乙级资质除外）及以下资质许可由省、自治区、直辖市人民政府建设主管部门实施。具体实施程序由省、自治区、直辖市人民政府建设主管部门依法确定。

省、自治区、直辖市人民政府建设主管部门应当自作出决定之日起30日内，将准予资质许可的决定报国务院建设主管部门备案。

工程勘察、工程设计资质证书分为正本和副本，正本1份，副本6份，由国务院建设主管部门统一印制，正、副本具备同等法律效力。资质证书有效期为5年。

（二）申请

1. 企业首次申请工程勘察、工程设计资质，应当提供以下材料：

工程勘察、工程设计资质申请表；

企业法人、合伙企业营业执照副本复印件；

企业章程或合伙人协议；

企业法定代表人、合伙人的身份证明；

企业负责人、技术负责人的身份证明、任职文件、毕业证书、职称证书及相关资质标准要求提供的材料；

工程勘察、工程设计资质申请表中所列注册执业人员的身份证明、注册执业证书；

工程勘察、工程设计资质标准要求的非注册专业技术人员的职称证书、毕业证书、身份证明及个人业绩材料；

工程勘察、工程设计资质标准要求的注册执业人员、其他专业技术人员与原聘用单位解除聘用劳动合同的证明及新单位的聘用劳动合同；

资质标准要求的其他有关材料。

2. 企业申请资质升级应当提交以下材料：

《建设工程勘察设计企业资质管理规定》第十一条第（一）、（二）、（五）、（六）、（七）、（九）项所列资料；

工程勘察、工程设计资质标准要求的非注册专业技术人员与本单位签订的劳动合同及社保证明；

原工程勘察、工程设计资质证书副本复印件；

满足资质标准要求的企业工程业绩和个人工程业绩。

3. 企业增项申请工程勘察、工程设计资质，应当提交下列材料：

《建设工程勘察设计企业资质管理规定》第十一条所列（一）、（二）、（五）、（六）、（七）、（九）的资料；

工程勘察、工程设计资质标准要求的非注册专业技术人员与本单位签订的劳动合同及社保证明；

原资质证书正、副本复印件；

满足相应资质标准要求的个人工程业绩证明。

第八章 水利水电工程质量管理与控制

第一节 水利水电工程质量管理与控制理论

一、水利水电建设项目管理概述

（一）建设项目管理

项目是在一定的条件下，具有明确目标的一次性事业或任务。每个项目必须具备一次性、目的性和整体性的特征。建设项目是指按照一个总体设计进行施工，由一个或几个相互有内在联系的单项工程所组成，经济上实行统一核算、行政上实行统一管理的建设实体。例如，修建一座工厂、一座水电站、一座港口、码头等，一般均要求在限定的投资、限定的工期和规定的质量标准的条件下，实现项目的目标。

建设项目管理是指在建设项目生命周期内所进行的有效的计划、组织、协调、控制等管理活动，其目的是在一定的约束条件下（如可动用的资源、质量要求、进度要求、合同中的其他要求等），达到建设项目的最优目标，即质量、工期和投资控制目标得以最优实现。根据建设项目管理的定义和现行建设程序，我国建设项目管理的实施应通过一定的组织形式，采取各种措施、方法，对建设项目的所有工作（包括建设项目建议书、可行性研究、项目决策、设计、施工、设备询价、完工验收等）进行计划、组织、协调、控制，从而达到保证质量，缩短工期，提高投资效益的目的。

建设项目管理包括较广泛的范围。按阶段，建设项目管理分为可行性研究阶段的项目管理、设计阶段的项目管理和施工阶段的项目管理；按管理主体，它分为建设项目业主的项目管理、设计单位的项目管理、承包商的项目管理和“第三方”的项目管理。而业主的项目管理是对整个建设项目和项目全过程的管理，其主要任务是控制建设项目的投资、质量和工期。业主经常聘请咨询工程师或监理工程师帮助他进行项目管理。

这里从业主或监理工程师的角度，结合水利水电工程的特点，研究水利水电工程施工阶段建设项目管理的质量控制及质量控制信息系统等有关问题。

（二）水利水电建设项目管理的特点

由于水利水电建设项目的规模较大、工期较长、施工条件较为复杂，从而使其项目管理具有强烈的实践性、复杂性、多样性、风险性和不连续性等特点；此外，由于我国的国情与西方国家存在一定的差异，因此，我国水利水电建设项目管理自身还具备如下一些特点：

1. 严格的计划性和有序性

我国水利水电建设项目管理是在水利部等有关政府部门地领导下有计划地进行的。

这与国外进行项目管理的自发性存在着实质性差别。水利部等有关政府部门制订的规程、规范等，使得水利水电建设项目管理做到了有章可循，大大加快了水利水电建设项目管理的推进速度。同时，由于我国水利水电建设项目管理是在政府制订的轨道上进行的，从而使得建设项目管理能够有序进行。

2. 较广的监督范围和较深的监督程度

我国是生产资料公有制为主体的国家，水利水电建设项目投资的主体是政府和公有制企事业单位，私人投资的项目数量较少且规模不大。政府有关部门既要对“公共利益”进行监督管理，还要严格控制水利水电建设项目的经济效益、建设布局和对国民经济发展计划的适应性等。而在生产资料私有制的国家里，绝大多数项目由私人投资建设，国家对建设项目的管理主要局限于对项目的“公共利益”的监督管理，而对建设项目的经济效益政府不加干预。由此可见，我国政府有关部门对项目的监督范围更广、监督程度更深。

3. 明显的“政府行为”特征

我国推行水利水电建设项目管理的许多方面都表现出明显的“政府行为”特征，这可从以下三方面得以说明：

第一，在各种标准合同文件的制定与颁布方面。在英、美等国，各种标准合同条件均由民间组织和机构制定和颁布。

第二，在水利水电工程项目建设程序方面。在国外，建设程序只是突出项目建设的重要原则，如优化决策、竞争择优和建设监理等原则。这可充分体现工程咨询单位、工程监理单位、仲裁机构等中间服务机构在建设程序中所起到的服务作用。我国的建设程序由于产生于计划经济时代，尽管市场经济的因素已逐步渗透进来，但目前仍包含有较多的计划经济成分，如招标申请审核、竣工验收等工作均属政府有关部门的职能。体现了项目管理过程的“政府行为”。

第三，在建设项目管理模式方面。在国外，建设项目管理模式由业主根据具体情况选择确定，建设项目管理模式具有多样性，只要业主认为某一项目管理模式最能适合其项目建设所需即可。业主在建设项目管理模式的选择上有很大的自主权。在我国，政府有关部门强调所谓的“项目管理标准模式”，使得建设单位一般无权选择其他项目管理模式。体现了项目管理策略的“政府行为”。

我国水利水电建设项目管理的上述特点对研究建设项目管理领域的有关问题既存在有利的一面，也存在不利的一面。在这里的研究中充分地考虑了这方面的影响因素。

二、水利水电工程质量控制概述

建设项目的质量是决定工程成败的关键，也是建设项目三大控制目标的重点。下面就水利水电工程质量控制的有关术语、水利水电工程项目质量的特点、水利水电工程质量管理体制等进行分析论述。

（一）建设项目质量管理术语

1. 质量

质量是指实体满足明确和隐含需要的能力的特性总和。质量主体是“实体”。“实体”不仅包括产品，而且包括活动、过程、组织体系或人，以及他们的结合。“明确需要”指在标准、规范、图纸、技术需求和其他文件中已经作出规定的需要。“隐含需要”一是指业主或社会对实体的期望，二是指那些人们公认的、不言而喻的、不必明确的“需要”。显然，在合同环境下，应规定明确需要，而在其他情况下，应对隐含需要加以分析、研究、识别，并加以确定。“特性”是指实体特有的性质，它反映了实体满足需要的能力。

2. 工程项目质量

工程项目质量是国家现行的有关法律、法规、技术标准、设计文件及工程合同中对工程的安全、使用、经济、美观等特性的综合要求。工程项目一般都是按照合同条件承包建设的，是在“合同环境”下形成的。工程项目质量的具体内涵应包括以下三方面。

第一，工程项目实体质量。任何工程项目都由分项工程、分部工程、单位工程所构成，工程项目的建设过程又是由一道道相互联系、相互制约的工序所构成，工序质量是创造工程项目实体质量的基础。因此，工程项目的实体质量应包括工序质量、分项工程质量、分部工程质量和单位工程质量。

第二，功能和使用价值。从功能和使用价值看，工程项目质量体现在性能、寿命、可靠性、安全性和经济性等方面，它们直接反映了工程的质量。

第三，工作质量。工作质量是指参与工程项目建设的各方，为了保证工程项目质量所从事工作的水平和完善程度。工作质量包括：社会工作质量（如社会调查、市场预测等）、生产过程工作质量（如政治工作质量、管理工作质量等）。要保证工程项目的质量，就要求有关部门和人员精心工作，对决定和影响工程质量的所有因素严加控制，通过提高工作质量来保证和提高工程项目的质量。

3. 工程项目质量控制

质量控制是指为达到质量要求所采取的作业技术和活动。工程项目质量控制是指为达到工程项目质量要求所采取的作业技术和活动。工程项目质量要求主要表现为工程合同、设计文件、技术规范规定的质量标准。因此，工程项目质量控制就是为了保证达到工程合同规定的质量标准而采取的一系列措施、方法和手段。工程项目质量控制按其实施者不同，包括三个方面：业主方面的质量控制、政府方面的质量控制、承包商方面的质量控制。工程项目业主或监理工程师的质量控制主要是指通过对施工承包商施工活动组织计划和技术措施的审核，对施工所用建筑材料、施工机具和施工过程的监督、检验和对施工承包商施工产品的检查验收来实现对施工项目质量目标的控制。

（二）水利水电工程项目质量的特点

要对水利水电工程项目质量进行有效控制，首先要了解水利水电工程项目质量形成的过程，根据其形成过程掌握其特点。监理工程师应结合这些特点进行质量控制。在研究水利水电工程项目质量控制的有关问题时，也必须充分考虑这些特点。

1. 水利水电工程项目质量形成的系统过程

水利水电工程项目质量是按照水利水电工程建设程序，经过工程建设系统各个阶段而逐步形成的。

2. 水利水电工程项目质量的特点

由于水利水电工程项目本身的特点，使得通过上述过程形成的水利水电工程项目质量具有以下一些特点：

①主体的复杂性。一般的工业产品通常由一个企业来完成，质量易于控制，而工程产品质量一般由咨询单位、设计承包商、施工承包商、材料供应商等多方参与来完成，质量形成较为复杂。

②影响质量的因素多。影响质量的主要因素有决策、设计、材料、方法、机械、水文、地质、气象、管理制度等。这些因素都会直接或间接地影响工程项目的质量。

③质量隐蔽性。水利水电工程项目在施工过程中，由于工序交接多，中间产品多，隐蔽工程多，若不及时检查并发现其存在的质量问题，事后看表面质量可能很好，容易产生第二类判断错误，即将不合格的产品判为合格的。

④质量波动大。工程产品的生产没有固定的流水线和自动线，没有稳定的生产环境，没有相同规格和相同功能的产品，容易产生质量波动。

⑤终检局限大。工程项目建成后，不可能像某些工业产品那样，拆卸或解体来检查内在的质量。所以终检验收时难以发现工程内在的、隐蔽的质量缺陷。

⑥质量要受质量目标、进度和投资目标的制约。质量目标、进度和投资目标三者既对立又统一。任何一个目标的变化，都将影响到其他两个目标。因此，在工程建设

过程中，必须正确处理质量、投资、进度三者之间的关系，达到质量、进度、投资整体最佳组合的目标。

（三）水利水电工程质量管理体制

《水利工程质量管理规定》（中华人民共和国水利部令第7号）规定：水利工程质量实行项目法人（建设单位）负责、监理单位控制、施工单位保证和政府监督相结合的质量管理体制。水利水电工程质量监督机构负责监督设计，监理施工单位在其资质等级允许范围内从事水利水电工程建设的质量工作；负责检查、督促建设、监理、设计、施工单位建立健全质量体系；按照国家和水利行业有关工程建设法规、技术标准和设计文件实施工程质量监督，对施工现场影响工程质量的行为进行监督检查。项目法人（建设单位）应根据工程规模和工程特点，按照水利部有关规定，通过资质审查招标选择勘测设计、施工、监理单位并实行合同管理。监理单位应根据监理合同参与招标工作，从保证工程质量全面履行工程承建合同出发，签发施工图纸；审查施工单位的施工组织设计和技术措施；指导监督合同中有关质量标准、要求的实施；参加工程质量检查、工程质量事故调查处理和工程验收工作。施工单位要推行全面质量管理，建立健全质量保证体系，在施工过程中认真执行“三检制”，切实控制好工程质量的全过程。

三、水利水电工程质量评定方法

（一）水利水电工程质量评定项目划分

水利水电工程的质量评定，首先应进行评定项目的划分。划分时，应从大到小的顺序进行，这样有利于从宏观上进行项目评定的规划，不至于在分期实施过程中，从低到高评定时出现层次、级别和归类上的混乱。质量评定时，应从低层到高层的顺序依次进行，这样可以从微观上按照施工工序和有关规定，在施工过程中把好施工质量关，由低层到高层逐级进行工程质量控制和质量检验评定。

1. 基本概念

水利水电工程一般可分为若干个扩大单位工程。扩大单位工程系指由几个单位工程组成，并且这几个单位工程能够联合发挥同一效益与作用或具有同一性质和用途。

单位工程系指能独立发挥作用或具有独立的施工条件的工程，通常是若干个分部工程完成后才能运行使用或发挥一种功能的工程。单位工程常常是一座独立建（构）筑物，特殊情况下也可以是独立建（构）筑物中的一部分或一个构成部分。

分部工程系指组成单位工程的各个部分。分部工程往往是建（构）筑物中的一个结构部位，或不能单独发挥一种功能的安装工程。

单元工程系指组成分部工程的、由一个或几个工种施工完成的最小综合体，是日常质量考核的基本单位。可依据设计结构、施工部署或质量考核要求把建筑物划分为层、块、区、段等来确定。

2. 单元工程与国标分项工程的区别

①分项工程一般按主要工种工程划分，可以由大工序相同的单元工程组成。如：土方工程、混凝土工程是分项工程，在国标中一般就不再向下分，而水利部颁发的标准中，考虑到水利工程的实际情况，像土坝、砌石、混凝土坝等，如作为分项工程，则工程量和投资都可能很大，也可能一个单位工程仅有这一个分项工程，按国标进行质量检验评定显然不合理。为了解决这个问题，部颁标准规定，质量评定项目划分时可以继续向下分成层、块、段、区等。为便于与国标分项工程区别，我们把质量评定项目划分时的最小层、块、段、区等叫作单元工程。

②分项工程这个名词概念，过去在水利工程验收规范、规程中也经常提到，一般是和设计规定基本一致的，而且多用于安装工程。执行单元工程质量检验评定标准以来，分项工程一般不作为水利工程日常质量考核的基本单位。在质量评定项目规划中，根据水利工程的具体情况，分项工程有时划为分部工程，有时又划为单元工程，分项工程就不作为水利工程质量评定项目划分规划中的名词出现，而出现名词单元工程。单元工程有时由多个分项工程组成，如一个钢筋混凝土单元就包括有钢筋绑扎和焊接、混凝土拌制和浇筑等多个分项工程；有时由一个分项工程组成。即单元工程可能是一个施工工序，也可能是由若干个工序组成。

③国标中的分项工程完成后不一定形成工程实物量，或者仅形成未就位安装的零部件及结构件，如模板分项工程、钢筋焊按、钢筋绑扎分项工程、钢结构件焊接制作分项工程等。单元工程则是一个工种或几个工种施工完成的最小综合体，是形成工程实物量或安装就位的工程。

3. 项目划分原则

质量评定项目划分总的指导原则是：贯彻执行国家正式颁布的标准、规定，水利工程以水利行业标准为主，其他行业标准参考使用。如房屋建筑安装工程按分项工程、分部工程、单位工程划分；水工建筑安装工程按单元工程、分部工程、单位工程、扩大单位工程划分等。

（1）单位工程划分原则

①枢纽工程按设计结构及施工部署划分。以每座独立的建筑工程或独立发挥作用的安装工程为单位工程。

②渠道工程按渠道级别或工程建设期、段划分。以一条干（支）渠或同一建设期、段的渠道工程为单位工程，投资或工程量大的建筑物以每座独立的建筑物为单位工程。

③堤坝工程按设计结构及施工部署划分。以堤坝身、堤坝岸防护、交叉连接建筑物等分别为单位工程。

（2）分部工程划分原则

①枢纽工程按设计结构的主要组成部分划分。

②渠道工程和堤坝工程按设计及施工部署划分。

③同一单位工程中，同类型的各个分部工程的工程量不宜相差太大，不同类型的

各个分部工程投资不宜相差太大。每个单位工程的分部工程数目不宜少于5个。

（3）单元工程划分原则

①枢纽工程按设计结构、施工部署或质量考核要求划分。建筑工程以层、块、段为单元工程，安装工程以工种、工序等为单元工程。

②渠道工程中的明渠（暗渠）开挖、填筑按施工部署切分，衬砌防渗（冲）工程按变形缝或结构缝划分，单元单元工程不宜大于100m。

（二）质量检验评定分类及等级标准

1. 单元工程质量评定分类

水利工程质量等级评定前，有必要了解单元工程质量评定是如何分类的。单元工程质量评定分类有多种，这里仅介绍最常用的两种。按工程性质可分为：

（1）建筑工程质量检验评定

（2）机电设备安装工程质量检验评定

（3）金属结构制作及安装工程质量检验评定

（4）电气通信工程质量检验评定

（5）其他工程质量检验评定

按项目划分可分为：

（1）单元、分项工程质量检验评定

（2）分部工程质量检验评定

（3）单位工程质量检验评定

（4）扩大单位或整体工程质量检验评定

（5）单位或整体工程外观质量检验评定

2. 评定项目及内容

中小型水利工程质量等级仍按国家规定（国标）划分为“合格”和“优良”两个等级。不合格单元工程的质量不予评定等级，所在的分部工程、单位工程或扩大单位工程也不予评定等级。

单元工程一般由保证项目、基本项目和允许偏差项目三部分组成。

（1）保证项目

保证项目是保证水利工程安全或使用功能的重要检验项目。无论质量等级评为合格或优良，均必须全部满足规定的质量标准。规范条文中用“必须”或“严禁”等词表达的都列入了保证项目，另外，一些有关材料的质量、性能、使用安全的项目也列入了保证项目。对于优良单元工程，保证项目应全部符合质量标准，且应有一定数量的重要子项目达到“优良”的标准。

（2）基本项目

基本项目是保证水利工程安全或使用性能的基本检验项目。一般在规范条文中使用“应”或“宜”等词表达，其检验子项目至少应基本符合规定的质量标准。基本项目的质量情况或等级分为“合格”及“优良”两级，在质的定性上用“基本符合”与“符合”

来区别，并以此作为单元工程质量分等定级的条件之一。在量上用单位强度的保证率或离差系数的不同要求，以及用符合质量标准点数占总测点的百分率来区别。一般来说，符合质量标准的检测点（处或件）数占总检测数70%及以上的，该子项目为“合格”，在90%及以上的，该子项目为“优良”。在各个子项目质量均达到合格等级标准的基础上，若有50%及其以上的主要子项目达到优良，该单元工程的基本项目评为“优良”。

（3）允许偏差项目

允许偏差项目是在单元工程施工工序过程中或工序完成后，实测检验时规定允许有一定偏差范围的项目。检验时，允许有少量抽检点的测量结果略超出允许偏差范围，并以其所占比例作为区分单元工程是“合格”还是“优良”等级的条件之一。

四、水利水电工程施工质量评定管理系统的规划

（一）水利水电工程施工质量评定工作的特点

就《水利水电工程施工质量评定表》而言，水利水电工程外观质量评定是由建设（监理）单位组织，负责该项工程的质量监督部门主持，有建设（监理）施工及质量检测等单位参加的，各评定项目的质量标准，要根据所评工程特点及使用要求，在评前由设计、建设（监理）及施工单位共同研究提出方案，经负责该项工程的质量监督部门确认后执行，这部分的表式是没有固定填写标准的。但其他部分的评定表都是要严格按照《水利水电工程施工质量评定表填表说明与示例》进行填写的，这部表实质上都是单元工程质量评定表或工序质量评定表，就一个土石坝工程来说，这样的表要填成百上千次，有很大一部分重复工作完全可以由计算机来完成。因此，水利水电工程施工质量评定管理系统是着眼于单元工程（工序）质量评定进行编制的。

（二）单元工程（工序）质量表中保证项目和基本项目的量化方法

1. 一票否决法处理保证项目子目

因为保证项目是保证水利工程安全或使用功能的重要检验项目。无论质量等级评为合格或优良，均必须全部满足规定的质量标准。保证项目只要出现不符合质量标准的子项目，该单元工程（工序）就只能作不合格处理。

2. 用层次分析法确定指标权重

保证项目和基本项目的子项目的检测点属定性描述，必须量化后才能用于统一的打分计算，得出质量评定结果。这里采用系统工程的层次分析法来计算保证项目和基本项目的评价指标权重，从而准确计算单元工程（工序）的质量得分，客观评定单元工程质量或工序质量。

第二节 水利水电工程施工质量管理与评价存在的问题

一、水利水电工程施工质量管理存在的问题

（一）工程设计中存在问题

1. 项目决策咨询评估有待加强

水利工程建设项目评估是政府对项目决策的重要依据，只有咨询评估得合理可行，才能避免项目的盲目性和决策失误。但中小型水利工程很少组织可行性论证，工程建设常常不合理或不规范。国家或水利部已经出台了一系列法律法规、技术标准和规范，但很多水利基层单位和个人并没有去实施。

2. 工程前期勘测设计的深度不如大型工程，设计不规范

某些个别水利水电工程建设项目的项目规划书、可行性研究报告和初步设计文件，由前期工作经费不足，规划只停留在已有资料的分析上，缺乏对环境、经济、社会水源配置等方面的综合分析，特别是缺乏较系统全面地满足设计要求的地质勘测，致使方案比选不力，新材料、新技术、新工艺的应用严重滞后，整个前期工作做的不够扎实，直接影响到工程建设项目的评估、立项、进度和质量等。而设计单位普存在资质低、设计水平低、施工图不规范、图纸错误较多、结构不符合实际、设变更随意性大等问题。设计人员施工经验差，未考虑施工工艺和施工能力，考虑计规范较多，考虑施工现实条件较少，造成设计与施工的衔接有一定困难。水利水电工程一般是采用国家拨款与地方筹集资金相结合的方式，而地方集资金是占很重要的部分。有些地方由于财政困难常难以垫付足够的前期勘测设费，待立项后有了资金又急于上马，没有足够的时间与足够的经费进行前期勘测作，导致水利水电工程的前期勘测设计深度不够。有的项目更是由于政府的行政干预匆忙上马，根本没有进行勘测设计等。

（二）工程施工材料管理中存在问题

1. 原材料的质量问题

混凝土工程使用的水泥、粉煤灰、外加剂等属厂家生产产品，其砂石骨料通常使用坝址附近河床开采的砂石料或开采块石料加工制成品料。目前，有的厂家出厂的产品未达到国家标准，是伪劣产品，有的工程砂石骨料质量也存在一些问题，但因工程施工急需，只得“凑合”使用，造成混凝土质量不稳定。水利水电工程使用的钢筋、

钢材及止水材料等也发现一些伪劣产品，原材料存在的质量问题将给工程运行安全留下隐患。

2. 施工中的问题

水利水电工程建设过程中，从建筑物基础开挖、基岩灌浆处理到混凝土浇筑土石坝体填筑，金属结构及机电设备安装，有的工程施工过程中未能按照水利部、电力部部颁有关施工技术规范，严格控制每道施工工序的质量，出现的问题较多。例如，建筑物基础开挖施工中，有的承包单位为抢施工进度，不按技术要求进行控制爆破，造成基岩面爆破裂隙较多，起伏差较大，增加了基岩面整修工作量和混凝土回填工作量混凝土浇筑施工过程中，未按混凝土施工技术规范严格施工工艺，出现入仓混凝土骨料分离，振捣不密实、漏振，致使层面结合不好，有蜂窝、架空现象。低温季节浇筑混凝土，未按设计要求进行保温，高温季节浇筑混凝土，未按设计要求采取温控措施，致使混凝土裂缝较多，增加了补救处理工作量。土石填筑施工质量存在填料不合要求的未能严格按照施工规范进行分层碾压等问题。

3. 承包单位偷工减料引起的质量问题

有的工程施工单位层层转包，由于转包单价偏低，承包单位就搞偷工减料，为欺骗监理单位，就不择手段造假资料蒙混过关。例如某工程基础帷幕灌浆施工中，就发现有的承包单位改变水泥浆配比，降低压力灌浆，伪造灌浆施工记录资料。这种现象在隐蔽工程施工中较为普遍，严重影响了建筑物基岩固结灌浆和防渗帷幕灌浆质量，将给工程安全运行留下隐患。

4. 金属结构及机电设备的问题

有的工程金属结构加工制造工艺粗糙、焊接质量不良，安装误差较大等质量问题，造成闸门漏水严重，金属结构构件不能使用，需进行返工处理，影响了工程建设工期。机电设备存在着伪劣产品，不能正常使用，经常需要更换，给工程造成损失。

（三）质量控制中存在问题

第一，水利水电项目专业多、项目多、而单项工程量多。从建设管理的角度来看，质量控制具有另一种难度。若使用先进的大型设备，由专业队伍进行施工，工程成本不能保证，若改用简化的办法，非专业队伍来施工，其质量就难以控制保证。

第二，水利水电工程一旦发现早期失控，为弥补损失而赶工，将严重地影响质量控制工作。在一些工程招投标中，压低临时建设费、不可预见费等，致使施工单位在经济上十分被动。这点也是水利水电工程出现许多分包，甚至“隐性转包”的重要原因。包工队以更低单价拿到工程之后，经常挖空心思偷工减料、弄虚作假，给工程质量造成隐患。

第三，施工单位现场管理力度不力，质保体系不健全，挂靠资质现象严重，施工水平低。项目部管理模式多是公司管理层加包工头，施工队伍设备投入少、技术水平低。施工主要技术工人及工程师配置不足，施工的主要核心管理网络不完善，缺少专业的相对固定的施工班组，造成施工组织的杂乱无章、低级错误不断。

（四）工程监督管理中存在问题

1. 项目监督管理水平欠缺

项目法人中的组织机构人员质量意识淡薄，重视工期，轻视质量。项目部人员素质不高，缺少高水平的管理人才，项目管理科学化决策少，相关的技术支持比较少，随意性较大。中小型水利工程主要由地方筹资，采用地方单价都较低，加上资金到位情况比较差，使工程往往不能够按照计划进行，而一些地方矛盾也由于领导的重视不够，在一定程度上严重影响了工程的施工进度。业主对工程质量的重视不够，在口头上说质量第一，而在施工时当质量与进度发生矛盾时，就放弃了质量。例如东北某水利水电的质量监督机构发展程度弱、质量管理工作力度不够，没有形成统一协调的水利水电工程质量监督系统和管理网络，致使管理薄弱。影响了水利水电工程质量监督水平的提高。

2. 不能严格执行合同

在招投标工作中过分的压低工程造价，工程变更随意性大，不能严格执行合同有关部门条款，不按程序办事，长官意识严重，行政指挥较多。某些工程不能很好地执行合同，而是主观的施工，造成了很严重的后果。

3. 工程管理中的服务意识较差

普遍存在工程前期手续不完备即开工，形成的地方矛盾较多，使施工方疲于处理各种地方矛盾，弱化了质量管理的精力。另外业主对设计及监理工作的过多干涉，对其工作的开展也造成了一定的影响。由于某些工程管理中的服务意识差导致了一些问题的产生。

二、现行水利水电工程质量评价方法

（一）水利水电工程质量的评价等级

现行水利水电工程按单元工程、分部工程、单位工程及工程项目的顺序依此评定，工程质量分为“合格”和“优良”两个等级。

（二）单元工程质量评定标准

单元工程质量评定的主要内容包括主要项目与一般项目。按照现行评定标准分为“合格”和“优良”两个等级。在基本要求检测项目合格的前提下，主要检测项目的全部测点全部符合上述标准每个一般检测项目的测点中，有以上符合上述标准，其他测点基本符合上述标准，且不影响安全和使用即评定为合格在合格的基础上，一般检测项目的测点总数中，有以上的测点符合上述标准，即评定为优良。

单元工程质量达不到合格标准时，必须及时处理。其质量等级按下列条款确定全部返工重做的可重新评定质量等级经加固补强并经鉴定能达到设计要求，其质量只能评定为合格经鉴定达不到设计要求，但项目法人和监理单位认为基本满足安全和使用功能要求，可以不加固补强的或经加固补强后，改变外形尺寸或造成永久性缺陷，经项目法人和监理单位认为基本满足设计要求的，其质量可按合格处理。

（三）分部工程质量评定标准

1. 合格标准

单元工程质量全部合格中间产品质量及原材料质量全部合格，启闭机制造与机电产品质量合格。

2. 优良标准

单元工程质量全部合格，有以上达到优良，主要单元工程质量优良，且未发生过质量事故中间产品质量全部合格，如以混凝土为主的分部工程混凝土拌和物质量达到优良，原材料质量合格，启闭机、闸门制造及机电产品质量合格。

（四）单位工程质量评定标准

1. 合格标准

分部工程质量全部合格，中间产品质量及原材料质量全部合格，启闭机制造与机电产品质量合格，外观质量得分率达到以上工程使用的基准点符合规范要求，工程平面位置和高程满足设计和规范要求，施工质量检验资料基本齐全。

2. 优良标准

分部工程质量全部合格，其中有以上达到优良，主要分部工程质量优良，且施工中未发生重要质量事故中间产品质量及原材料质量全部合格，其中各主要部分工程混凝土拌和物质量达到优良，原材料质量、启闭机制造与机电产品质量合格外观质量得分率达到以上工程使用基准点符合规范要求，工程平面位置和高程满足设计和规范要求施工质量检验资料基本齐全。水利水电工程、泵站工程的质量评定还需经机组启动试运行检验，达到工程设计要求。

（五）工程项目质量评定标准

1. 合格标准

单位工程全部合格。

2. 优良标准

单位工程全部合格，其中以上达到优良，且主要单位工程质量优良。

三、水利水电工程施工质量评价存在的问题

现行评定标准中要求工程质量必须同时满足五项条件，若有一项不符合要求，就会否定整体工程质量，且现行评定标准没有考虑各个因素对工程质量的不同影响程度，即权重，评价体系不能完全体现其科学性与合理性。

水利部在新中国成立以来几十年来的经验教训基础上，总结出一套比较完善而又切实可行的检验评定大中型水利建设工程质量的标准——《质量评定表》和《质量评定标准》。但对于水利水电工程，目前还没有较系统的质量检验和评定等级的办法

和标准。只能参照水利建设工程的《质量评定表》和《质量评定标准》实行，而现有的评定方法是不能完全考虑影响水利水电工程质量的特点。

现有的工程质量评定采用评定指标进行简单的、精确的量化，没有考虑到工程质量的模糊性和工程质量等级的模糊性，因而不能全面地反映工程质量。

对于水利工程而言由于单元工程或分部工程划分的数量较小，评定的群体较小，使评测结果与真实状况容易产生一定的偏差。如不同施工标段由于工程施工项目少，项目划分时往往会出现分部或单元工程个数相同的情况，现行评定是以合格率与优良率作为评价。在实际评定时不同施工阶段会出现相同的优良率或合格率，而在实际的质量情况会存在较大差异，若仅仅从评定数值上看，不能完全公正、客观的反映工程真实的质量状况。

第三节 施工阶段质量控制

一、质量控制的系统过程及程序

（一）质量控制的系统过程

施工阶段的质量控制是一个经由对投入的资源和条件的质量控制进而对生产过程及各环节质量进行控制，直到对所完成的工程产品的质量检验与控制为止的全过程的系统控制过程。根据施工阶段工程实体质量形成过程的时间阶段，质量控制划分为以下三个阶段：

1. 事前控制

事前质量控制是指在施工前的准备阶段进行的质量控制，即在各工程对象正式施工开始前，对各项准备工作及影响质量的各因素和有关方面进行的质量控制。

2. 事中控制

事中质量控制是指在施工过程中对所有与施工过程有关的各方面进行的质量控制，也包括对施工过程中的中间产品（工序产品，分部、分项工程，工程产品）的质量控制。

3. 事后控制

事后质量控制是指对通过施工过程所形成的产品的质量控制。

在这三个阶段中，工作的重点是工程质量的事前控制和事中控制。

（二）质量控制的程序

工程质量控制与单纯的质量检验存在本质上的差别，它不仅仅是对最终产品的检查和验收，而是对工程施工实施全过程、全方位的监督和控制。

二、事前质量控制

在水利水电工程施工阶段，影响工程质量的主要因素有“人（Man）、材料（Mate-riel）、机械（Machine）、方法（Method）和环境（Environment）”等五大方面，简记为4M1E质量因素。监理工程师事前质量控制的主要任务包括两方面：一方面，对施工承包商的准备工作质量的控制，即对施工人员、施工所用建筑材料和施工机械、施工方法和措施、施工所必备的环境条件等的审核；另一方面，监理工程师应做好的事前质量保证工作，即为了有效地进行预控，监理工程师需要根据承包商提交的各种文件，依照本工程的合同文件及相关规范、规程，建立监理工程师质量预控计划。另外，还需做好施工图纸的审查和发放。

（一）承包商准备工作的质量控制

1. 承包商人员的质量控制

按照规定，承包商在投标时应按招标文件的要求及《水利水电土建工程施工合同条件》有关条款的规定提交详细的《拟投入合同工作的主要人员表》，其目的是为了保证承包商的主要人员符合投标的承诺。在双方签订的合同文件中列入投标文件中的主要人员。承包商按此配备人员，未经业主同意，主要人员不能随意更换。承包商在接到开工通知84天内向监理工程师提交承包商在工地的管理机构及人员安排报告。对承包商人员的事前控制，就是核查承包商提交的人员安排（尤其主要人员）是否与合同文件所列人员一致，进场人员（尤其主要人员）是否与人员安排报告相一致。然后监理工程师对照标书和施工合同，根据工程开工的需要，审核这些已进场的关键人员在数量和素质上是否符合要求，其他关键人员进场的日期是否满足开工要求。另外，监理工程师还要检查技术岗位和特殊工种工人（如从事钢管和钢结构焊接的焊工）的上岗资格证明。

2. 材料的控制

按照规定，为完成合同内各项工作所需的材料包括原材料、半成品、成品，除合同另有规定外，原则上应由承包商负责采购。即承包商负责材料的采购、验收、运输和保管。承包商应按合同进度计划和《技术条款》的要求制订采购计划报送监理工程师审批。

（1）承包商按照审批后的采购计划进行采购并交货验收，其材料交货验收的内容包括：

查验证件。承包商应按供货合同的要求查验每批材料的发货单、计量单、装箱单、材料合格证书、化验单、图纸或其他有关证件，并应将这些证件的复印件提交监理工程师。

抽样检验。承包商应会同监理工程师根据不同材料的有关规定进行材料抽样检验，并将检验结果报送监理工程师。承包商应对每批材料是否合格作出鉴定，并将鉴定意见书提交监理工程师复查。

材料验收。经鉴定合格的材料方能验收入库，承包商应派专人负责核对材料品名、规格、数量、包装以及封记的完整性，并做好记录。

（2）监理工程师对材料的事前控制的步骤

审批承包商的采购计划：监理工程师根据掌握的材料质量、价格、供货能力等方面的信息，对承包商申报的供货厂家进行审批，尤其对于主要材料，在订货前，必须要求承包商申报，经监理工程师论证同意后，方可订货。当材料进场后，监理工程师应监督承包商对材料进行检查和验收，并对承包商报送的《进场材料质量检验报告单》进行审核。监理工程师除了核查报告单所附的查询证件复印件、鉴定意见书外，要对承包商的材料质量检验成果复核，对有些材料还要进行抽检复验。监理工程师在审核承包商的材料质量检验成果或在抽检复验时应注意下列内容的审核或正确选用。

第一，材料质量标准。材料质量标准是用以衡量材料质量的尺度，也是作为验收检验材料质量的依据。不同的材料有不同的质量标准，掌握材料的质量标准，就便于可靠地控制材料和工程的质量。监理工程师要审核选用的质量标准是否合理。

第二，材料质量检验项目。材料质量的检验项目分“一般试验项目”“为通常进行的试验项目”“其他试验项目”“为根据需要进行的试验项目”。针对某种材料，监理工程师要审核检验项目是否能满足工程要求。

第三，取样标准和方法。材料质量检验的取样必须有代表性，即所采取样品的质量应能代表该批材料的质量。在采取试样时，必须按规定的部位、数量及采选的操作要求进行。监理工程师要审核承包商对某种材料的取样标准和方法时应按规定进行。

3. 工程设备的控制

第一，业主负责采购的工程设备。按照《水利水电土建工程施工合同条件》的规定，业主提供的工程设备应由承包商与业主在合同规定的交货地点共同进行交货验收，即将业主采购的工程设备由生产厂家直接移交给承包商，交货地点可以在生产厂家、工地或其他合适的地方。工程设备的检验测试由承包商负责。监理工程师必须对承包商报送的检验结果复核签认。

第二，承包商负责采购并安装的工程设备。按照《水利水电工程施工合同技术条款》的规定，承包商负责采购和安装的工程设备，应根据施工进度的安排及本合同《工程量清单》所列的项目内容和本技术条款规定的技术要求，提出工程设备的订货清单，报送监理工程师审批。承包商应按监理工程师批准的工程设备订货清单办理订货，并应将订货协议副本提交监理工程师。

无论是由业主负责采购承包商负责安装的工程设备，还是由承包商负责采购并安装的工程设备，承包商均需会同业主或监理工程师进行检验测试，检验结果必须报送监理工程师复核签认。针对工程设备的事前控制，监理工程师必须从计量，计数检查，质量保证文件审查，品种、规格、型号的检查，质量确认检验等方面对承包商的检验结果进行控制。

4. 施工机械设备的质量控制

在工程开工前，承包商应综合考虑施工现场条件、工程结构、机械设备性能、施工工艺、施工组织和管理等多种因素，制订详细的机械化施工方案，填报《进场施工

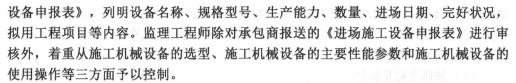

设备申报表》，列明设备名称、规格型号、生产能力、数量、进场日期、完好状况，拟用工程项目等内容。监理工程师除对承包商报送的《进场施工设备申报表》进行审核外，着重从施工机械设备的选型、施工机械设备的主要性能参数和施工机械设备的使用操作等三方面予以控制。

（1）机械设备的选型

施工机械设备型号的选择，应本着因工程制宜，考虑到施工的适用性、技术的先进性、操作的方便性、使用的安全性，保证施工质量的可靠性和经济上的合理性。如：从适用性出发，正向铲只适用于挖掘停机面以上的土层，反向铲适用于挖掘停机面以下的土层，抓铲则适宜于水中挖土。

（2）主要性能参数的选择

选择施工机械设备的主要依据是其主要性能参数，要求它能满足施工需要和保证质量要求。如：起重机械的性能参数，必须满足起重量、起重高度和起重半径的要求，才能保证正常施工。

（3）机械设备使用操作要求

合理使用机械设备，正确地进行操作，是保证施工质量的重要环节，实行定机、定人、定岗位责任的“三定”制度。操作人员必须认真执行各项规章制度，严格遵守操作规程，防止出现安全质量事故。

监理工程师通过上述三方面的审核，在申报表上列明哪些设备准予进场，哪些设备是不符合施工要求需承包商予以更换，哪些设备数量或能力不足，需由承包商补充。监理工程师除了审核承包商报送的申报表，还应对到场的施工机械设备进行核查，在施工机械设备投入使用前，需再进行核查。如果承包商使用旧施工机械设备，在进场前，监理工程师要核查主要旧施工设备的使用和检验记录，并要求承包商配置足够的备品备件以保证旧施工设备的正常运行。

5. 施工方法和措施的控制

在施工招标投标阶段，承包商根据标书中表明的施工任务、技术要求、施工工期及施工现场的自然条件，结合本单位的人员、机械设备、技术水平和经验，曾制订过施工组织设计与施工技术措施设计，对承包工程作出总的部署。如果该承包商最终中标，这一施工组织设计与施工技术措施设计，也就成了施工承包合同文件的组成部分。但这个文件并不能用于指导承包商施工。《水利水电工程施工合同技术条款》规定，承包商应在收到开工通知后某一时期内，按该合同规定的内容提交主要工程建筑物的施工方法和措施。监理工程师认为有必要时，承包商应在规定的期限内，按监理工程师指示，提交单位工程的施工方法和措施，报送监理工程师审批。单位工程施工方法和措施的内容包括施工布置，施工工艺，施工程序，主要施工材料、设备和劳动力，质量检验和安全保证措施，施工进度计划等。

监理工程师对施工方法和措施的事先控制，就是对承包商报送的主要工程建筑物的施工方法和措施以及单位工程施工方法和措施作出合理的批示。

因为施工方法和措施对工程质量和进度有极其重要的影响，所以监理工程师在审批时必须充分地考虑各方面的影响因素，对承包商报送的施工方法和措施给予恰当的结论。按照《水利水电工程施工技术条款》规定，监理工程师的审批意见包括：

（1）同意按此执行

（2）按修改意见执行

（3）修改后重新递交

（4）不予批准

考虑到施工方法和措施对工程质量的重要，监理工程师在审批时要考虑多方面因素，作者认为应针对水利水电工程的特点，依据合同文件建立一个施工方法和措施审批的评价体系，依据该体系按照一定的评价方法进行施工方案审查。

6. 环境因素的质量控制

施工作业所处的环境条件，对于保证工程质量有重要影响，监理工程师在施工前应对施工环境条件及相应的准备工作质量进行检查与控制。控制的环境因素有以下三个方面。

（1）技术环境因素的控制

技术环境因素主要指：水、电或动力供应、施工照明、安全防护设备、施工场地空间条件和通道以及交通运输和道路条件等。这些条件是否良好，直接影响到施工能否顺利进行，影响到施工质量。如，水、电供应中断，可能导致砼浇筑的中断而造成冷缝。所以，监理工程师应事先检查承包商对技术环境条件方面的有关准备工作是否已做好安排和准备妥当，当确认其准备可靠、有效后，方准许其进行施工。

（2）施工质量管理环境因素的控制

监理工程师对施工管理环境的事先检查与控制的内容主要包括：承包商的质量管理、质量保证体系和质量控制自检系统是否处于良好的状态；系统的组织结构、检测制度、人员配备等方面是否完善和明确；准备使用的质量检测、试验和计量等仪器、设备和仪表是否能满足要求，是否处于良好的可用状态，有无合格的证明和率定表；仪器、设备的管理是否符合有关的法规规定；外送委托检测、试验的机构资质等级是否符合要求等。

（3）自然环境因素的控制

监理工程师应检查承包商，对于未来的施工期间，自然环境条件可能出现对施工作业质量的不利影响时，是否事先已有充分的认识并已做好充足的准备和采取了有效措施与对策，以保证工程质量。如，严寒季节的防冻；施工场地的防洪与排水等。

（二）监理工程师的事前质量控制

1. 监理工程师事前质量控制计划

对承包商准备工作质量的控制即对质量影响因素的控制，不仅是针对某个合同项目在施工阶段所进行的事前控制，对该合同项目的每一分项工程（水利水电工程以单元工程作为质量评定的基础，分项工程即为质量评定中的单元工程）在施工前亦应进行 4M1E 的事前控制。由上文所述内容可知，监理工程师对 4M1E 的事前控制主要从两个方面进行，一方面是对承包商报送的计划进行审批，另一方面是对承包商的进场报告进行审核。无论是审批计划，还是审核进场情况，监理工程师必须依据质量目标来进行。所以，监理工程师在施工前必须建立质量控制计划。监理工程师依据该项目的合同文件、监理规划、承包商的有关计划、事前质量控制内容等制订质量控制计划，该计划应包括下述两方面的内容。

（1）施工质量目标计划

施工质量目标尽管在初步设计和施工图设计中已做了规划，但比较分散，难以满足施工质量控制的需要。因此，监理工程师需要根据工程具体情况使其系统化、具体化，并做详细描述。质量目标具体化，根据质量影响因素，可分为以下几项进行：

承包商人员质量目标。根据本工程的特点、承包商报送的施工组织设计等，监理工程师应分析为满足质量、进度要求，承包商应配备的主要管理人员及技术人员，做到在审批计划时，心中有数。

建筑材料质量目标。按照分项工程列出所使用的材料，并根据《技术条款》及其所引用的有关规范、规定等的要求，提出具体的质量要求。

工程设备质量目标。根据《技术条款》及其所引用的有关规范、规定等的要求，提出具体的质量要求。

土建施工质量目标。根据《技术条款》、施工验收规范和质量检验评定标准的规定，对每个分项（单元）工程提出施工质量要求。

设备安装质量目标。根据《技术条款》、施工验收规范和质量检验评定标准的规定，对每种设备的安装提出质量要求。

施工机械设备质量目标。根据本工程特点、承包商报送的施工组织设计等，监理工程师经过分析，得出对承包商施工机械的数量、型号、主要性能参数等要求，以保证施工质量。

环境因素的质量目标。根据本工程特点、承包商报送的施工组织设计，依据合同文件建立质量要求。

施工质量目标是建立质量目标数据库的基础，质量目标数据库是水利水电工程质量控制信息系统的重要组成部分。

（2）施工质量控制体系组织形式的规划

根据施工项目的构成、施工发包方式、施工项目的规模，以及工程承包合同中的有关规定，建立监理工程师质量控制体系的组织形式。监理工程师质量控制的组织形式有以下 3 种：

①纵向组织形式。一个合同项目应设置专职的质量控制工程师，大多数情况下，质量控制工程师由工程师代表兼任。然后再按分项合同或子项目设置质量控制工程师，并分别配备适当的专业工程师。根据需要，在各工作面上配有质量监理员。

②横向组织形式。一个合同项目设置专职的质量控制工程师。下面再按专业配备质量控制工程师，全面负责各子项目的质量控制工作。

③混合组织形式。这种组织形式是纵向组织形式与横向组织形式的组合体。每一

子项目配置相应的质量控制工程师，整个合同项目配备各专业工程师。各专业工程师负责所有子项目相应的质量控制任务。

根据该工程的特点，选择适宜的质量控制体系的组织形式，将质量控制任务具体化，使质量控制有效地进行。

2. 施工图纸的审查和发放

施工图纸是建设项目施工的合法依据，也是监理工程师进行质量检查的依据。施工图纸的来源分两种情况：第一种情况是业主在招标时提供一套“招标设计图”，它是由设计单位在招标设计的基础上提供的。在签订施工承包合同后，再由设计单位提供一套施工详图；业主在签订施工承包合同后，由施工承包商根据招标设计图、设计说明书和合同技术条款，自行设计施工详图。第二种情况在国内较少采用，最多让施工承包商负责局部的或简单的次要建筑物的设计。不管是由设计单位设计还是由施工承包商设计，监理工程师都要对施工图进行审查和发放。

（1）施工图的审查

施工图的审查一般有两种方式，一是由负责该项目的监理工程师进行审查，这种方式适用于一般性的或者普通的图纸；二是针对工程的关键部位，隐蔽工程或者是工程的难点、重点或有争议的图纸，采用会审的方式，即由业主、监理工程师、设计单位、施工承包商会审。图纸会审由监理工程师主持，由设计单位介绍设计意图、设计特点、对施工的要求和关键技术问题，以及对质量、工艺、工序等方面的要求。设计者应对会审时其他方面的代表提出的问题用书面形式予以解释，对施工图中已发现的问题和错误，及时修改，提供施工图纸的修改图。

（2）施工图的发放

由于水利水电工程技术复杂、设计工作量大，施工图往往是由设计单位分期提供的。监理工程师在收到施工图后，经过审查，确认图纸正确无误后，由监理工程师签字，作为“工程师图纸”下达给施工承包商，施工图即正式生效，施工承包商就可按“工程师图纸”进行施工。

三、事中质量控制

工程实体质量是在施工过程中形成的，施工过程中质量的形成受各种因素的影响，因此，施工过程的质量控制是施工阶段工程质量控制的重点。而施工过程是由一系列相互关联、相互制约的施工工序所组成，它们的质量是施工项目质量的基础，因此，施工过程的质量控制必须落实到每项具体的施工工序的质量控制。

（一）工序质量控制内容

工序质量控制主要包括两个方面，对工序活动条件的控制和对工序活动效果的控制。

1. 工序活动条件的质量控制

工序活动条件的质量控制，即对投入到每道工序的 4M1E 进行控制。尽管在事前控制中进行了初步控制，但在工序活动中有的条件可能会发生变化，其基本性能可能达不到检验指标，这就使生产过程的质量出现不稳定的情况。所以必须对 4M1E 在整个工序活动中加以控制。

2. 工序活动效果的质量控制

工序活动效果的质量控制主要反映在对工序产品质量性能的特征指标的控制。即对工序活动的产品采取一定的检测手段进行检验，根据检验结果分析、判断该工序活动的质量（效果）。

工序活动条件的质量控制和工序活动效果的质量控制两者是互为关联的，工序质量控制就是通过对工序活动条件和工序活动效果的控制，达到对整个施工过程的质量控制。

（二）监理工程师的工序质量控制

1. 工序质量控制计划

在整个项目施工前，监理工程师应对施工质量控制作出计划，但这种计划一般较粗，在每一分部分项工程施工前还应根据工序质量控制流程制订详细的施工工序质量控制计划。施工工序质量控制计划包括质量控制点的确定和工序质量控制计划。

（1）工序质量控制流程

当一个分部分项的开工申请单经监理工程师审核同意后，承包商可按图纸、合同、规范、施工方案等的要求开始施工。

（2）质量控制点的确定

质量控制点是为了保证施工质量必须控制的重点工序、关键部位或薄弱环节。设置质量控制点，是对质量进行预控的有效措施。施工承包商在施工前应根据工程的特点和施工中各环节或部位的重要性、复杂性、精确性，全面、合理地选择质量控制点。监理工程师应对承包商设置质量控制点的情况和拟采取的控制措施进行审核。审核后，承包商应进行质量控制点控制措施设计，并交监理工程师审核，批准后方可实施。监理工程师应根据批准的承包商的质量控制点控制措施，建立监理工程师质量控制点控制计划。

（3）工序质量控制计划

根据已确定的质量控制点和工序质量控制内容，监理工程师应制定工序质量控制计划。质量控制计划包括工序（特别是质量控制点）活动条件质量控制计划和工序活动效果质量控制计划。

工序活动条件质量控制计划。以工序（特别是质量控制点）为对象，对工序的质量影响因素 4M1E 所进行的控制工作进行详细计划。如，控制该工序的施工人员：根据该工序的特点，施工人员应当具备什么条件，监理工程师需要查验哪些证件等应先作出计划；控制工序的材料：在施工过程中，要投入哪些材料，应检查这些材料的哪些特性指标等作出计划；控制施工操作或工艺过程：在工序施工过程中，根据《水利水电工程施工合同技术条款》的要求及确定的质量控制点，需对哪些工序进行旁站，在旁站时监督和控制施工及检验人员按什么样的规程或工艺标准进行施工等应作出计划；控制施工机械：在工序施工过程中，施工机械怎样处于良好状态，需检测哪些参数等作出计划。总之，充分考虑各种影响因素，对控制内容作出详细的计划，做到控制工作心中有数。

工序活动效果质量控制计划。工序活动效果通过工序产品质量性能的指标来体现。针对该工序，需测定哪些质量特征值、按照什么样的方法和标准来取样等应作出计划。

2. 工序活动条件的控制

对影响工序产品质量的各因素的控制不仅在开工前的事前控制中，而且应贯穿整个施工过程。监理工程师对于工序活动条件的控制，要注意各因素或条件的变化，按照控制计划进行。

3. 工序活动效果的控制

按照工序活动效果质量控制计划，取得反映工序活动效果质量特征的质量数据，利用质量分析工具得出质量特征值数据的分布规律，根据该分布规律来判定工序活动是否处于稳定状态。当工序处于非稳定状态，就必须命令承包商停止进入下道工序，并分析引起工序异常的原因，采取措施进行纠正，从而实现对工序的控制。

四、事后质量控制

事后质量控制是指完成施工过程而形成产品的质量控制，其工作内容包括：审核竣工资料；审核承包商提供的质量检验报告及有关技术性文件；整理有关工程项目质量的技术文件，并编目、建档；评价工程项目质量状况及水平；组织联动试车等。

工程质量评定和工程验收是进行事后质量控制的主要内容。工程质量评定，即依据某一质量评定的标准和方法，对照施工质量具体情况，确定其质量等级的过程。

工程验收是在工程质量评定的基础上，依据一个既定的验收标准，采取一定的手段来检验工程产品的特性是否满足验收标准的过程。质量评定和质量验收的应用软件，国内开发已比较成熟，作为一个完整的质量控制信息系统，在系统开发时，可将质量评定和质量验收作为独立的子系统，直接借用国内已成熟的软件的内容。

第九章　水利工程项目进度管理与控制

第一节　施工进度计划的作用和类型

一、施工进度计划的作用

施工进度计划具有以下作用：

第一，控制工程的施工进度，使之按期或提前竣工，并交付使用或投入运转。

第二，通过施工进度计划的安排，加强工程施工的计划性，使施工能均衡、连续、有节奏地进行。

第三，从施工顺序和施工进度等组织措施上保证工程质量和施工安全。

第四，合理使用建设资金、劳动力、材料和机械设备，达到多、快、好、省地进行工程建设的目的。

第五，确定各施工时段所需的各类资源的数量，为施工准备提供依据。

第六，施工进度计划是编制更细一层进度计划（如月、旬作业计划）的基础。

二、施工进度计划的类型

（一）施工总进度计划

施工总进度计划是以整个水利水电枢纽工程为编制对象，拟定出其中各个单项工程和单位工程的施工顺序及建设进度，以及整个工程施工前的准备工作和完工后的结尾工作的项目与施工期限。因此，施工总进度计划属于轮廓性（或控制性）的进度计划，在施工过程中主要控制和协调各单项工程或单位工程的施工进度。

施工总进度计划的任务是：分析工程所在地区的自然条件、社会经济资源、影响施工质量与进度的关键因素，确定关键性工程的施工分期和施工程序，并协调安排其他工程的施工进度，使整个工程施工前后兼顾、互相衔接、均衡生产，从而最大限度地合理使用资金、劳动力、设备、材料，在保证工程质量和施工安全的前提下，按时或提前建成投产。

（二）单项工程施工进度计划

单项工程进度计划是以枢纽工程中的主要工程项目（如大坝、水电站等单项工程）为编制对象，并将单项工程划分成单位工程或分部、分项工程，拟定出其中各项目的施工顺序和建设进度以及相应的施工准备工作内容与施工期限。它以施工总进度计划为基础，要求进一步从施工程序、施工方法和技术供应等条件上，论证施工进度的合理性和可靠性，尽可能组织流水作业，并研究加快施工进度和降低工程成本的具体措施。反过来，又可根据单项工程进度计划对施工总进度计划进行局部微调或修正，并编制劳动力和各种物资的技术供应计划。

（三）单位工程施工进度计划

单位工程进度计划是以单位工程（如土坝的基础工程、防渗体工程、坝体填筑工程等）为编制对象，拟定出其中各分部、分项工程的施工顺序、建设进度以及相应的施工准备工作内容和施工期限。它以单项工程进度计划为基础进行编制，属于实施性进度计划。

（四）施工作业计划

施工作业计划是以某一施工作业过程（即分项工程）为编制对象，制定出该作业过程的施工起止日期以及相应的施工准备工作内容和施工期限。它是最具体的实施性进度计划。在施工过程中，为了加强计划管理工作，各施工作业班组都应在单位（单项）工程施工进度计划的要求下，编制出年度、季度或逐月（旬）的作业计划。

第二节　施工总进度计划的编制

一、施工总进度计划的编制原则

编制施工总进度计划应遵循以下原则：

认真贯彻执行党的方针政策、国家法令法规、上级主管部门对本工程建设的指示和要求。

加强与施工组织设计及其他各专业的密切联系，统筹考虑，以关键性工程的施工分期和施工程序为主导，协调安排其他各单项工程的施工进度。同时，进行必要的多方案比较，从中选择最优方案。

在充分掌握及认真分析基本资料的基础上，尽可能采用先进的施工技术和设备，最大限度地组织均衡施工，力争全年施工，加快施工进度。同时，应做到实事求是，并留有余地，保证工程质量和施工安全。当施工情况发生变化时，要及时调整和落实施工总进度。

充分重视和合理安排准备工程的施工进度。在主体工程开工前，相应各项准备工作应基本完成，为主体工程开工和顺利进行创造条件。

对高坝、大库容的工程，应研究分期建设或分期蓄水的可能性，尽可能减少第一批机组投产前的工程投资。

二、施工总进度计划的编制方法

（一）基本资料的收集和分析

在编制施工总进度计划之前和编制过程中，要收集和不断完善编制施工总进度所需的基本资料。这些基本资料主要有：

第一，上级主管部门对工程建设的指示和要求，有关工程的合同协议。如设计任务书，工程开工、竣工、投产的顺序和日期，对施工承建方式和施工单位的意见，工程施工机械化程度、技术供应等方面的指示，国民经济各部门对施工期间防洪、灌溉、航运、供水、过木等要求。

第二，设计文件和有关的法规、技术规范、标准。

第三，工程勘测和技术经济调查资料。如地形、水文、气象资料，工程地质与水文地质资料，当地建筑材料资料，工程所在地区和库区的工矿企业、矿产资源、水库淹没和移民安置等资料。

第四，工程规划设计和概预算方面的资料。如工程规划设计的文件和图纸、主管部门的投资分配和定额资料等。

第五，施工组织设计其他部分对施工进度的限制和要求。如施工场地情况、交通运输能力、资金到位情况、原材料及工程设备供应情况、劳动力供应情况、技术供应条件、施工导流与分期、施工方法与施工强度限制以及供水、供电、供风和通信情况等。

第六，施工单位施工技术与管理方面的资料、已建类似工程的经验及施工组织设计资料等。

第七，征地及移民搬迁安置情况。

第八，其他有关资料。如环境保护、文物保护和野生动物保护等。

收集了以上资料后，应着手对各部分资料进行分析和比较，找出控制进度的关键因素。尤其是施工导流与分期的划分，截流时段的确定，围堰挡水标准的拟定，大坝的施工程序及施工强度、加快施工进度的可能性，坝基开挖顺序及施工方法、基础处理方法和处理时间，各主要工程所采用的施工技术与施工方法、技术供应情况及各部分施工的衔接，现场布置与劳动力、设备、材料的供应与使用等。只有把这些基本情况搞清楚，并理顺它们之间的关系，才可能作出既符合客观实际又满足主管部门要求的施工总进度安排。

（二）施工总进度计划的编制步骤

1. 划分并列出工程项目

总进度计划的项目划分不宜过细。列项时，应根据施工部署中分期、分批开工的顺序和相互关联的密切程度依次进行，防止漏项，突出每一个系统的主要工程项目，分别列入工程名称栏内。对于一些次要的零星项目，则可合并到其他项目中去。例如河床中的水利水电工程，若按扩大单项工程列项，可以有准备工作、导流工程、拦河坝工程、溢洪道工程、引水工程、电站厂房、升压变电站、水库清理工程、结束工作等。

2. 计算工程量

工程量的计算一般应根据设计图纸、工程量计算规则及有关定额手册或资料进行。其数值的准确性直接关系到项目持续时间的误差，进而影响进度计划的准确性。当然，设计深度不同，工程量的计算（估算）精度也不一样。在有设计图的情况下，还要考虑工程性质、工程分期、施工顺序等因素，分别按土方、石方、混凝土、水上、水下、开挖、回填等不同情况，分别计算工程量。有时，为了分期、分层或分段组织施工的需要，应分别计算不同高程（如对大坝）、不同桩号（如对渠道）的工程量，作出累计曲线，以便分期、分段组织施工。计算工程量常采用列表的方式进行。工程量的计量单位要与使用的定额单位相吻合。

3. 计算各项目的施工持续时间

确定进度计划中各项工作的作业时间是计算项目计划工期的基础。在工作项目的实物工程量一定的情况下，工作持续时间与安排在工程上的设备水平、人员技术水平、人员与设备数量、效率等有关。

4. 分析确定项目之间的逻辑关系

项目之间的逻辑关系取决于工程项目的性质和轻重缓急、施工组织、施工技术等许多因素，概括说来分为两大类。

工艺关系，即由施工工艺决定的施工顺序关系。在作业内容、施工技术方案确定的情况下，这种工作逻辑关系是确定的，不得随意更改。如一般土建工程项目，应按照先地下后地上、先基础后结构、先土建后安装再调试、先主体后围护（或装饰）的原则安排施工顺序。

组织关系，即由施工组织安排决定的施工顺序关系。如工艺上没有明确规定先后顺序关系的工作，由于考虑到其他因素（如工期、质量、安全、资源限制、场地限制等）的影响而人为安排的施工顺序关系，均属此类。例如，由导流方案所形成的导流程序，决定了各控制环节所控制的工程项目，从而也就决定了这些项目的衔接顺序。

再如，采用全段围堰隧洞导流的导流方案时，通常要求在截流以前完成隧洞施工、围堰进占、库区清理、截流备料等工作，由此形成了相应的衔接关系。又如，由于劳动力的调配、施工机械的转移、建筑材料的供应和分配、机电设备进场等原因，安排一些项目在先，另一些项目滞后，均属组织关系所决定的顺序关系。由组织关系所决定的衔接顺序，一般是可以改变的。只要改变相应的组织安排，有关项目的衔接顺序就会发生相应的变化。

项目之间的逻辑关系，是科学地安排施工进度的基础，应逐项研究，仔细确定。

5. 初拟施工总进度计划

通过对项目之间进行逻辑关系分析，掌握工程进度的特点，理清工程进度的脉络之后，就可以初步拟订出一个施工进度方案。在初拟进度时，一定要抓住关键，分清主次，理清关系，互相配合，合理安排。要特别注意把与洪水有关、受季节性限制较严、施工技术比较复杂的控制性工程的施工进度安排好。

对于堤坝式水利水电枢纽工程，其关键项目一般位于河床，故施工总进度的安排应以导流程序为主要线索。先将施工导流、围堰截流、基坑排水、坝基开挖、基础处理、施工度汛、坝体拦洪、下闸蓄水、机组安装和引水发电等关键性控制进度安排好，其中应包括相应的准备、结束工作和配套辅助工程的进度。这样，构成的总的轮廓进度即进度计划的骨架。然后，再配合安排不受水文条件控制的其他工程项目，形成整个枢纽工程的施工总进度计划草案。

需要注意的是，在初拟控制性进度计划时，对于围堰截流、拦洪度汛、蓄水发电等这样一些关键项目，一定要进行充分论证，并落实相关措施。否则，如果延误了截流时机，影响了发电计划，对工期的影响和造成国民经济的损失往往是非常巨大的。

对于引水式水利水电工程，有时引水建筑物的施工期限成为控制总进度的关键，此时总进度计划应以引水建筑物为主来进行安排，其他项目的施工进度要与之相适应。

6. 调整和优化

初拟进度计划形成以后，要配合施工组织设计其他部分的分析，对一些控制环节、关键项目的施工强度、资源需用量、投资过程等重大问题进行分析计算。若发现主要工程的施工强度过大或施工强度很不均衡（此时也必然引起资源使用的不均衡）时，就应进行调整和优化，使新的计划更加完善，更加切实可行。

必须强调的是，施工进度的调整和优化往往要反复进行，工作量大而枯燥。现阶段已普遍采用优化程序进行电算。

7. 编制正式施工总进度计划

经过调整优化后的施工进度计划，可以作为设计成果整理以后提交审核。施工进度计划的成果可以用横道进度表（又称横道图或甘特图）的形式表示，也可以用网络图（包括时标网络图）的形式表示。此外，还应提交有关主要工种工程施工强度、主要资源需用强度和投资费用动态过程等方面的成果。

三、落实、平衡、调整、修正计划

在完成草拟工程进度后，要对各项进度安排逐项落实。根据工程的施工条件、施工方法、机具设备、劳动力和材料供应以及技术质量要求等有关因素，分析论证所拟进度是否切合实际，各项进度相互之间是否协调。研究主体工程的工程量是否大体均衡，进行综合平衡工作。对原拟进度草案进行调整、修正。

以上简要地介绍了施工总进度计划的编制步骤。在实际工作中不能机械地划分这些步骤，而应该把它们相互联系起来，经过几次反复，大体上依照上述程序来编制施工总进度计划。当初步设计阶段的施工总进度计划批准后，在技术设计阶段还要结合单项工程进度计划的编制，来修正总进度计划。在工程施工中，再根据施工条件的演变情况予以调整，用来指导工程施工，控制工程工期。

第三节　网络进度计划

一、双代号网络图

用一条箭线表示一项工作（或工序），在箭线首尾用节点编号表示该工作的开始和结束。其中，箭尾节点表示该工作开始，箭头节点表示该工作结束。根据施工顺序和相互关系，将一项计划的所有工作用上述符号从左至右绘制而成的网状图形，称为双代号网络图。用这种网络图表示的计划叫作双代号网络计划，

双代号网络图是由箭线、节点和线路三个要素所组成的，现将其含义和特性分述如下：

①箭线

在双代号网络图中，一条箭线表示一项工作。需要注意的是，根据计划编制的粗细不同，工作所代表的内容、范围是不一样的，但任何工作（虚工作除外）都需要占用一定的时间，并消耗一定的资源（如劳动力、材料、机械设备等）。因此，凡是占用一定时间的施工活动，例如基础开挖、混凝土浇筑、混凝土养护等，都可以看成一项工作。

②节点

网络图中表示工作开始、结束或连接关系的圆圈称为节点。节点仅为前后诸工作的交接之点，只是一个“瞬间”，它既不消耗时间，也不消耗资源。

网络图的第一个节点称为起点节点，它表示一项计划（或工程）的开始；最后一个节点称为终点节点，它表示一项计划（或工程）的结束；其他节点称为中间节点。任何一个中间节点既是其前面各项工作的结束节点，又是其后面各项工作的开始节点。因此，中间节点可反映施工的形象进度。

节点编号的顺序是：从起点节点开始，依次向终点节点进行。编号的原则是：每

一条箭线的箭头节点编号必须大于箭尾节点编号，并且所有节点的编号不能重复出现。

③线路

在网络图中，顺箭线方向从起点节点到终点节点所经过的一系列箭线和节点组成的可通路径称为线路。一个网络图可能只有一条线路，也可能有多条线路，各条线路上所有工作持续时间的总和称为该条线路的计算工期。其中，工期最长的线路称为关键线路（即主要矛盾线），其余线路称为非关键线路。位于关键线路上的工作称为关键工作，位于非关键线路上的工作称为非关键工作。关键工作完成的快慢直接影响整个计划的总工期。关键工作在网络图上通常用粗箭线、双箭线或红色箭线表示。当然，在一个网络图上，有可能出现多条关键线路，它们的计算工期是相等的。

在网络图中，关键工作的比重不宜过大，这样才有助于工地指挥者集中力量抓好主要矛盾。

关键线路与非关键线路、关键工作与非关键工作，在一定条件下是可以相互转化的。例如，当采取了一定的技术组织措施，缩短了关键线路上有关工作的作业时间，或使其他非关键线路上有关工作的作业时间延长，就可能出现这种情况。

（一）绘制双代号网络图的基本规则

第一，网络图必须正确地反映各工序的逻辑关系。绘制网络图之前，要正确确定施工顺序，明确各工作之间的衔接关系，根据施工的先后次序逐步把代表各工作的箭线连接起来，绘制成网络图。

第二，一个网络图只允许有一个起点节点和一个终点节点，即除网络的起点和终点外，不得再出现没有外向箭线的节点，也不得再出现没有内向箭线的节点。

第三，网络图中不允许出现循环线路。在网络图中从某一节点出发，沿某条线路前进，最后又回到此节点，出现循环现象，就是循环线路。

第四，网络图中不允许出现代号相同的箭线。网络图中每一条箭线都各有一个开始节点和结束节点的代号，号码不能完全重复。一项工作只能有唯一的代号。

第五，网络图中严禁出现没有箭尾节点的箭线和没有箭头节点的箭线。

第六，网络图中严禁出现双向箭头或无箭头的线段。因为网络图是一种单向图，施工活动是沿着箭头指引的方向去逐项完成的。

第七，绘制网络图时，宜避免箭线交叉。当交叉不可避免时，可采用过桥法或断线法表示。

第八，如果要表明某工作完成一定程度后，后道工序要插入，可采用分段画法，不得从箭线中引出另一条箭线。

（二）双代号网络图时间参数计算

网络图时间参数计算的目的是确定各节点的最早可能开始时间和最迟必须开始时间，各工作的最早可能开始时间和最早可能完成时间、最迟必须开始时间和最迟必须完成时间，以及各工作的总时差和自由时差，以便确定整个计划的完成日期、关键工作和关键线路，从而为网络计划的执行、调整和优化提供科学的数据。时间参数的计算可采用不同方法，如图上作业法、表上作业法和电算法等。这里主要介绍图上作业法和表上作业法。

二、单代号网络图

（一）单代号网络图的表示方法

单代号网络图也是由许多节点和箭线组成的，但是节点和箭线的意义与双代号有所不同。单代号网络图的一个节点代表一项工作，而箭线仅表示各项工作之间的逻辑关系。因此，箭线既不占用时间，也不消耗资源。用这种表示方法，把一项计划的所有施工过程按其先后顺序和逻辑关系从左至右绘制成的网状图形，叫作单代号网络图。用这种网络图表示的计划叫单代号网络计划。

单代号网络图与双代号网络图相比，具有如下优点：工作之间的逻辑关系更为明确，容易表达，且没有虚工作；网络图绘制简单，便于检查、修改。因此，国内单代号网络图正得到越来越广泛的应用，而国外单代号网络图早已取代双代号网络图。

（二）单代号网络图的绘制规则

同双代号网络图一样，绘制单代号网络图也必须遵循一定的规则，这些基本规则主要有：

1. 网络图必须按照已定的逻辑关系绘制

2. 不允许出现循环线路

3. 工作代号不允许重复，一个代号只能代表唯一的工作

4. 当有多项开始工作或多项结束工作时，应在网络图两端分别增加一虚拟的起点节点和终点节点

5. 严禁出现双向箭头或无箭头的线段

6. 严禁出现没有箭尾节点或箭头节点的箭线

第十章 水利工程项目成本管理与控制

第一节 工程项目成本管理的任务与措施

一、工程项目成本管理的任务

（一）成本预测

成本预测是依据成本信息和工程项目的具体情况，运用一定的专门方法，对未来的成本水平及其发展趋势作出科学的估计，就是在工程施工前进行成本估算。通过成本预测，可以在满足项目业主和本企业要求的前提下，选择成本低、效益好的最佳成本方案，并能够在施工项目成本形成过程中，针对薄弱环节，加强成本控制，克服盲目性，提高预见性。因此，施工成本预测是施工项目成本决策与计划的依据。施工成本预测，通常是对施工项目计划工期内影响其成本变化的各个因素进行分析，比照近期已完工施工项目或将完工施工项目的成本（单位成本），预测这些因素对工程成本中有关项目（成本项目）所产生的影响程度，预测出工程的单位成本或总成本。

（二）成本计划

成本计划是以货币形式编制施工项目在计划期内的生产费用、成本水平、成本降低率以及为降低成本所采取的主要措施和规划的书面方案。它是建立施工项目成本管理责任制、开展成本控制和核算的基础。此外，它还是项目降低成本的指导文件，是设立目标成本的依据，即成本计划是目标成本的一种形式。

（三）成本控制

成本控制是在施工过程中，对影响施工成本的各种因素加强管理，并采取各种有效措施，将施工中实际发生的各种消耗和支出严格控制在成本计划范围内；通过动态监控并及时反馈，严格审查各项费用是否符合标准，计算实际成本和计划成本之间的差异并进行分析，进而采取多种措施，减少或消除施工中的损失浪费。

合同文件和成本计划规定了成本控制的目标，进度报告、工程变更与索赔资料是成本控制过程中的动态资料。

成本控制的程序体现了动态跟踪控制的原理。成本控制报告可单独编制，也可以根据需要与进度、质量、安全等其他进展报告，提出综合进展报告。

建设工程项目施工成本控制应贯穿于项目从投标阶段开始直至保证金返还的全过程，它是企业全面成本管理的重要环节。施工成本控制可分为事先控制、事中控制（过程控制）和事后控制。在项目的施工过程中，需按动态控制原理对实际施工成本进行有效控制。

（四）成本核算

成本核算是指工程项目在实施过程中所发生的各种费用和形成工程项目成本与计划目标成本，在保持统计口径的前提下进行对比，找出差异。施工项目成本核算所提供的各种成本信息是成本预测、成本计划、成本控制、成本分析和成本考核等各个环节的依据。

（五）成本分析

成本分析是在工程成本跟踪核算的基础上，动态分析各种成本项目的节超原因。它贯穿于工程项目成本管理的全过程，也就是说，工程项目成本分析主要是利用项目的成本核算资料（成本信息），与目标成本、承包成本以及类似的工程项目的实际成本等进行比较，了解成本的变动情况，同时也要分析主要经济指标成本的影响，系统地研究成本变动的因素，检查成本计划的合理性，通过成本分析，揭示成本变动的规律，寻找降低施工项目成本的途径。

（六）成本考核

成本考核就是工程项目完成后，对工程项目成本形成中的各责任者，按工程项目成本目标责任制的有关规定，将成本的实际指标与计划、定额、预算进行对比考核，评定施工成本计划的完成情况和各责任者的业绩，并据此给予奖励和处罚。

二、工程项目成本管理的措施

（一）工程项目成本管理的基础工作

成本管理的基础工作是多方面的，成本管理责任体系的建立是其中最根本、最重要的基础工作，涉及成本管理的一系列组织制度、工作程序、业务标准和责任制度的建立。此外，应从以下各方面为施工成本管理创造良好的基础条件。

第一，统一组织内部工程项目成本计划的内容和格式。其内容应能反映项目成本的划分、各成本项目的编码及名称、计量单位、单位工程量计划成本及合计金额等。这些成本计划的内容和格式应由各个企业按照自己的管理习惯和需要进行设计。

第二，建立企业内部施工定额并保持其适应性、有效性和相对的先进性，为施工成本计划的编制提供支持。

第三，建立生产资料市场价格信息收集网络和必要的询价网点，做好市场行情预测，保证采购价格信息的及时性和准确性。同时，建立企业的分包商、供应商评审注册名录，发展稳定、良好的供方关系，为编制施工成本计划与采购工作提供支持。

第四，建立已完项目的成本资料、报告报表等的归集、整理、保管和使用管理制度。

第五，科学设计成本核算账册体系、业务台账、成本报告报表，为施工成本管理的业务操作提供统一的范式。

第六，建立项目成本管理原则，包括有全生命周期成本最低原则、全面成本管理原则、成本责任制原则、成本管理有效化原则和成本管理科学化原则。

（二）工程项目成本管理的措施

为了取得施工成本管理的理想成效，应当从多方面采取措施实施管理，通常可以将这些措施归纳为组织措施、技术措施、经济措施和合同措施。

1. 组织措施

组织措施是从施工成本管理的组织方面采取的措施。施工成本控制是全员的活动，如实行项目经理责任制，落实施工成本管理的组织机构和人员，明确各级施工成本管理人员的任务和职能分工、权力和责任。施工成本管理不仅是专业成本管理人员的工作，各级项目管理人员都负有成本控制责任。

组织措施的另一方面是编制施工成本控制工作计划、确定合理详细的工作流程。要做好施工采购计划，通过生产要素的优化配置、合理使用、动态管理，有效控制实际成本；加强施工定额管理和施工任务单管理，控制活劳动和物化劳动的消耗；加强施工调度，避免因施工计划不周和盲目调度造成窝工损失、机械利用率降低、物料积压等问题。成本控制工作只有建立在科学管理的基础之上，具备合理的管理体制、完善的规章制度、稳定的作业秩序、完整准确的信息传递，才能取得成效。组织措施是其他各种措施的前提和保障，而且一般不需要增加额外的费用，运用得当可以获得良好的效果。

2. 技术措施

施工过程中降低成本的技术措施包括：进行技术经济分析，确定最佳的施工方案；结合施工方法，进行材料使用的比选，在满足功能要求的前提下，通过代用、改变配合比、使用外加剂等方法降低材料消耗的费用；确定最合适的施工机械、设备使用方案；结合项目的施工组织设计及自然地理条件，降低材料的库存成本和运输成本；应用先进的施工技术，运用新材料，使用先进的机械设备等。在实践中，也要避免仅从技术角度选定方案而忽视对其经济效果的分析论证。

技术措施不仅对解决施工成本管理过程中的技术问题是不可缺少的，而且对纠正施工成本管理目标偏差也有相当重要的作用。因此，运用技术纠偏措施的关键，一是要能提出多个不同的技术方案；二是要对不同的技术方案进行技术经济分析比较，选择最佳方案。

3. 经济措施

经济措施是最易为人们所接受和采用的措施。管理人员应编制资金使用计划，确定、分解施工成本管理目标。对施工成本管理目标进行风险分析，并制定防范性对策。对各种支出，应认真做好资金的使用计划，并在施工中严格控制各项开支。及时、准确地记录、收集、整理、核算实际支出的费用。对各种变更，应及时做好增减账、落实业主签证并结算工程款。通过偏差分析和未完工工程施工成本预测，可发现一些潜在的可能引起未完工程施工成本增加的问题，对这些问题应以主动控制为出发点，及时采取预防措施。由此可见，经济措施的运用绝不仅仅是财务人员的事情。

4. 合同措施

采用合同措施控制施工成本，应贯穿整个合同周期，包括从合同谈判开始到合同终结的全过程。对于分包项目，首先是选用合适的合同结构，对各种合同结构模式进行分析、比较，在合同谈判时，要争取选用适合于工程规模、性质和特点的合同结构模式。其次，在合同的条款中应仔细考虑一切影响成本和效益的因素，特别是潜在的风险因素。通过对引起成本变动的风险因素的识别和分析，采取必要的风险对策，如通过合理的方式增加承担风险的个体数量以降低损失发生的比例，并最终将这些策略体现在合同的具体条款中。还应分析不同合同之间的相互联系和影响，对每一个合同作总体和具体的分析。在合同执行期间，合同管理的措施既要密切注视对方合同执行的情况，以寻求合同索赔的机会；同时也要密切关注自己履行合同的情况，以防被对方索赔。

第二节 工程项目成本计划

一、工程项目成本计划编制的原则

（一）立足实际

编制成本计划要严格遵守国家的财经政策，严格遵守成本开支范围，严格遵守成本计算规定。要结合工程特点，确定合理的施工程序与进度，科学地选择施工机械，优化人力资源管理，采用合理的方法和程序核算各项成本费用。要从企业的实际情况出发，充分挖掘企业潜力，使降低成本指标既积极可靠又切实可行。

（二）考虑其他相关资料

编制成本计划，必须与施工项目的其他各项计划如施工组织设计、工程质量、资源配置计划等匹配，保持平衡。施工组织设计能够协调施工单位之间、单项工程之间、资源使用时间和资金投入时间的关系，有利于实现保证工期、保障质量、优化投资的整体目标的实现。施工项目管理部门要注意优化施工方案，合理组织施工；优化资源配置；提高项目管理班子素质，节约施工管理费用等。同时要避免为降低成本而偷工减料，忽视质量，片面增加劳动强度，忽视安全生产，忽视文明施工等。另外，上述各项计划的确定，又影响着成本计划，都应考虑适应降低成本的要求，而不能单纯考虑每一种计划本身的需要。

（三）考虑多种风险因素

编制成本计划，应考虑项目实施过程中出现的各种风险因素对于资金使用计划的影响。如设计变更与工程量的调整、施工条件变化、有关施工政策规定的变化、建筑材料价格变化、不可抗力自然灾害以及多方面因素造成实际工期变化等。因此，编制项目成本计划必须以各种先进的技术经济定额为依据，并针对工程的具体特点，以切实可行的技术组织措施作保证。同时，考虑计划工期与实际工期、计划投资与实际投资、资金供给与资金调度等多方面的关系。只有这样，才能使编制成本计划科学、合理。

（四）统一领导、分级管理原则

编制成本计划，应实行统一领导、分级管理的原则，以财务和计划部门为中心，发动全体职工共同总结降低成本的经验，找出降低成本的正确途径，使目标成本的制定和执行具有广泛的群众基础。

（五）弹性原则

应留有充分余地，保持目标成本的一定弹性。在制定期内，项目经理部的内部或外部的技术的经济状况和供产销条件，很可能发生一些在编制计划时所未预料的变化，尤其是材料的市场价格千变万化，给计划拟定带来很大困难，因而在编制计划时应充分考虑到这些情况，使计划保持一定的应变适应能力。

此外，工程项目成本计划在工程项目实施方案确定和不断优化的前提下进行编制，因为不同实施方案将导致直接工程费、措施费和企业管理费的差异。

二、成本计划编制的依据

第一，投标报价文件。投标报价文件是指承包商采取投标方式承揽工程项目时，计算和确定承包该工程的投标总价格。

第二，施工组织设计或施工方案。施工组织设计是用来指导施工项目全过程各项活动的技术、经济和组织的综合性文件，是施工技术与施工项目管理有机结合的产物，它能保证工程开工后施工活动有序、高效、科学合理地进行，并安全施工。

第三，人工、机械使用费、材料市场价格，公司颁布的材料指导价格，公司内部的机械台班价格。

第四，已签订的承包合同及有关资料，包括公司下达给项目的降低成本的计划和要求。

第五，项目生产要素的配置情况。生产要素优化配置，就是按照优化的原则，安排生产要素在时间和空间上的位置，使得人力、物力、财力等适应生产经营活动的需要，在数量、比例上合理，从而在一定的资源条件下实现最佳的经济效益。项目是企业效益的源头，是企业各种生产要素的集结地，项目生产要素的优化配置是企业全部要素配置所要解决的关键问题，是实现企业有限资源的动态优化配置，取得最佳优化组合效应，进而实现企业最佳经济效益。因此，生产要素优化配置的最终目的在于，最大限度地提高工程项目的综合经济效益，使之按时、优质、高效地完成任务。

第六，项目风险的影响。对工程项目中重大的不确定因素，通货膨胀、税率和兑换率变化、不利的地质条件等，应做出评价，应在计划成本中留出适当的余地，如风险准备金、合同中的暂定金额。

第七，以往同类项目成本计划的实际执行情况及有关技术经济指标完成情况的分析资料。技术经济指标是对生产经营活动进行计划、组织、管理、指导、控制、监督和检查的重要工具。利用技术经济指标可以查明挖掘生产潜力，增加生产，提高经济效益；可以考核生产技术活动的经济效果，以合理利用机械设备、改善产品质量；可以评价各种技术方案，为技术经济决策提供依据。

第八，其他相关资料。

三、成本计划的类型

（一）竞争性成本计划

竞争性成本计划是施工项目投标及签订合同阶段的估算成本计划。这类成本计划以招标文件中的合同条件、投标者须知、技术规范、设计图纸和工程量清单为依据，以有关价格条件说明为基础，结合调研、现场踏勘、答疑等情况，根据施工企业自身的工料消耗标准、水平、价格资料和费用指标等，对本企业完成投标工作所需要支出的全部费用进行估算。在投标报价过程中，虽也着重考虑降低成本的途径和措施，但总体上比较粗略。

（二）指导性成本计划

指导性成本计划是选派项目经理阶段的预算成本计划，是项目经理的责任成本目标。它是以合同价为依据，按照企业的预算定额标准制定的设计预算成本计划，且一般情况下确定责任总成本目标。

（三）实施性成本计划

实施性成本计划是项目施工准备阶段的施工预算成本计划，它是以项目实施方案为依据，以落实项目经理责任目标为出发点，采用企业的施工定额，通过施工预算的编制而形成的实施性成本计划。

编制实施性成本计划的主要依据是施工预算，而施工预算是施工单位为了加强企业内部的经济核算，在施工图预算的控制下，依据企业内部的施工定额，以建筑安装单位工程为对象，根据施工图纸、施工定额、施工及验收规范、标准图集、施工组织设计（或施工方案）编制的单位工程（或分部分项工程）施工所需的人工、材料和施工机械台班用量的技术经济文件。它是施工企业的内部文件，同时也是施工企业进行劳动调配、物资技术供应、控制成本开支、进行成本分析和班组经济核算的依据。施工预算不仅规定了单位工程（或分部分项工程）所需人工、材料和施工机械台班用量，还规定了工种的类型，工程材料的规格、品种，所需各种机械的规格，以便有计划、有步骤地合理组织施工，从而达到节约人力、物力和财力的目的。施工预算由编制说明和预算表格两部分组成，内容主要是以单位工程为对象，进行人工、材料、机械台班数量及其费用总和的计算。通过编制施工定额来确定施工成本计划。

以上 3 类成本计划相互衔接、不断深化，构成了整个工程项目施工成本的计划过程。其中，竞争性成本计划带有成本战略的性质，是施工项目投标阶段商务标书的基础，而有竞争力的商务标书又是以其先进合理的技术标书为支撑的。因此，它奠定了施工成本的基本框架和水平。指导性成本计划和实施性成本计划，都是战略性成本计划的进一步开展和深化，是对战略性成本计划的战术安排。

四、编制成本计划的程序及方法

（一）成本计划编制程序及计划内容

1. 搜集和整理资料

广泛搜集资料并进行归纳整理是编制成本计划的必要步骤。所需搜集的资料主要包括以下几类：

（1）国家和上级部门有关编制成本计划的规定

（2）项目经理部与企业签订的承包合同及企业下达的成本降低额、降低率和其他有关技术经济指标

（3）有关成本预测、决策的资料

（4）施工项目的施工图预算、施工预算

（5）施工组织设计

（6）施工项目使用的机械设备生产能力及其利用情况

（7）施工项目的材料消耗、物资供应、劳动工资及劳动效率等计划资料

（8）计划期内的物资消耗定额、劳动工时定额、费用定额等资料

（9）以往同类项目的成本计划的实际执行情况及有关技术经济指标完成情况的分析资料

（10）同行业同类项目的成本、定额、技术经济指标资料及增产节约的经验和有效措施

（11）本企业的历史先进水平和当时的先进经验及采取的措施

（12）国外同类项目的先进成本水平情况等资料

此外，还应深入分析当前情况和未来的发展趋势，了解影响成本升降的各种有利和不利因素，研究如何克服不利因素和降低成本的具体措施，为编制过程成本计划提供丰富、具体、可靠的成本资料。

2. 确定工程项目目标成本

财务部门在掌握了丰富的资料，并加以整理分析，特别是在对前期成本计划完成情况进行分析的基础上，根据有关的设计、施工等计划，按照工程项目应投入的物资、材料、劳动力、机械、能源及各种设施等，结合计划期内各种因素的变化和准备采取的各种增产节约措施，进行反复测算、修订、平衡后，估算生产费用支出的总水平，进而提出全项目的成本计划控制指标，最终确定目标成本。

目标成本是项目经理部或企业对未来时期产品成本所规定的奋斗目标，它比已经达到的实际成本要低，但又是经过努力可以达到的成本目标。目标成本管理是现代化企业经营管理的重要组成部分，是市场竞争的需要，是企业挖掘内部潜力，不断降低产品成本，不断提高企业整体工作质量的需要，是衡量企业实际成本节约或超支，考核企业在一定时期内成本管理水平高低的依据。

工程目标成本有很多形式，可能以工程项目的计划成本、定额成本或标准成本作为目标成本，它随成本计划编制方法的不同而表现为不同的形式。

确定目标成本以及把总的目标分解落实到个相关部门、班组大多采用工作分解法。工作分解法又称工程分解结构，在国外被简称为WBS（Work Breakdown Structure），它的特点是以施工图设计为基础，以本企业做出的项目施工组织设计及技术方案为依据，以实际价格和计划的物资、材料、人工、机械等消耗量为基准，估算工程项目的实际成本费用，据以确定成本目标。其具体步骤是首先把整个工程项目逐级分解为内容单一、便于进行单位工料成本估算的小项或工序，然后按小项自下而上估算、汇总，从而得到整个工程项目的估算。估算汇总后还要考虑风险系数与物价指数，对估算结果加以修正。

利用上述WBS系统在进行成本估算时，工作划分得越细、越具体，价格的确定和工程量估计越容易，工作分解自上而下逐级展开，成本估算自下而上，将各级成本估算逐级累加，便得到整个工程项目的成本估算。在此基础上分级分类计算的工程成本，既是投标报价的基础，又是成本控制的依据，也是和建设单位工程项目预算作比较和进行盈利水平估计的基础。。

3. 编制过程成本计划草案

对大、中型项目，经项目经理部批准下达成本计划指标后，各职能部门应充分发动员工进行认真的讨论，在总结上期成本计划完成情况的基础上，结合本期计划指标，找出完成本期成本计划的有利和不利因素，提出挖掘潜力、克服不利因素的具体措施，以保证成

本计划任务的完成。为了使指标真正落实，各部门应尽可能将指标分解落实下达到各班组及个人，使得目标成本的降低额和降低率得到充分讨论、反馈再修订，使成本计划既切合实际，又成为员工共同奋斗的目标。各职能部门也应认真讨论项目经理部下达的费用控制指标，拟定具体实施的技术经济措施方案，编制各部门的费用预算。

4. 综合平衡，编制工程项目成本计划

在各职能部门上报了部门成本计划和费用预算后，项目经理部首先应结合各项技术经济措施，检查各计划和费用预算是否合理可行，并进行综合平衡，使各部门计划和费用预算之间相互协调、衔接；其次，要从全局出发，在保证企业下达的成本降低任务或本项目标成本实现的情况下，以生产计划为中心，分析研究工程成本计划与生产计划、劳动工时计划、材料成本与物资供应计划、工资成本与工资基金计划、资金计划等的相互协调平衡。经反复讨论、多次综合平衡，最后确定的工程成本计划指标，即可作为编制工程成本计划的依据，项目经理部正式编制完成的工程成本计划，上报企业有关部门后即可正式下达至各职能部门执行。

（二）工程项目成本计划的编制方法

1. 按成本构成分解

（1）单价法

单价法是由统一的定额和费率计算出工程单价，然后按工程量计算出总价的方法。单价法的基本原理是：价 × 量 = 费。该方法计算建设工程的造价一般以单位工

程为核算对象，由单位工程的成本逐步汇总成单项工程的成本，进而计算建设项目的总成本。

具体操作时，将各个单项工程按工程性质、部位划分为若干个单位工程，各单位工程成本由各分部分项工程单价乘以相应的工程量求得。相应的施工成本由所需的人工、材料、机械台时的数量乘以相应的人工、材料、机械台时价格求得。所需的人、材、机数量，按工程的性质、部位和施工方法由有关定额确定。

（2）实物法

实物法编制建设工程的预测造价（概算或预算），是根据确定的工程项目、施工方案及劳动组合等计算各种资源（人、材、机）的消耗量，用当地各资源的预算价格乘以相应资源的数量，求得完成指定项目的基本直接费，即用实物工程量乘以各种资源预算价格求费用的过程。求其他费用的过程与单价法类似。

采用实物法编制工程造价，由于所用的人工、材料和机械台时的单价都是当时当地的实际价格，所以编制出的价格能比较准确地反映实际水平，误差较小。这种方法适合于市场经济条件下，价格波动较大的情况。但是，由于采用这种方法需要统计人工、材料、机械台时的消耗量，还需要搜集相应的实际价格，因而工作量较大，计算过程繁琐。

由于建筑工程和安装工程在性质上存在较大差异，费用的计算方法和标准也不尽相同，所以，在实际操作中往往将建筑工程费用和安装工程费用分解开。在按成本构成分解时可以根据以往的经验和建立的数据库来确定适当的比例。必要时也可以作一些适当的调整。按成本的构成来分解的方法比较适合于有大量经验数据的工程项目。

2. 按项目组成分解

大、中型工程项目通常是由若干单项工程构成的每个单位工程，又是由若干个分部分项工程所构成，而每个单项工程包括了多个单位工程，因此，首先要把项目总施工成本分解到单项工程和单位工程中，再进一步分解到分部工程和分项工程中。

在完成项目成本目标分解之后，接下来就要具体地分配成本，编制分项工程的成本支出计划，从而形成详细的成本计划表。

在编制成本支出计划时，要在项目总体层面上考虑总的预备费，也要在主要的分项工程中安排适当的不可预见费，避免在具体编制成本计划时，可能发现个别单位工程或工程量表中某项内容的工程量计算有较大出入，偏离原来的成本预算。因此，应在项目实施过程中对其尽可能地采取一些措施。

3. 按工程进度分解

按工程进度编制成本计划，通常可在控制项目进度的网络图的基础上进一步扩充得到。即在建立网络图时，一方面确定完成各项工作所需花费的时间，另一方面确定完成这一工作合适的施工成本支出计划。在实践中，将工程项目分解为既能方便地表示时间，又能方便地表示施工成本支出计划的工作是不容易的，通常如果项目分解程度对时间控制合适，则对施工成本支出计划可能分解过细，以至于不能确定每项工作的施工成本支出计划；反之亦然。因此在编制网络计划时，应在充分考虑进度控制对项目划分要求的同时，还要考虑确定施工成本支出计划对项目划分的要求，做到二者兼顾。通过对施工成本目标按时间进行分解，在网络计划基础上，可获得项目进度计划的横道图，并在此基础上编制成本计划。

第三节 工程变更价款的确定

一、工程变更的计价依据

（一）工程承包合同

工程承包合同是变更的最重要依据，合同一般约定了工程变更的处理方式、工程变更价款的确定方式和变更确定的时限等。当然，工程承包合同有的还约定了是否允许计算变更价款等，所以，承包合同是计算变更价款的最重要依据。特别是 2013 版的建设工程施工合同示范文本，对工程变更的约定更加细致，对于变更范围、权限、估价原则等，都做了非常明确的规定。

（二）《工程量清单计价规范》（GB 50500—2013）

2012 年，住建部颁布了《工程量清单计价规范》（GB 50500—2013），该规范从 2013 年 7 月 1 日起开始实施，该规范适用范围为：适用于建设工程施工发承包计价活动。换句话说，只要是建设工程的计价活动，都要受该规范的约束，也就是说，不管采用何种计价模式，如清单计价、定额计价、综合单价、固定单价等，都可以适用该规范。

（三）变更图纸

除以上变更计价的依据外，工程变更计量最重要的依据就是变更图纸，有了变更图纸，再与原施工图纸比较，以计算出变更部分的工程量，计算出了变更部分的工程量，结合前述的计价，就可以计算变更的价款。

（四）工程变更函件

有些变更是没有变更图纸的，于是发包人就用变更函件中的文字描述变更内容，这也是计算变更价款的依据。根据函件内容，有的能计算出变更的实体工程量，有的能计算出变更的其他参数，有的甚至可以直接计算出变更的工日数量或者变更价款。所以，变更函件也是确定变更价款的依据。

（五）工程投标预算书

工程投标预算书在示范文本中定义为合同附件，是合同的组成部分。实行工程量清单计价的，叫作已标价工程量清单，这是变更价款计价的重要依据。一般情况下，合同都会约定，变更部分的价款确定，需要参照套用工程投标预算书，或者参照执行。

（六）当地政府部门颁发的定额、计价文件、配套文件

对于有些按定额计价的项目，合同可能会约定变更的价款按当地的定额及相关配套文件计算，还应根据合同的要求，搜集相关的文件，做到合理地确定变更价款。

（七）工程变更价款确定的其他依据

除前述的依据外，变更价款的确定还可以依据当地政府部门的文件，以及施工现场发生变更部位的前后比较的照片、各种声像资料、影像资料、会议纪要、施工日志、施工记录、监理日志等，这些都可以成为确定变更价款的计价依据。

二、工程变更价款的确定程序

（一）《建设工程施工合同（示范文本）》（GF-2013-0201）条件下的工程变更

1. 发包人对原设计进行变更

施工中发包人如果需要对原工程设计进行变更，应提前 14d 以书面形式向承包人发出变更通知。承包人对于发包人的变更通知没有拒绝的权利，这是合同赋予发包人的一项权利。因为发包人是工程的出资人、所有人和管理者，对将来工程的运行承担主要的责任，只有赋予发包人这样的权利才能减少更大的损失。但是，变更超过原设计标准或批准的建设规模时，发包人应报规划管理部门和其他有关部门重新审查批准，并由原设计单位提供变更的相应图纸和说明。承包人按照监理工程师发出的变更通知及有关要求变更。

2. 承包人对原设计进行变更

施工中承包人不得为了施工方便而要求对原工程设计进行变更，承包人应当严格按照图纸施工，不得随意变更设计。施工中承包人提出的合理化建议涉及对设计图纸或者施工组织设计的更改及对原材料、设备的更换，须经监理工程师同意。监理工程师同意变更后，也须经原规划管理部门和其他有关部门审查批准，并由原设计单位提供变更的相应图纸和说明。未经监理工程师同意承包人擅自更改或换用，承包人应承担由此发生的费用，并赔偿发包人的有关损失，延误的工期不予顺延。监理工程师同意采用承包人的合理化建议，所发生费用和获得收益的分担或分享，由发包人和承包人另行约定。

3. 其他变更

从合同角度看，除设计变更外，其他能够导致合同内容变更的都属于其他变更。如双方对工程质量要求的变化（如涉及强制性标准的变化）、双方对工期要求的变化、施工条件和环境的变化导致施工机械和材料的变化等。这些变更的程序，首先应当由一方提出，与对方协商一致后，方可进行变更。

（二）FIDIC合同文本条件下的工程变更

1. 工程变更权

根据FIDIC施工合同条件（1999年版）的约定，在颁发工程接收证书前的任何时间，工程师可通过发布指示或以要求承包商递交建议书的方式，提出变更。承包商应执行每项变更并受每项变更的约束，除非承包商马上通知工程师（并附具体的证明资料）并说明承包商无法得到变更所需的货物。在接到此通知后，工程师应取消、确认或修改指示。每项变更可包括以下内容。

（1）对合同中任何工作的工程量的改变（此类改变并不一定必然构成变更）

（2）任何工作质量或其他特性上的变更

（3）工程任何部分标高、位置和（或）尺寸上的改变

（4）省略任何工作，除非它已被他人完成

（5）永久工程所必需的任何附加工作、永久设备、材料或服务，包括任何联合竣工检验、钻孔和其他检验以及勘察工作

（6）工程的实施顺序或时间安排的改变

承包商不应对永久工程作任何更改或修改，除非接到工程师发出指示或同意变更

2. 工程变更程序

如果工程师在发布任何变更指示之前要求承包商提交一份建议书，则承包商应尽快作出书面反应，要么说明理由为何不能遵守指示（如果未遵守时），要么提交建议书内容如下。

（1）将要完成的工作说明，以及该工作实施的进度计划

（2）承包商依据进度计划和竣工时间作出必要修改的建议书

（3）承包商对变更估价的建议书

工程师在接到上述建议后，应尽快予以答复，说明批准与否或提出意见。在等待答复期间，承包商不应延误任何工作。工程师应向承包商发出每一项实施变更的指示，并要求其记录费用，承包商应确认收到该指示。每一项变更应依据测量与估价规定进行估价，除非工程师依据本款另外作出指示或批准。

三、工程变更价款的确定方法

1.《建设工程施工合同（示范文本）》（GF 2013—0201）条件下工程变更价款的确定方法

工程变更价款的确定如下：

（1）合同中已有适用于变更工程的价格，按照合同已有价格变更合同价款

（2）合同中只有类似于变更工程的价格，可以参照类似价格变更合同价款

（3）合同中没有适用或类似于变更工程的价格，由承包人或发包人提出适当的变更价格，经对方确认后执行

如果双方不能达成一致意见，双方可提请工程所在地工程造价管理机构进行咨询

或按合同约定的争议或纠纷解决程序办理。因此，在变更后合同价款的确定上，首先应当考虑适应合同中已有的、能够适用或者能够参照适用的，其原因在于合同中已经订立的价格（一般通过招投标）是较为公平合理，因此应当尽量采用。

采用合同中工程量清单的单价或价格有几种情况：一是直接套用，即从工程量清单上直接拿来使用；二是间接套用，即依据工程量清单，通过换算后采用；三是部分套用，即依据工程量清单，取价格中的某一部分使用。

2. FIDIC合同文本条件下的工程变更价款的确定方法

（1）工程变更价款确定的一般原则。

承包人按照工程师的变更指令实施变更工作后，往往会涉及对变更工程价款的确定问题。变更工程的费率或价格，往往是双方协商时的焦点，计算变更工程应采用的费率或价格，可分为以下3种情况：

①变更工作在工程量表中有同种工作内容的单价，应以该费率计算变更工程费用。

②工程量表中虽然列有同类工作的单价或价格，但对具体变更工作而言已不适用，则应在原单价和价格的基础上制定合理的新单价或价格。

③变更工作的内容在工程量表中没有同类工作的费率和价格，应按照与合同单价水平相一致的原则，确定新的费率或价格。

（2）工程变更采用新费率或价格的情况。

第一，第一种情况：①如果此项工作实际测量的工程量比工程量表或其他报表中规定的工程量的变动大于10%；②因工程量的变化与该项工作规定的费率的乘积超过了中标的合同金额的0.01%，此工程量的变化直接造成该项工作单位成本的变动超过1%，但此项工作不是合同中规定的“固定费率项目”。在同时符合这4个条件的情况下宜对有关工作内容采用新的费率或价格。

第二，第二种情况：①此工作是根据变更与调整的指示进行的；②合同没有规定此项工作的费率或价格；③由于该项工作与合同中的任何工作没有类似的性质或不在类似的条件下进行，故没有一个规定的费率或价格适用。在同时符合这3个条件的情况下，宜对有关工作内容采用新的费率或价格。

每种新的费率或价格应考虑以上描述的有关事项对合同中相关费率或价格加以合理调整后得出。如果没有相关的费率或价格可供推算新的费率或价格．应根据实施该工作的合理成本和合理利润，并考虑其他相关事项后得出。

3.《建设工程工程量清单清单计价规范》（GB 50500—2013）规定的工程变更价款的确定方法

GB 50500-2013规定，因工程变更引起已标价工程量清单项目或其工程数量发生变化，应按照下列规定调整。

已标价工程量清单中有适用于变更工程项目的，应采用该项目的单价；但当工程变更导致该清单项目的工程数量发生变化，且工程量偏差超过15%，此时调整的原则为：当工程量增加15%以上时，其增加部分的工程量的综合单价应予以调低；当工程量减少15%以上时，减少后剩余部分的工程量的综合单价应予以调高。已标价工程量清单中没有适用也没有类似于变更工程项目的，应由承包人根据变更工程资料、计量规则和计价办法、工程造价管理机构发布的信息价格和承包人报价浮动率提出变更工程项目的单价，并应报发包人确认后调整。

第四节　工程项目费用结算

一、主要结算方式

（一）合同价款的约定

常见的合同价款预定方式有以下 3 种：

1. 单价合同

这是指承建双方在合同约定时，首先约定完成工程量清单工作内容的固定单价，或者在约定固定单价的基础上，又在专用条款中约定了可以调整部分工程量清单单价的相关条款，其次是双方暂定或核定工程量，然后核定出合同总价。工程项目竣工后根据实际工程量进行结算。固定单价不调整的合同称为固定单价合同，一般适用于图纸不完备但是采用标准设计的工程项目。固定单价可以调整的合同称为可调价合同，一般使用于工期长、施工图不完整、施工过程中可能发生各种不可预见因素较多的工程项目。

2. 总价合同

这是指承建双方在合同约定时，将工程项目的总造价进行约定的合同。总价合同又分为固定总价合同和可调总价合同；固定总价合同适用于规模小、技术难度小、工期短（一般在一年之内）的工程项目。可调价总价合同是指在固定总价合同的基础上，对在合同履行过程中因为法律、政策、市场因素影响，对合同价款进行调整的合同。适用于虽然工程规模小、技术难度小、图纸设计完整、设计变更少，但是工期一般在一年以上的工程项目。

3. 成本加酬金合同

合同价款包括成本和酬金两部分，双方在专用条款内约定成本构成和酬金的计算方法。适用于灾后重建、新型项目或对施工内容、经济指标不确定的工程项目。

（二）合同价款的结算

合同价款的结算指发包人在工程实施过程中，依据合同中的相关付款的规定和已完成的工程量，按照规定的程序向承包人支付合同价款的一项经济活动。合同价款的结算主要有以下几种方式：

1. 按月结算

即先预付部分工程款，在施工过程中按月结算工程进度款，竣工后进行竣工结算。单价合同常采用按月结算的方式。

2. 竣工后一次结算

建设项目或单项工程全部建筑安装工程建设期在12个月以内，或者工程承包合同价值在100万元以下的，可以实行工程价款每月月中预支，竣工后一次结算。

3. 分段结算

即当年开工，当年不能竣工的单项工程或单位工程按照工程形象进度，划分不同阶段进行结算。分段结算可以按月预支工程款。

4. 结算双方约定的其他结算方式

实行竣工后一次结算和分段结算的工程，当年结算的工程款应与分年度的工作量一致，年终不另清算。

二、工程预付款

（一）预付款的支付

1. 工程预付款额度

预付款额度确定的方法如下：

（1）百分比法

按年度工作量的一定比例确定预付备料款额度的一种方法，由各地区各部门根据各自的条件从实际出发分别制定比例。建筑工程一般不得超过当年建筑工程工作量的20%；安装工程一般不超过当年安装工作量的10%。

（2）数学计算法

根据主要材料占年度承包工程造价的比例、材料储备定额天数和年度施工天数等因素，通过数学公式计算预付备料额度的一种方法。

2. 工程预付款的支付条件

（1）发包人与承包人直接的协议书已签订并生效

（2）承包人根据合同条款，在收到中标通知书后28d内已向业主提供了履约担保

（3）承包人根据合同的格式与要求已提交了预付款保函（数额等同于工程预付款）

3. 工程预付款的支付时间

在具备施工条件的前提下，发包人应在双方签订合同后的一个月内预付工程款或不迟于约定的开工日期前7d预付工程款。发包人未按合同约定预付工程款，承包人应在预付时间到期后7d内向发包人发出要求预付的通知，若发包人收到通知后仍不按要求预付，承包人可在发出通知后7d停止施工，发包人应从约定应付之日起按同期银行贷款利率计算向承包人支付应付预付款的利息，并承担违约责任。

4. 工程预付款的支付

一般在满足以上条件后，承包人向监理人提出预付款申请，监理人按照合同规定进行审核。满足规定预付款条件的，监理人应向发包人发出工程预付款支付证书，而发包人应在收到工程预付款支付证书后向承包人支付工程预付款。凡是没有签订合同或不具备施工条件的工程，发包人不得预付工程款，不得以预付款为名转移资金。

水利部颁布的水利工程土建施工合同条件规定工程预付款分两次支付。第一次支付金额应不低于预付款总金额的40%，一般取50%，在承包人提交预付款保函后支付；第二次支付需待承包人主要设备进入工地后，其完成的工作和进场的设备估算价值已达到预付款金额时支付。

（二）预付款的扣回

发包人支付给承包人的工程预付款其性质是预支。随着工程进度的推进，拨付的工程进度款数额不断增加，工程所需主要材料、构件的用量逐渐减少，原已支付的预付款应以抵扣的方式予以陆续扣回。扣款的方法由发包人和承包人通过洽商用合同的形式予以确定，可采用等比率或等额扣款的方式。工程预付款额度，各地区、各部门的规定不完全相同，主要是保证施工所需材料和构件的正常储备。一般是根据施工工期、建安工作量、主要材料和构件费用占建安工作量的比例以及材料储备周期等因素经测算来确定。发包人根据工程的特点、工期长短、市场行情、供求规律等因素，招标时在合同条件中约定工程预付款的百分比。

三、工程进度款

（一）工程进度款的计算

工程进度款的计算主要涉及两个方面：①工程量的计量，参见《建设工程工程量清单计价规范》（GB 50500—2013）；②单价的计算方法。

工程价格的计价方法，可调工料单价法将人工、材料、机械台班预算价作为直接成本单价，其他直接成本、间接成本、利润、税金分别计算；因为价格是可调的，其人工、材料等费用在竣工结算时按工程造价管理机构公布的竣工调价系数或按主材计算差价或主材抽料法计算，次要材料按系数计算差价而进行调整；固定综合单价法是包含了风险费用在内的全费用单价，故不受时间价值的影响。由于两种计价方法不同，因此工程进度款的计算方法也不同。

单价的计算方法，主要根据由发包人和承包人事先约定的工程价格的计价方法决定。一般来讲，工程价格的计价方法可以分为工料单价和综合单价两种。二者在选择时，既可采取可调价格的方式，即工程价格在实施期间可随价格变化而调整，也可采取固定价格的方式，即工程价格在实施期间不因价格变化而调整，在工程价格中已考虑价格风险因素，并在合同中明确了固定价格所包括的内容和范围。

（二）工程进度款的支付

分承包双方应按照合同约定的时间、程序和方法，根据工程计量结果，办理期中价款结算，支付进度款。进度款支付周期应与合同约定的工程量周期一致。已标价工程量清单中的单价项目，承包人应按工程计量确认的工程量与综合单价计算，如综合单价发生调整的，以发承包双方确认调整的综合单价计算进度款。已标价工程量清单中的总价项目，承包人应按合同中约定的进度款支付分解，分别列入进度款支付申请中的安全文明施工费和本周期应支付的总价项目的金额中。发包人提供的材料金额，应按照发包人签约提供的单价和数量从进度款支付中扣出，列入本周期应扣减的金额中。承包人现场签证和得到发包人确认的索赔金列入本周期应增加的金额中。进度款的支付比例按照合同约定，按期中结算价款总额计，不低于60%，不高于90%。

四、工程价款的动态结算

工程价款的动态结算就是把各种动态因素渗透到结算过程中，使结算大体能反映实际的消耗费用。下面介绍几种常用的动态结算办法：

（一）按实际价格结算法

在我国，由于建筑材料需市场采购的范围越来越大，有些地区规定对钢材、木材、水泥三大材料的价格采取按实际价格结算的办法。工程承包人可凭发票按实报销。这种方法比较方便。但是由于是实报实销，因而承包人对降低成本不感兴趣，为了避免副作用，造价管理部门要定期公布最高结算限价，同时合同文件中应规定建设单位或监理工程师有权要求承包人选择变更廉价的供应来源。

（二）按主材计算价差

发包人在招标文件中列出需要调整价差的主要材料表及其基期价格（一般采用当时当地工程造价管理机构公布的信息价或结算价），工程竣工结算时按竣工当时当地工程造价管理价格公布的材料信息价或结算价，与招标文件列出的基期价比较计算出材料差价。

（三）竣工调价系数法

根据合理的工期及当地工程造价管理部门所公布的该月度（或季度）的工程造价指数，对原承包合同价予以调整，重点调整由于人工费、材料费、施工机械费等费用上涨及工程变更因素造成的价差。

（四）调价公式法（又称动态结算公式法）

因人工、材料和工程设备等价格波动影响合同价格时，根据投标函附录中的价格指数和权重表约定的数据。

五、工程竣工结算

工程完工后，发承包双方必须在合同约定时间内办理工程竣工结算。工程竣工结算由承包人或受其委托具有相应资质的工程造价咨询人编制，由发包人或受其委托具有相应资质的工程造价咨询人核对。

（一）竣工结算编制与复核

1. 编制和复核的依据

工程竣工结算应根据下列依据编制和复核。

（1）计价规范

（2）工程合同

（3）发承包双方实施过程中已确认的工程量及其结算的合同价款

（4）发承包双方实施过程中已确认调整后追加（减）的合同价款

（5）建设工程设计文件及相关资料

（6）投标文件

（7）其他依据

承包人应在合同约定时间内编制完成竣工结算书，并在提交竣工验收报告的同时递交给发包人。承包人未在合同约定时间内递交竣工结算书，经发包人催促后仍未提供或没有明确答复的，发包人可以根据已有资料办理结算。

2. 竣工结算的计价原则

（1）分部分项工程和措施项目中的单价项目应依据双方确认的工程量与已标价工程量清单的综合单价计算

（2）措施项目中的总价项目应依据合同约定的项目和金额计算

（3）其他项目应按下列规定计价

①计日工应按发包人实际签证确认的事项计算。

②暂估价应按发包人实际签证确认的事项计算。

③总承包服务费应依据合同约定金额计算。

④施工索赔费用应依据发承包双方确认的索赔事项和金额计算。

⑤现场签证费用应依据发承包双方签证资料确认的金额计算。

⑥暂列金额应减去工程价款调整（包括索赔、现场签证）金额计算。

（4）规费和税金按国家或省级建设主管部门的规定计算

（5）发承包双方在合同工程实施过程中已经确认的工程计量的结果和合同价款，在竣工结算办理中应直接进入结算

3. 竣工结算的计算方法

工程量清单计价法通常采用单价合同的合同计价方式，竣工结算的编制是采取合同价加变更签证的方式进行。

4. 竣工结算的审查

（1）竣工结算的审查方法

竣工结算的审查应依据合同约定的结算方法进行，根据合同类型，采用不同的审查方法。

①采用总价合同的，应在合同价的基础上对设计变更、工程洽商以及工程索赔等合同约定可以调整的内容进行审查。

②采用单价合同的，应审查施工图以内的各个分部分项工程量，依据合同约定的方式审查分部分项工程价格，并对设计变更、工程洽商、工程索赔等调整内容进行审查。

③采用成本加酬金合同的，应依据合同约定的方法审查各个分部分项工程以及设计变更、工程洽商等内容的工程成本，并审查酬金及有关税费的取定。

除非已有约定，竣工结算应采用全面审查的方法，严禁采用抽样审查、重点审查、分析对比审查和经验审查的方法，避免审查疏漏现象发生。

（2）竣工结算的审查内容

①建设工程发承包合同及其补充合同的合法性和有效性。

②施工发承包合同范围以外调整的工程价款。

③分部分项、措施项目、其他项目工程量及单价。

④发包人单独分包工程项目的界面划分和总包人的配合费用。

⑤工程变更、索赔、奖励及违约费用。

⑥规费、税金、政策性调整以及材料差价计算。

⑦实际施工工期与合同工期发生差异的原因和责任，以及对工程造价的影响程度。

⑧其他涉及工程造价的内容。

（二）竣工结算款支付

1. 承包人提交竣工结算款支付申请

承包人应根据办理的竣工结算文件，向发包人提交竣工结算款支付申请。该申请应包括以下内容。

（1）竣工结算合同价款总额

（2）累计已实际支付的合同价款

（3）应扣留的质量保证金

（4）实际应支付的竣工结算款金额

2. 发包人签发竣工结算支付证书

发包人应在收到承包人提交竣工结算款支付申请后 7d 内予以核实，向承包人签发竣工结算支付证书。

3. 支付竣工结算款

工程竣工验收报告经发包人认可后 28d 内，承包人向发包人递交竣工结算报告及完整的结算资料，双方按照协议书约定的合同价款及专用条款约定的合同价款调整内容，进行工程竣工结算。专业监理工程师审核承包人报送的竣工结算报表并与发包人、承包人协商一致后，签发竣工结算文件和最终的工程款支付证书。

（三）质量保证金

①发包人应按照合同约定的质量保证金比例从结算款中预留质量保证金。

②承包人未按照合同约定履行属于自身责任的工程缺陷修复义务的，发包人有权从质量保证金中扣除用于缺陷修复的各项支出。经查验，工程缺陷属于发包人原因造成的，应由发包人承担查验和缺陷修复的费用。

③在合同约定的缺陷责任期终止后的14d内，发包人应将剩余的质量保证金返还给承包人。剩余质量保证金的返还，并不能免除承包人按照合同约定应承担的质量保修责任和应履行的质量保修义务。

（四）最终结清

缺陷责任期终止后，承包人应按照合同约定向发包人提交最终结清支付申请。发包人对最终结清支付申请有异议的，有权要求承包人进行修正和提供补充资料。承包人修正后，应再次向发包人提交修正后的最终结清支付申请。

①发包人应在收到最终结清支付申请后的14d内予以核实，并应向承包人签发最终结清支付证书。

②发包人应在签发最终结清支付证书后的14d内，按照最终结清支付证书列明的金额向承包人支付最终结清款。

③发包人未在约定的时间内核实，又未提出具体意见的，应视为承包人提交的最终结清支付申请已被发包人认可。

④发包人未按期最终结清支付的，承包人可催告发包人支付，并有权获得延迟支付的利息。

⑤最终结清时，承包人被预留的质量保证金不足以抵减发包人工程缺陷修复费用的，承包人应承担不足部分的补偿责任。

⑥承包人对发包人支付的最终结清款有异议的，应按照合同约定的争议解决方式处理。

第五节 工程项目成本控制与分析

一、工程项目成本控制

（一）工程项目成本控制概念

1. 工程成本控制的定义

工程施工成本控制是指在满足合同规定的条件下，依据施工项目的成本计划，对施过程中所发生的人、机、材消耗和费用支出，进行指导、监督、调节，及时控制和纠正即将发生和已经发生的偏差，保证项目成本目标实现。

施工项目成本控制包含了成本预测、计划、实施、核算、分析、考核、整理成本资料与编制成本报告等一系列活动。

2. 工程项目成本控制的原则

（1）全面控制的原则

其主要包括以下两个方面：

①全员控制。项目部应建立全员参加的责权利相结合的项目成本控制责任体系；项目经理、各部门、施工队、班组人员都负有成本控制的责任，在一定的范围内享有成本控制的权利，在成本控制方面的业绩与工资奖金挂钩，从而形成一个有效的成本控制责任网络。

②全过程控制。成本控制贯穿项目施工过程的每一个阶段，每一项经济业务都要纳入成本控制的轨道，经常性成本控制通过制度保证，不常发生的例外问题也要有相应措施控制，不能疏漏。

（2）动态控制的原则

项目施工是一次性行为，其成本控制应更重视事前、事中控制。在施工开始之前进行成本预测，确定目标成本，编制成本计划，制订或修订各种消耗定额和费用开支标准。成本控制随施工过程连续进行，与施工进度同步，不能时紧时松，不能拖延；要及时制止不合理开支，把可能导致损失和浪费的可能因素在前期就排除。

（3）创收与节约相结合的原则

工程项目施工既是消耗资、财、人力的过程，也是创造财富增加收入的过程，其成本控制也应坚持增收与节约相结合的原则。

在编制工程项目预算时，应“以支定收”，保证预算收入；在施工过程中，要“以收定支”，控制资源消耗和费用支出。严格控制成本开支范围，费用开支标准和有关财务制度，对各项成本费用的支出进行限制和监督对于发生的每一笔成本费用，都要核查是否合理。应及时进行成本核算，对比分析实际成本与预算收入的差异。

项目部应提高施工项目的科学管理水平、优化施工方案，提高生产效率，节约人力、财力、物力的消耗；采取预防成本失控的技术组织措施，制止可能发生的浪费。

施工的质量、进度、安全都对工程成本有很大的影响，因而成本控制必须与质量控制、进度控制、安全控制等工作相结合、相协调，避免返工（修）损失、降低质量成本，减少并杜绝工程延期违约罚款、安全事故损失等费用支出发生。

（二）施工项目成本计划与控制程序

1. 成本控制依据

（1）工程承包合同

工程项目成本控制要以工程承包合同为依据，围绕降低工程成本这个目标，从预算收入和实际成本两方面，研究节约成本、增加收益的有效途径，以求获得最大的经济效益。

（2）工程项目成本计划

成本计划是根据工程项目的具体情况制定的成本控制方案，既包括预定的具体成本控制目标，又包括实现控制目标的措施和规划，是工程项目成本控制的指导文件。

（3）执行情况报告

执行情况报告一般应提供范围、进度、成本、质量等信息。执行情况报告对收集的信息进行组织和总结并提出分析结果。执行报告按照沟通管理计划的规定提供各类项目涉及人员所需要的符合详细等级的信息。该报告可以用多种方法报告成本信息，较常用的是开支表、直方图和S曲线等，任一报告均可全面地或针对某个问题编写。执行报告有助于管理者及时发现工程实施中存在的隐患，并在可能造成重大损失之前采取有效措施，尽量避免损失。

（4）工程变更

对项目执行情况的分析，常常产生对项目的某些方面作出修改的要求，这就带来了某些工程变更。工程变更一般包括设计变更、进度计划变更、施工条件变更、技术规范与标准变更、施工次序变更、工程量变更等。一旦出现变更，工程量、工期、成本都有可能发生变化，从而使得施工成本控制工作变得更加复杂和困难。因此，施工成本管理人员应当通过对变更要求中各类数据的计算、分析，及时掌握变更情况，包括已发生工程量、将要发生工程量、工期是否拖延、支付情况等重要信息，判断变更以及变更可能带来的索赔额度等。

（5）与项目有关的各种计划以及相关的各种标准、定额、规范

在成本控制中，定额得到了广泛应用。定额是一种规定的额度，是既定的标准。从广义上理解，定额就是处理或完成特定事物的数量限度。工程建设定额就是工程建设中，在一定的技术和管理条件下，完成单位产品所规定的人工、材料、机械等资源消耗的标准额度（数量）。工程建设定额反映了工程建设与各种资源消耗之间的客观规律，它是一个综合的概念，是工程建设中各类定额的总称。工程建设定额包括许多种类，可以按照不同的原则和方法进行分类。按定额反映的生产要素内容划分，工程建设定额可划分为劳动消耗定额、机械消耗定额和材料消耗定额3种。劳动消耗定额是为完成一定的合格产品（工程实体或劳务）所规定的活劳动消耗的数量标准。机械消耗定额是为完成一定合格产品（工程实体或劳务）所规定的施工机械消耗的数量标准。材料消耗定额是为完成一定合格产品所规定的材料消耗的数量标准。按照定额编制程序和用途划分，工程建设定额可以分为施工定额、预算定额、概算定额、投资估算指标5种。

2. 成本控制的特点

①项目参加者对成本控制的积极性和主动性是与其对项目承担的责任形式相联系的。例如，承包商对工程成本的责任由合同确定，不同的合同种类有不同的成本控制积极性。如果订立的是成本加酬金合同，则他没有成本控制的兴趣，甚至有时为了增加自己的盈利千方百计扩大成本开支；而如果订立的是固定总价合同，则他必须严格控制成本开支。所以严密的组织体系和责任制度是成本控制的重要手段。

②成本控制的综合性。成本目标不是孤立的，它只有与质量目标、进度目标、效率、工作量要求、消耗等相结合才有它的价值。

③成本目标必须与详细的技术（质量）要求、进度要求、工作范围、工作量等同时落实到责任者（承担者），作为以后评价的尺度。

④在成本分析中必须同时分析进度、效率、质量状况，才能得到反映实际的信息，才有实际意义和作用；否则容易产生误导。有时虽然实际和计划成本相吻合，但却隐藏着很大的危险。

⑤不能片面强调成本目标；否则容易造成误导。例如，为降低成本（特别是建设期成本）而使用劣质材料，廉价的设备，结果会拖延工期，损害工程的整体功能和效益。

在实际工程中，成本超支是很难弥补的，通常都以牺牲其他的项目目标为代价，对此管理者应有充分的认识。

⑥成本控制必须与质量控制、进度控制、合同控制（包括索赔和反索赔）一起同步进行。

3. 工程项目成本控制的程序

（1）掌握生产要素的市场价格和变动状态

一个工程的生产要素，特别是材料费用在建筑工程成本中要占 60% ～ 70%，人工费约占 20%。因此，生产要素的市场价格对于工程施工成本的影响是决定性的。要控制好成本，必须从生产要素的市场价格开始；及时充分掌握材料、机械、劳动力的市场价格，正确预测材料价格的变化，合理确定采购价格是有效控制项目成本的关键。

（2）确定项目合同价

在项目采购确定合同价时，项目部报价应坚持不低于成本价。在采用清单报价时，在总价不变前提下，采用不平衡报价法，对于不可变动项目和无法索赔的项目，可以适当降低单价；对于有可能索赔的项目，可以适当提高单价；签订有利于本方的合同价。

（3）编制成本计划，确定成本实施目标

施工成本计划是以货币形式编制施工项目在计划期内的生产费用、成本水平、成本降低率以及降低成本所采取的主要措施和方案。它是建立施工项目成本管理目标责任制、开展成本控制和核算的基础，是设立目标成本的依据。成本计划是目标成本的一种形式。

（4）进行成本动态控制，实现成本实施目标

为了使成本控制更合理地进行，应建立动态的主动控制系统。主动控制是指在项目实施过程中，预先分析成本发生偏差的可能因素和预测偏差的可能性，采取应对的预防措施，防止偏差发生。

（5）进行项目成本核算和工程价款结算，及时收回工程款

施工项目成本一般以每一独立编制施工图预算的单位工程为成本核算对象，但也可以按照承包工程项目的规模、工期、结构类型、施工组织和施工现场等情况，结合成本控制的要求，灵活划分成本核算对象。

成本核算一般包括两个基本环节：一是按照规定的成本开支范围对施工费用进行

归集和分配，计算出施工费用的实际发生额；二是根据成本核算对象，采用适当的方法，计算出该项目的总成本和单位成本。施工成本管理需要正确、及时地核算施工过程中发生的各种费用，计算施工项目的实际成本。做到实际施工形象进度、已完施工产值的统计、各类实际成本归集点的三同步原则。通过及时、准确的成本核算，可以尽早地向建设单位申请进度款，及时收回工程款。

（6）进行项目成本分析

工程项目成本分析是在施工成本核算的基础上，对成本的形成过程和影响成本升降的因素进行分析，以寻求进一步降低成本的途径，包括有利偏差的挖掘和不利偏差的纠正。施工成本分析贯穿于施工成本管理的全过程。

施工企业成本分析的内容就是对施工项目成本变动因素的分析。影响施工项目成本变动的因素有两个方面：一是外部的，属于市场经济的因素；二是内部的，属于企业经营的因素。影响施工项目成本变动的市场因素主要包括施工企业的规模和技术装备水平、施工企业专业协作的水平以及企业员工的技术水平及操作熟练程度等几个方面。这些因素不是在短期内所能改变的。影响施工项目成本升降的内部因素包括材料、能源利用效果、机械设备的利用效果、施工质量水平的高低、人工费用水平的合理性和其他影响施工项目成本变动的因素（其他直接费用以及为施工准备、组织施工和管理所需的费用）等。

（7）进行项目成本考核，编制成本报告

项目成本考核是在施工项目完成后，对施工项目成本形成中的各责任者，按施工项目成本目标责任制的有关规定，将成本的实际指标与计划进行对比和考核，判定施工项目成本计划的完成情况和各责任者的业绩。

（8）积累项目成本资料

工程项目成本资料是工程项目建设全过程中技术经济的综合反映，也是一定时期社会生产力和建设管理水平的真实反映。项目成本资料是对不同时期建设工作各环节技术、经济管理水平和建设经验教训的综合反映。在大量的项目成本资料积累基础上，可从中寻求项目成本客观运行规律，准确地把握市场。作为专业成本控制人员，认真做好项目成本资料积累工作，不仅有利于自身工作，对企业和项目未来的成本控制，提高项目效益的贡献也是不可估量的。

（三）工程项目成本控制的内容和要求

1. 工程成本控制的内容

（1）搜集实际成本数据

（2）实际成本数据与成本计划目标进行比较

（3）分析成本偏差及原因

（4）采取措施纠正偏差

（5）必要时修改成本计划

（6）按照规定的时间间隔编制成本报告

成本控制报告可单独编制，也可以根据需要与进度、质量、安全和其他进展报告结合，提出综合进展报告。

2. 工程成本控制的主要要求

（1）控制生产要素的采购价格

要按照计划成本目标值来控制生产要素的采购价格，并认真做好材料、设备进场数量和质量的检查、验收与保管。

（2）控制生产要素的利用效率和消耗定额

要控制生产要素的利用效率和消耗定额，如任务单管理、限额领料、验工报告审核等。

（3）控制引起成本增加的其他因素

如工程变更等所引起成本增加的其他因素。

（4）健全工程项目财务管理制度

承包人必须有一套健全的项目财务管理制度，按规定的权限和程序对项目资金的使用和费用的结算支付进行审核、审批，使其成为项目成本控制的一个重要手段。

（5）增强员工的成本意识和控制能力

加强对员工的成本意识和控制能力培训，并把项目成本管理责任制度与对员工的激励机制结合起来，以增强管理人员的成本管理水平。

（6）做好成本风险的分析和预控

同时还要做好不可预见成本风险的分析和预控，包括编制相应的应急措施等。

二、工程项目成本分析

（一）成本分析的基础方法

1. 比较分析法

比较分析法是指通过指标对比以发现差异的分析方法。它应用于成本分析方面，是指将成本指标进行对比，根据需要，成本指标对比有多种形式，如本期实际指标与上期指标对比。通过这种对比，可以看出各项技术经济指标的动态情况，反映项目管理水平的提高程度；如本期实际指标与本行业先进水平、平均水平对比，通过这种对比，可以检查目标的完成情况，分析完成目标的积极因素，以便采取措施，保证成本目标的实现。

2. 因素分析法

因素分析法又称连环置换法，可用来分析各种因素对成本的影响程度。在进行分析时，假定众多因素中的一个因素发生了变化，而其他因素不变，然后逐个替换，分别比较其计算结果，以确定各个因素的变化对成本的影响程度。差额计算法是因素分析法的一种简化形式，它利用各个因素的目标值与实际值的差额来计算其对成本的影响程度。因素分析法的计算步骤如下：

①确定分析对象，计算实际与目标数的差异。

②确定该指标是由哪几个因素组成的，并按其相互关系进行排序（排序规则是：

先实物量，后价值量；先绝对值，后相对值）。

③以目标数为基础，将各因素的目标数相乘，作为分析替代的基数。

④将各个因素的实际数按照已确定的排列顺序进行替换计算，并将替换后的实际数保留下来。

⑤将每次替换计算所得的结果，与前一次的计算结果相比较，两者的差异即为该因素对成本的影响程度。

⑥各个因素的影响程度之和，应与分析对象的总差异相等。

差额计算法是因素分析法的一种简化形式，它利用各个因素的目标值与实际值的差额来计算其对成本的影响程度。

3. 比率法

比率法是通过计算指标之间的比率分析的一种方法。比率法主要有相关比率分析法、构成比率分析法和动态比率三种具体形式。

（1）相关比率分析法

这种方法是通过计算两个性质不同但又有联系的指标的比率，并将实际数与计划数（或前期实际数）进行对比分析的一种方法。例如，将成本指标与反映生产、销售等生产经营成果的产值、销售收入、利润指标相比较就可以反映项目经济效益的好坏。

（2）构成比率分析法

该方法是通过计算某指标的各个组成部分占总体比例的结构进行数量分析的方法。例如，将构成项目成本的各个成本项目同产品成本总额相比，计算其占成本项目的比例，确定成本构成的比率，通过这种分析反映项目成本的构成情况。将不同时期的成本构成比率相比较，就可以观察项目成本构成的变动，掌握经济活动情况及其对项目成本的影响。

（3）动态比率法

动态比率法是将同类指标不同时期的数值进行对比，求出比率，以分析该项指标的发展方向和发展速度。

（二）综合成本的分析方法

1. 分部分项工程成本分析

分部分项工程成本分析是项目成本分析的基础。分析的对象为已完的分部分项工程。分析的方法是：进行预算成本、目标成本和实际成本的三项对比，分析计算实际偏差产生的原因，为今后的分部分项工程成本寻求节约途径。

由于施工项目包括很多分部分项工程，无法也没有必要对每一个分部分项工程都进行成本分析。特别是一些工程量小、成本费用少的零星工程。但是，对于那些主要分部分项工程必须进行成本分析，而且要做到从开工到竣工进行系统的成本分析。因为通过主要分部分项工程成本的系统分析，可以基本上了解项目成本形成的全过程，为竣工成本分析和今后的项目成本管理提供参考资料。

2. 月（季）度成本分析

月（季）度成本分析，是项目定期的、经常性的中间成本分析，对于有一次性特点的项目来说有着特别重要的意义。因为通过月（季）度成本分析，可以及时发现问题，以便按照成本目标指定的方向进行监督和控制，保证项目成本目标的实现。

月（季）度成本分析的依据是当月（季）的成本报表，分析通常包括以下几个方面。

第一，通过实际成本与预算成本的对比，分析当月（季）的成本降低水平；通过累计实际成本与累计预算成本的对比，分析累计的成本降低水平，预测实现项目成本目标的前景。

第二，通过实际成本与目标成本的对比，分析目标成本的落实情况以及目标管理中的问题和不足，进而采取措施，加强成本管理，保证成本目标的实现。

第三，通过对各成本项目的成本分析，可以了解成本总量的构成比例和成本管理的薄弱环节。例如，在成本分析中，若发现人工费、机械费等项目大幅度超支，则应该对这些费用的收支配比关系进行研究，并采取应对措施，防止今后再超支。如果是属于规定的“政策性”亏损，则应从控制支出着手，把超支额压缩到最低限度。

第四，通过主要技术经济指标的实际与目标对比，分析产量、工期、质量、“三材”节约率、机械利用率等对成本的影响。

第五，通过对技术组织措施执行效果的分析，寻求更加有效的节约途径。

第六，分析其他有利条件和不利条件对成本的影响。

（三）专项成本的分析方法

专项成本分析包括成本盈亏异常分析、工期成本分析、质量成本分析和资金成本分析等内容。

1. 成本盈亏异常分析

成本出现盈亏异常情况，对项目来说，必须引起高度重视，必须彻底查明原因，必须立即加以纠正。检查成本盈亏异常的原因，应从经济核算的“三同步”入手。因为项目经济核算的基本规律是：在完成多少产值、消耗多少资源、发生多少成本之间，有着必然的同步关系。如果违背这个规律，就会发生成本的盈亏异常。

（1）产值与施工任务单的实际工程量和形象进度是否同步

（2）资源消耗与施工任务单的实耗人工、限额领料单的实耗材料、当期租用的周转材料和施工机械是否同步

（3）其他费用（如材料价、超高费和台班费等）的产值统计与实际支付是否同步

（4）预算成本与产值统计是否同步

（5）实际成本与资源消耗是否同步

通过以上 5 个方面的分析，可以探明成本盈亏的原因。

2. 工期成本分析

项目完成工期的长短与成本的高低有着密切的关系，在一般情况下，工期越长、费用支出越多，工期越短、费用支出越少。特别是固定成本的支出，基本上是与工期

长短成正比增减的，是进行工期成本分析的重点。

工期成本分析就是目标工期成本与实际工期成本的比较分析。目标工期成本是指在假定完成预期利润的前提下计划工期内所耗用的目标成本，而实际成本则是在实际工期中耗用的实际成本。工期成本分析的方法一般采用比较法，即将目标工期成本与实际工期成本进行比较，然后应用“因素分析法”分析各种因素的变动对工期成本差异影响的程度。

进行工期成本分析的前提条件是，根据施工图预算和施工组织设计进行量本利分析，计算项目的产量、成本和利润的比例关系，然后用固定成本除以合同工期，求出每月耗用的固定成本。

3. 资金成本分析

资金与成本的关系就是项目收入与成本支出的关系。根据项目成本核算的特点，项目收入与成本支出有很强的配比性。在一般情况下，都希望项目收入越多越好，成本支出越少越好。

工程项目的资金来源主要是项目款收入；而生产耗用的人、财、物的货币表现，则是成本支出。因此，减少人、财、物的消耗，既能降低成本又能节约资金。

4. 其他有利因素和不利因素对成本影响的分析

在项目生产过程中，必然会有很多有利因素，同时也会遇到不少不利因素。不管是有利因素还是不利因素，都将对项目成本产生影响。

对待这些有利因素和不利因素，项目经理首先要有预见。有抵御风险的能力；同时还要把握机遇充分利用有利因素，积极争取转换不利因素。这样，就会更有利于项目生产，更有利于项目成本的降低。

这些有利因素和不利因素，包括项目生产结构的复杂性和生产技术上的难度、生产现场的自然地理环境（如水文、地质、气候等），以及物资供应渠道和技术装备水平等。它们对项目成本的影响，需要对目标成本问题具体分析。

第十一章　水利工程项目合同管理与控制

第一节　水利工程施工合同管理概述

一、合同谈判与签约

（一）合同谈判的主要内容

①关于工程范围。

承包商所承担的工作范围，包括施工、设备采购、安装和调试等。在签订合同时要做到明确具体、范围清楚、责任明确，否则将导致报价漏项。

②关于技术要求、技术规范和施工技术方案。

③关于合同价格条款。

合同依据计价方式的不同主要有总价合同、单价合同和成本加酬金合同，在谈判中根据工程项目的特点加以确定。

④关于付款。

付款问题可归纳为三个方面，即价格问题、货币问题、支付方式问题。承包人应对合同的价格调整条款、合同规定货币价值浮动的影响、支付时间、支付方式和支付保证金等条款予以充分的重视。

⑤关于工期和维修期的条款。

第一，被授标的承包人首先应根据投标文件中自己填报的工期及考虑工程量的变动而产生的影响，与发包人最后确定工期。如可能应根据承包人的项目准备情况、季节和施工环境因素等洽商一个适当的开工日期。

第二，单项工程较多的项目，应争取分批竣工，提交发包人验收，并从该批验收起计算该部分的维修期，应规定在发包人验收并接收前，承包人有权不让发包人随意使用等条款，以缩短自己的责任期限。

第三，在合同中应明确承包人保留由于工程变更、恶劣的气候影响等原因对工期产生不利影响时要求合理地延长工期的权利。

第四，合同文本中应当对保修工程的范围、保修责任及保修期的开始和结束时间有明确的说明，承包人应该只承担由于材料和施工方法及操作工艺等不符合规定而产生的缺陷。

第五，承包人应力争用维修保函来代替发包人扣留的保证金，它对发包人并无风险，是一种比较公平的做法。

⑥关于完善合同条件的问题。

包括：关于合同图纸；关于合同的某些措辞；关于违约罚金和工期提前奖金；工程量验收以及衔接工序和隐蔽工程施工的验收程序；关于施工占地；关于开工和工期；关于向承包人移交施工现场和基础资料；关于工程交付；预付款保函的自动减款条款。

（二）合同最后文本的确定和合同的签订

1. 合同文件内容

第一，建设工程合同文件构成：合同协议书；工程量及价格单；合同条件；投标人须知；合同技术条件（附投标图纸）；发包人授标通知；双方共同签署的合同补遗（有时也以合同谈判会议纪要形式表示）；中标人投标时所递交的主要技术和商务文件；其他双方认为应作为合同的一部分文件。

第二，对所有在招投标及谈判前后各方发出的文件、文字说明、解释性资料进行清理，对凡是与上述合同构成相矛盾的文件，应宣布作废。可以在双方签署的合同补遗中，对此作出排除性质的说明。

2. 关于合同协议的补遗

在合同谈判阶段双方谈判的结果一般以合同补遗的形式表示，有时也可以以合同谈判纪要形式形成书面文件。这一文件将成为合同文件中极为重要的组成部分，因为它最终确认了合同签订人之间的意志，所以在合同解释中优先于其他文件。

3. 合同的签订

发包人或监理工程师在合同谈判结束后，应按上述内容和形式完成一个完整的合同文件草案，并经承包人授权代表认可后正式形成文件，承包人代表应认真审核合同草案的全部内容。当双方认为满意并核对无误后由双方代表草签，至此合同谈判阶段即告结束。此时，承包人应及时准备和递交履约保函，准备正式签署承包合同。

二、工程合同的类型

（一）按合同签约的对象内容划分

1. 建设工程勘察、设计合同

建设工程勘察、设计合同是指业主（发包人）与勘察人、设计人为完成一定的勘察、设计任务，明确双方权利、义务的协议。

2. 建设工程施工合同

建设工程施工合同通常也称为建筑安装工程承包合同，是指建设单位（发包方）和施工单位（承包方）为了完成商定的或通过招标投标确定的建筑工程安装任务，明确相互权利、义务关系的书面协议。

（二）按合同签约各方的承发包关系划分

1. 总包合同

建设单位（发包方）将工程项目建设全过程或其中某个阶段的全部工作，发包给一个承包单位总包，发包方与总包方签订的合同称为总包合同。总包合同签订后，总承包单位可以将若干专业性工作交给不同的专业承包单位去完成，并统一协调和监督它们的工作。在一般情况下，建设单位仅同总承包单位发生法律关系，而不同各专业承包单位发生法律关系。

2. 分包合同

即总承包方与发包方签订了总包合同之后，将若干专业性工作分包给不同的专业承包单位去完成，总包方分别与几个分包方签订的分包合同。对于大型工程项目，有时也可由发包方直接与每个承包方签订合同，而不采取总包形式。这时每个承包方都是处于同样地位，各自独立完成本单位所承包的任务，并直接向发包方负责。

第二节 工程施工合同范本

一、概述

合同管理是现代化项目管理的核心，完备的合同体系是合同管理的形式基础。对于工程项目而言，项目目标大、履行时间长、涉及主体多，依靠合同来规范和确定彼此的权利和义务关系就显得尤为重要。任何一个建设项目的实施，都是通过签订一系列的承包合同来实现的。通过对承包内容、范围、价款、工期和质量标准等合同条款的制订和履行，业主和承包商可以在合同环境下调控建设项目的运行状态。通过对合同管理目标责任的分解，可以规范项目管理机构的内部职能，紧密围绕合同条款开展项目管理工作。因此，无论是对承包商的管理，还是对项目业主本身的管理，合同始终是工程项目管理的核心。合同管理是工程承包项目管理最重要的一环，它涉及工程技术、经济造价、法律法规、风险预测等多方面知识和技能。自我国加入WTO以来，为了应对世界贸易组织规则给建筑市场带来的前所未有的机遇和挑战，顺应国际工程合同条件和惯例的需要，推行建设领域的合同管理制，有关部门做了大量的工作，从立法到实际操作都日趋完善。基本形成了包括国家立法、政府立规、行业立制在内的层次分明、体制完备的合同法律体系以及相关配套制度。

二、建设工程施工合同示范文本

（一）建设工程施工合同文件的组成

1. 协议书

合同协议书是建设工程施工合同的总纲性法律文件，经过双方当事人签字盖章后合同即成立。标准的协议书文字量不大，需要结合承包工程特点填写。主要内容包括：工程概况、工程承包范围、合同工期、质量标准、合同价款、合同生效时间，以及对双方当事人均具有约束力的合同文件组成。

建设工程施工合同文件包括：

（1）施工合同协议书

（2）中标通知书

（3）投标书及其附件

（4）施工合同专用条款

（5）施工合同通用条款

（6）标准、规范及有关技术文件

（7）图纸

（8）工程量清单

（9）工程报价单或预算书

在合同履行过程中，双方有关工程的洽商、变更等书面协议或文件也构成对双方有约束力的合同文件，将其视为协议书的组成部分。

2. 通用条款

通用条款的内容包括：

（1）词语定义及合同文件

（2）双方一般权利和义务

（3）施工组织设计和工期

（4）质量与检验

（5）安全施工

（6）合同价款与支付

（7）材料设备供应

（7）工程变更

（8）竣工验收与结算

（9）违约、索赔和争议

（10）其他

3. 专用条款

考虑到具体实施的建设工程的内容各不相同，工期、造价也随之变动，承包人、发包人各自的能力、施工现场和外部环境条件也各异，通用条款不能完全适用于各个具体工程。为反映发包工程的具体特点和要求，配置以专用条款对通用条款进行必要的修改或补充，使通用条款和专用条款成为当事人双方统一意愿的体现。专用条款只为合同当事人提供合同内容的编制指南，具体内容需要当事人根据发包工程的实际情况进行细化。

4. 附件

《合同示范文本》为使用者提供了“承包方承揽工程项目一览表”“发包方供应材料设备一览表”和“房屋建筑工程质量保修书”三个标准后表格形式的附件，如果所发包的工程项目为包工包料承包，则可以不使用“发包方供应材料设备一览表”。

合同的内容一般应包括标的、数量、质量、价款或者报酬、履行期限、违约责任、解决争议的方法等。当事人可参照各类合同的文本订立合同。

（二）《水利水电土建工程施工合同条件》的主要内容

1. 合同文件（或称合同）

合同文件是指由发包人与承包人签订的为完成本合同规定的各项工作所列入本合同条件的全部文件和图纸，以及其他在协议书中明确列入的文件和图纸。

2. 技术条款

技术条款是指本合同的技术条款和由监理人作出或批准的对技术条款修改或补充的文件。技术条款是合同的重要组成部分，其内容是说明合同标的物应达到的质量标准及其施工技术要求，也是合同支付的实物依据和计量方法。此名词在以往国内的招标和合同文件中常称为技术规范，为了与行业标准中的技术规范相区别，在合同文件中称技术条款。

3. 图纸和施工图纸

图纸是指列入合同的招标图纸和发包人按合同规定向承包人提供的所有图纸（包括配套说明和有关资料），以及列入合同的投标图纸和由承包人提交并经监理人批准的所有图纸（包括配套说明和有关资料）。

施工图纸是指由发包人提供或由承包人提交并经监理人批准的直接用于施工的图纸（包括配套说明和有关资料）。

4. 投标文件

投标文件是投标报价书、已标价的工程量清单（指由投标人已填写价格的工程量清单）以及由投标人按招标文件要求，向发包人提供的其他文件的总称。投标报价书、工程量清单和其他投标文件的内容和格式规定在招标文件的有关章节内。

5. 中标通知书

中标通知书是指发包人正式向中标人授标的通知书。中标人确定后，发包人应发中标通知书给中标人，表明发包人已接受其投标并通知该中标人在规定的期限内派代表前来签订合同。若在签订合同前尚有遗留问题需要洽谈，可在发中标通知书前先发中标意向书，邀请对方就遗留问题进行合同谈判。一般来说，意向书仅表达发包人接受投标的意愿，但尚有一些问题需进一步洽谈，并不说明该投标人已中标。

6. 通用合同条款

通用合同条款的编制依据是《中华人民共和国合同法》，其编制体系参照了国际通用的FIDIC施工合同条件，吸收了现行水利水电工程建设项目中有关质量、安全、进度、变更、索赔、计量支付、风险管理等方面的规定。通用合同条款的内容包括：词语涵义、合同文件、双方的一般义务和责任、履约担保、监理人和总监理工程师、联络、图纸、转让和分包、承包人的人员及其管理、材料和设备、交通运输、工程进度、工程质量、文明施工、计量与支付、变更、违约和索赔、争议的解决、风险和保险、完工与保修及其他等方面。每一方面中双方的责任和义务从合同责任划分角度进行了界定。

为了贯彻《中华人民共和国安全生产法》《建设工程质量管理条例》和《建设工程安全生产管理条例》，进一步加强质量和安全管理的力度，水利部陆续出台了《水利建设工程安全生产管理规定》《水利建设工程施工分包管理规定》，制订了水利建设工程重大质量和安全事故应急预案，从制度上防患和解决水利系统拖欠农民工工资问题。因此，使用《水利水电土建工程施工合同条件》时应在维持合同条件基本架构的基础上对相应内容进行更新。

7. 专用合同条款

专用合同条款是补充和修改通用合同条款中条款号相同的条款或当需要时增加的条款。通用合同条款与专用合同条款应对照阅读，一旦出现矛盾或不一致，则以专用合同条款为准，通用合同条款中未补充和修改的部分仍有效。如对于约定监理人和总监理工程师的权利，工期延误违约金额，提交资金流估算表，工程变更的范围和内容，工程风险中双方各自承担的范围，工程预付款、保留金的额度及扣除方式。

第三节 工程施工合同的变更

一、掌握施工合同变更管理

（一）工程变更的原因

工程变更一般主要有以下几个方面的原因。

第一，业主新的变更指令，对建筑的新要求。如业主有新的意图，业主修改项目计划、削减项目预算等。

第二，由于设计人员、监理人员、承包商事先没有很好地理解业主的意图，或设计的错误，导致图纸修改。

第三，工程环境的变化，预定的工程条件不准确，要求实施方案或实施计划变更。

第四，由于产生新技术和知识，有必要改变原设计、原实施方案或实施计划，或由于业主指令及业主责任的原因造成承包商施工方案的改变。

第五，政府部门对工程新的要求，如国家计划变化、环境保护要求、城市规划变动等。

第六，由于合同实施出现问题，必须调整合同目标或修改合同条款。

（二）变更的范围和内容

根据国家发展和改革委员会等九部委联合编制的《标准施工招标文件》中的通用合同条款的规定，除专用合同条款另有约定外，在履行合同中发生以下情形之一，应按照本条文规定进行变更：

1. 取消合同中任何一项工作，但被取消的工作不能转由发包人或其他人实施
2. 改变合同中任何一项工作的质量或其他特性
3. 改变合同工程的基线、标高、位置或尺寸
4. 改变合同中任何一项工作的施工时间或改变已批准的施工工艺或顺序
5. 为完成工程需要追加的额外工作

在履行合同过程中，承包人可以对发包人提供的图纸、技术要求以及其他方面提出合理化建议。

（三）变更权

根据国家发展和改革委员会等九部委《标准施工招标文件》中通用合同条款的规定，在履行合同过程中，经发包人同意，监理可按合同约定的变更程序向承包人作出变更指示，承包人应遵照执行。没有监理的变更指示，承包人不得擅自变更。

（四）变更程序

根据国家发展和改革委员会等九部委《标准施工招标文件》中通用合同条款的规定，变更的程序如下：

1. 变更的提出

第一，在合同履行过程中，可能发生通用合同条款某些约定情形的，监理人可向承包人发出变更意向书。变更意向书应说明变更的具体内容和发包人对变更的时间要求，并附必要的图纸和相关资料。变更意向书应要求承包人提交包括拟实施变更工作的计划、措施和竣工时间等内容的实施方案。发包人同意承包人根据变更意向书要求提交的变更实施方案的，由监理人按合同约定的程序发出变更指示。

第二，在合同履行过程中，已经发生通用合同条款约定情形的，监理人应按照合同约定的程序向承包人发出变更指示。

第三，承包人收到监理人按合同约定发出的图纸和文件，经检查认为其中存在约定情形的，可向监理人提出书面变更建议。变更建议应阐明要求变更的依据，并附必要的图纸和说明。监理人收到承包人书面建议后应与发包人共同研究，确认存在变更的，应在收到承包人书面建议后的14 d内作出变更指示。经研究后不同意作为变更的，应由监理人书面答复承包人。

第四，若承包人收到监理人的变更意向书后认为难以实施此项变更，应立即通知监理人，说明原因并附详细依据。监理人与承发包人协商后确定撤销、改变或不改变原变更意向书。

2. 变更指示

根据国家发展和改革委员会等九部委《标准施工招标文件》中通用合同条款的规定，变更指示只能由监理人发出。变更指示应说明变更的目的、范围、变更内容以及变更的工程量及其进度和技术要求，并附有关图纸和文件。承包人收到变更指示后，应按变更指示进行变更工作。

（五）承包人的合理化建议

根据国家发展和改革委员会等九部委《标准施工招标文件》中通用合同条款的规定，在履行合同过程中，承包人对发包人提供的图纸、技术要求以及其他方面提出的合理化建议，均应以书面形式提交监理人。合理化建议书的内容应包括建议工作的详细说明、进度计划和效益以及与其他工作的协调等，并附必要的设计文件。监理人应与发包人协商是否采纳建议。建议被采纳并构成变更的，应按合同约定的程序向承包人发出变复指示。

承包人提出的合理化建议降低了合同价格、缩短了工期或者提高了工程经济效益的，发包人可按国家有关规定在专用合同条款中约定给予奖励。

（六）变更估价

根据国家发展和改革委员会等九部委《标准施工招标文件》中通用的合同条款的规定：

第一，除专用合同条款时期限另有约定外，承包人应在收到变更指示或变更意向书后的 14 d 内，向监理人提交变更报价书，报价内容应根据合同约定的估价原则，详细开列变更工作的价格组成及其依据，并附必要的施工方法说明和有关图纸。

第二，变更工作影响工期的，承包人应提出调整工期的具体细节，监理人认为有必要时，可要求承包人提交要求提前或延长工期的施工进度计划以及相应施工措施等详细资料。

第三，除专用合同条款对期限另有约定外，监理人收到承包人报价书后 14 d 内，根据合同约定的估价原则，按照第有关规则（总监理工程师与合同当事人进行商定或确定）商定或确定变更价格。

（七）变更的估价原则

除专用合同条款另有约定外，因变更引起的价格调整按照本款约定处理：

第一，已报价工程量清单中有适用于变更工作的子目的，采用该子目的单价。

第二，已标价工程量清单中无适用于变更工作的子目，但有类似子目的，可在合理范围内参照类似子目的单价，由监理人按相关规定商定或确定变更工作的单价。

第三，已标价工程量清单中无适用或类似子目的单价，可按照成本加利润的原则，由监理人按商定的或确定变更工作的单价。

（八）计日工

根据国家发展和改革委员会等九部委《标准施工招标文件》中通用的合同条款的规定：

第一，发包人认为有必要时，由监理人通知承包人以计日工方式实施变更的零星工作。其价款按列入已标价工程量清单中的计日工计价子目及其单价进行计算。

第二，采用计日工计价的任何一项变更工作，应从暂列金额中支付，承包人应在该项变更的实施过程中，每天提交以下报表和有关凭证报送监理人审批：

①工作名称、内容和数量；

②投入该工作所有人员的姓名、工种、级别和耗用工时；

③投入该工作的材料类别和数量；

④投入该工作的施工设备型号、台数和耗用台时；

⑤监理人要求提交的其他资料和凭证。

第三，计日工由承包人汇总后，按合同约定列入进度付款申请单，由监理人复核并经发包人同意后列入进度付款。

第四节 项目部使用合同的种类、要求

一、项目部常用合同的种类

项目部常用合同有建设工程承包合同、专业分包合同、劳务合同、物资设备采购合同。

二、掌握施工承包合同的主要内容

（一）词语定义与解释

工程师可以根据需要委派代表，行使合同中约定的部分权力和职责。《标准施工招标文件》的“通用合同条款”中，取消了“工程师”的概念，明确了“监理人”是指在专用合同条款中指明的，受发包人委托对合同履行实施管理的法人或其他组织。总监理工程师（总监）是指由监理人委派常驻施工场地对合同履行实施管理的全权负责人。

（二）发包人的责任与义务

1. 发包人责任

第一，除专用合同条款另有约定外，发包人应根据合同工程的施工需要，负责办理取得出入施工场地的专用和临时道路的通行权，以及取得为工程建设所需修建场外设施的权利，并承担有关费用。承包人应协助发包人办理上述手续。

第二，发包人应在专用合同条款约定的期限内，通过监理人向承包人提供测量基准点、基准线和水准点及其书面资料。

发包人应对其提供的测量基准点、基准线和水准点及其书面资料的真实性、准确性和完整性负责。发包人提供上述基准资料错误导致承包人测量放线工作的返工或造成工程损失的，发包人应当承担由此增加的费用和（或）工期延误，并向承包人支付合理利润。

第三，发包人的施工安全责任。发包人应按合同约定履行安全职责，授权监理人按合同约定的安全工作内容监督、检查承包人安全工作的实施，组织承包人和有关单位进行安全检查。

发包人应对其现场机构雇佣的全部人员的工伤事故承担责任，但由于承包人原因造成发包人人员工伤的，应由承包人承担责任。

发包人应负责赔偿以下各种情况造成的第三者人身伤亡和财产损失：

①工程或工程的任何部分对土地的占用所造成的第三者财产损失；

②由于发包人原因在施工场地及其毗邻地带造成的第三者人身伤亡和财产损失。

第四，治安保卫的责任。除合同另有约定外，发包人应与当地公安部门协商，在现场建立治安管理机构或联防组织，统一管理施工场地的治安保卫事项，履行合同工程的治安保卫职责。

发包人和承包人除应协助现场治安管理机构或联防组织维护施工场地的社会治安外，还应做好包括生活区在内的各自管辖区的治安保卫工作。

除合同另有约定外，发包人和承包人应在工程开工后，共同编制施工场地治安管理计划，并制定应对突发治安事件的紧急预案。在工程施工过程中，发生暴乱、爆炸等恐怖事件，以及群殴、械斗等群体性突发治安事件的，发包人和承包人应立即向当地政府报告。发包人和承包人应积极协助当地有关部门采取措施平息事态，防止事态扩大，尽量减少财产损失和避免人员伤亡。

第五，工程施工过程中发生事故的，承包人应立即通知监理人，监理人应立即通知发包人。发包人和承包人应立即组织人员和设备进行紧急抢救和抢修，减少人员伤亡和财产损失，防止事故扩大，并保护事故现场。需要移动现场物品时，应作出标记和书面记录，妥善保管有关证据。发包人和承包人应按国家有关规定，及时如实地向有关部门报告事故发生的情况，以及正在采取的紧急措施等。

第六，发包人应将其持有的现场地质勘探资料、水文气象资料提供给承包人，并对其准确性负责。但承包人应对其阅读上述有关资料后所作出的解释和推断负责。

2. 发包人义务

（1）遵守法律

发包人在履行合同过程中应遵守法律，并保证承包人免于承担因发包人违反法律而引起的任何责任。

（2）发出开工通知

发包人应委托监理人按合同约定向承包人发出开工通知。

（3）提供施工场地

发包人应按专用合同条款约定向承包人提供施工场地，以及施工场地内地下管线和地下设施等有关资料，并保证资料的真实、准确、完整。

（4）协助承包人办理证件和批件

发包人应协助承包人办理法律规定的有关施工证件和批件。

（5）组织设计交底

发包人应根据合同进度计划，组织设计单位向承包人进行设计交底。

（6）支付合同价款

发包人应按合同约定向承包人及时支付合同价款。

（7）组织竣工验收

发包人应按合同约定及时组织竣工验收。

(8) 其他义务

发包人应履行合同约定的其他义务。

3. 发包人违约的情形

在履行合同过程中发生的下列情形，属发包人违约：

(1) 发包人未能按合同约定支付预付款或合同价款，或拖延、拒绝批准付款申请和支付凭证，导致付款延误的

(2) 发包人原因造成停工的

(3) 监理人无正当理由没有在约定期限内发出复工指示，导致承包人无法复工的

(4) 发包人无法继续履行或明确表示不履行或实质上已停止履行合同的

(5) 发包人不履行合同约定其他义务的

(三) 承包人的责任与义务

1. 承包人的一般义务

(1) 遵守法律

承包人在履行合同过程中应遵守法律，并保证发包人免于承担因承包人违反法律而引起的任何责任。

(2) 依法纳税

承包人应按有关法律规定纳税，应缴纳的税金包括在合同价格内。

(3) 完成各项承包工作

承包人应按合同约定以及监理人的指示，实施完成全部工程，并修补工程中的任何缺陷。除专用合同条款另有约定外，承包人应提供为完成合同工作所需的劳务、材料、施工设备、工程设备和其他物品，并按合同约定负责临时设施的设计、建造、运行、维护、管理和拆除。

(4) 对施工作业和施工方法的完备性负责

承包人应按合同约定的工作内容和施工进度要求，编制施工组织设计和施工措施计划，并对所有施工作业和施工方法的完备性和安全可靠性负责。

(5) 保证工程施工和人员的安全

承包人应按合同约定采取施工安全措施，确保工程及其人员、材料、设备和设施的安全，防止因工程施工造成的人身伤害和财产损失。

(6) 负责施工场地及其周边环境与生态的保护工作

承包人应按照合同约定负责施工场地及其周边环境与生态的保护工作。

(7) 避免施工对公众与他人的利益造成损害

承包人在进行合同约定的各项工作时，不得侵害发包人与他人使用公用道路、水源、市政管网等公共设施的权利，避免对邻近的公共设施产生干扰。承包人占用或使用他人的施工场地，影响他人作业或生活的，应承担相应责任。

(8) 为他人提供方便

承包人应按监理人的指示为他人在施工场地或附近实施与工程有关的其他各项工

作提供可能的条件。除合同另有约定外，提供有关条件的内容和可能发生的费用应由监理人按合同规定的办法与双方商定或确定。

（9）工程的维护和照管

工程接收证书颁发前，承包人应负责照管和维护工程。工程接收证书颁发时尚有部分未竣工工程的，承包人还应负责该未竣工工程的照管和维护工作，直至竣工后移交给发包人为止。

（10）其他义务

承包人应履行合同约定的其他义务。

2. 承包人的其他责任与义务

第一，承包人不得将工程主体、关键性工作分包给第三人。除专用合同条款另有约定外，未经发包人同意，承包人不得将工程的其他部分或工作分包给第三人。承包人应与分包人就分包工程向发包人承担连带责任。

第二，承包人应在接到开工通知后 28 d 内，向监理人提交承包人在施工场地的管理机构以及人员安排的报告，其内容应包括管理机构的设置、各主要岗位的技术和管理人员名单及其资格，以及各工种技术工人的安排状况。承包人应向监理人提交施工场地人员变动情况的报告。

第三，承包人应对施工场地和周围环境进行查勘，并收集有关地质、水文、气象条件、交通条件、风俗习惯以及其他为完成合同工作有关的当地资料。在全部合同工作中，应视为承包人已充分估计了应承担的责任和风险。

三、掌握施工专业分包合同的内容

（一）工程承包人（总承包单位 1）的主要责任和义务

第一，分包人对总包合同的了解：承包人应提供总包合同（有关承包工程的价格内容除外）供分包人查阅。

第二，项目经理应按分包合同的约定，及时向分包人提供所需的指令、批准、图纸并履行其他约定的义务，否则分包人应在约定时间后 24 h 内将具体要求、需要的理由及延误的后果通知承包人，项目经理在收到通知后 48h 内不予答复，应承担因延误造成的损失。

第三承包人的工作：

①向分包人提供与分包工程相关的各种证件、批件和各种相关资料，向分包人提供具备施工条件的施工场地；

②组织分包人参加发包人组织的图纸会审，向分包人进行设计图纸交底；

③提供本合同专用条款中约定的设备和设施，并承担因此发生的费用；

④随时为分包人提供确保分包工程的施工所要求的施工场地和通道等，满足施工运输的需要，保证施工期间的畅通；

⑤负责整个施工场地的管理工作，协调分包人与同一施工场地的其他分包人之间

的交叉配合，确保分包人按照经批准的施工组织设计进行施工。

（二）专业工程分包人的主要责任和义务

1. 分包人对有关分包工程的责任

除本合同条款另有约定外，分包人应履行并承担总包合同中与分包工程有关的承包人的所有义务与责任，同时应避免因分包人自身行为或疏漏造成承包人违反总包合同中约定的承包人义务的情况发生。

2. 分包人与发包人的关系

分包人须服从承包人转发的发包人或工程师与分包工程有关的指令。未经承包人允许，分包人不得以任何理由与发包人或工程师发生直接工作联系，分包人不得直接致函发包人或工程师，也不得直接接受发包人或工程师的指令。如分包人与发包人或工程师发生直接工作联系，将被视为违约，并承担违约责任。

3. 承包人指令

就分包工程范围内的有关工作，承包人随时可以向分包人发出指令，分包人应执行承包人根据分包合同所发出的所有指令。分包人拒不执行指令，承包人可委托其他施工单位完成该指令事项，发生的费用从应付给分包人的相应款项中扣除。

4. 分包人的工作

第一，按照分包合同的约定，对分包工程进行设计（分包合同有约定时）、施工、竣工和保修。

第二，按照合同约定的时间，完成规定的设计内容，报承包人确认后在分包工程中使用。承包人承担由此发生的费用。

第三，在合同约定的时间内，向承包人提供年、季、月度工程进度计划及相应进度统计报表。

第四，在合同约定的时间内，向承包人提交详细施工组织设计，承包人应在专用条款约定的时间内批准，分包人方可执行。

第五，遵守政府有关主管部门对施工场地交通、施工噪声以及环境保护和安全文明生产的管理规定，按规定办理有关手续，并以书面形式通知承包人，承包人承担由此发生的费用，因分包人责任造成的罚款除外。

第六，分包人应允许承包人、发包人、监理人及其三方中任何一方授权的人员在工作时间内，合理进入分包工程施工场地或材料存放的地点，以及施工场地以外与分包合同有关的分包人的任何工作或准备的地点，分包人应提供方便。

第七，已竣工工程未交付承包人之前，分包人应负责已完分包工程的成品保护工作，保护期间发生损坏，分包人自费予以修复；承包人要求分包人采取特殊措施保护的工程部位和相应的追加合同价款，双方在合同专用条款内约定。

（三）合同价款及支付

第一，分包工程合同价款可以采用以下三种方式中的一种（应与总包合同约定的方式一致）：

①固定价格在约定的风险范围内合同价款不再调整。

②可调价格合同价款可根据双方的约定而调整，应在专用条款内约定合同价款调整方法。

③成本加酬金合同价款包括成本和酬金两部分，双方在合同专用条款内约定成本构成和酬金的计算方法。

第二，分包合同价款与总包合同相应部分价款无任何连带关系。

第三，合同价款的支付：

①实行工程预付款的，双方应在合同专用条款内约定承包人向分包人预付工程款的时间和数额，开工后按约定的时间和比例逐次扣回。

②承包人应按专用条款约定的时间和方式，向分包人支付工程款（进度款），按约定时间承包人应扣回的预付款与工程款（进度款）同期结算。

③分包合同约定的工程变更调整的合同价款、合同价款的调整、索赔的价款或费用以及其他约定的追加合同价款，应与工程进度款同期调整支付。

④承包人超过约定的支付时间不支付工程款（预付款、进度款），分包人可向承包人发出要求付款的通知，承包人不按分包合同约定支付工程款（预付款、进度款），导致施工无法进行，分包人可停止施工，由承包人承担违约责任。

⑤承包人应在收到分包工程竣工结算报告及结算资料后 28 d 内支付工程竣工结算价款，无正当理由不按时支付，从第 29 d 起按分包人同期向银行贷款利率支付拖欠工程价款的利息，并承担违约责任。

劳务作业分包是指施工承包单位或者专业分包单位（均可作为劳务作业的发包人）将其承包工程中的劳务作业发包给劳务分包单位（即劳务作业承包人）完成的活动。

第五节 施工合同的实施与管理

一、合同分析

（一）施工合同分析的必要性

第一，一个工程中，合同往往有几份、十几份甚至几十份，合同之间关系复杂。

第二，合同文件和工程活动的具体要求（如工期、质量、费用等），合同各方的责任关系、事件和活动之间的逻辑关系极为复杂。

第三，许多参与工程的人员所涉及的活动和问题不是合同文件的全部，而仅为合同的部分内容，因此合同管理人员对合同进行全面分析，再向各职能人员进行合同交底以提高工作效率。

第四，合同条款的语言有时不够明了，只有在合同实施前进行合同分析以方便日常合同管理工作。

第五，在合同中存在的问题和风险，包括合同审查时已发现的风险和还可能隐藏着的风险在合同实施前有必要作进一步的全面分析。

第六，合同实施过程中，双方会产生许多争执，解决这些争执也必须作合同分析。

（二）合同分析的内容

1. 合同的法律基础

分析合同签订和实施所依据的法律、法规，通过分析，承包人了解适用于合同的法律的基本情况（范围、特点等），用以指导整个合同实施和索赔工作。对合同中明示的法律要重点分析。

2. 合同类型

不同类型的合同，其性质、特点、履行方式不一样，双方的责权利关系和风险分担不一样。这直接影响合同双方的责任和权利的划分，影响工程施工中的合同管理和索赔。

3. 承包人的主要任务

（1）承包人的总任务，即合同标的

承包人在设计、采购、生产、试验、运输、土建、安装、验收、试生产、缺陷责任期维修等方面的主要责任，施工现场的管理责任，给发包人的管理人员提供生活和工作条件的责任等。

（2）工作范围

它通常由合同中的工程量清单、图纸、工程说明、技术规范定义。工程范围的界限应很清楚，否则会影响工程变更和索赔，特别是固定总价合同。

（3）工程变更的规定

重点分析工程变更程序和工程变更的补偿范围。

4. 发包人的责任

主要分析发包人的权利和合作责任。发包人的权利是承包人的合作责任，是承包人容易产生违约行为的地方；发包人的合作责任是承包人顺利完成合同规定任务的前提，同时又是承包人进行索赔的理由。

5. 合同价格

应重点分析合同采用的计价方法、计价依据、价格调整方法、合同价格所包括的范围及工程款结算方法和程序。

6. 施工工期

在实际工程中，工期拖延极为常见和频繁，而且对合同实施和索赔的影响很大，要特别重视。

7. 违约责任

如果合同的一方未遵守合同规定，造成对方损失，应受到相应的合同处罚。

（1）承包人不能按合同规定的工期完成工程应支付的违约金或承担发包人损失的条款

（2）由于管理上的疏忽造成对方人员和财产损失的赔偿条款

（3）由于预谋和故意行为造成对方损失的处罚和赔偿条款

（4）由于承包人不履行或不能正确履行合同责任，或出现严重违约时的处理规定

（5）由于发包人不履行或不能正确履行合同责任，或出现严重违约时的处理规定，特别是对发包人不及时支付工程款的处理规定

8. 验收、移交、和保修

（1）验收

验收包括许多内容，如材料和机械设备的进场验收、隐蔽工程验收、单项工程验收、全部工程竣工验收等。

在合同分析中，应对重要的验收要求、时间、程序以及验收所带来的法律后果作说明。

（2）移交

竣工验收合格即办理移交。应详细分析工程移交的程序，对工程尚存的缺陷、不足之处以及应由承包人完成的剩余工作，发包人可保留其权利，并指令承包人限期完成，承包人应在移交证书上注明的日期内尽快地完成这些剩余工程或工作。

（3）保修

分析保修期限和保修责任的划分。

9. 索赔程序和争执的解决

重点分析索赔的程序、争执的解决方式和程序及仲裁条款，包括仲裁所依据的法律、仲裁地点、方式和程序、仲裁结果的约束力等。

二、合同交底

合同交底是以合同分析为基础、以合同内容为核心的交底工作，涉及合同的全部内容，特别是关系到合同能否顺利实施的核心条款。合同交底的目的是将合同目标和责任具体落实到各级人员的工程活动中，并指导管理及技术人员以合同为行为准则。合同交底一般包括以下主要内容：

①工程概况及合同工作范围；

②合同关系及合同涉及各方之间的权利、义务与责任；

③合同工期控制总目标及阶段控制目标，目标控制的网络表示及关键线路说明；

④合同质量控制目标及合同规定执行的规范、标准和验收程序；

⑤合同对本工程的材料、设备采购、验收的规定；

⑥投资及成本控制目标，特别是合同价款的支付及调整的条件、方式和程序；

⑦合同双方争议问题的处理方式、程序和要求；

⑧合同双方的违约责任；

⑨索赔的机会和处理策略；

⑩合同风险的内容及防范措施；

⑪合同进展文档管理的要求。

三、合同实施控制

（一）合同控制的作用

第一，进行合同跟踪，分析合同实施情况，找出偏离，以便及时采取措施，调整合同实施过程，达到合同总目标。

第二，在整个工程过程中，能使项目管理人员一直清楚地了解合同实施情况，对合同实施现状、趋向和结果有一个清醒的认识。

（二）合同控制的依据

第一，合同和合同分析结果，如各种计划、方案、洽商变更文件等，是比较的基础，是合同实施的目标和依据。

第二，各种实际的工程文件，如原始记录，各种工程报表、报告、验收结果、计量结果等。

第三，工程管理人员每天对现场的书面记录。

（三）合同控制措施

1. 合同问题处理措施

分析合同执行差异的原因及差异责任，进行问题处理。

2. 工程问题处理措施

工程问题处理措施包括技术措施、组织和管理措施、经济措施和合同措施。

四、工程合同档案管理

合同的档案管理是对合同资料的收集、整理、归档和使用，合同资料的种类如下：

第一，合同资料，如各种合同文本、招标文件、投标文件、图纸、技术规范等。

第二，合同分析资料，如合同总体分析、网络图、横道图等。

第三，工程实施中产生的各种资料，如发包人的各种工作指令、签证、信函、会议纪要和其他协议，各种变更指令、申请、变更记录，各种检查验收报告、鉴定报告。

第四，工程实施中各种记录、施工日记等，官方的各种文件、批件，反映工程实施情况的各种报表、报告、图片等。

第六节 施工合同索赔管理

一、索赔的概念与分类

（一）索赔的概念

索赔是指在合同实施过程中，合同当事人一方因对方违约或其他过错，或虽无过错但无法防止的外因致使受到损失时，要求对方给予赔偿或补偿的法律行为。索赔是双向的，承包人可以向发包人索赔，发包人也可以向承包人索赔。一般称后者为反索赔。

（二）索赔的分类

1. 按索赔发生的原因

如施工准备、进度控制、质量控制、费用控制和管理等原因引起的索赔，这种分类能明确指出每一索赔的根源所在，使发包人和工程师便于审核分析。

2. 按索赔的目的分类

（1）工期索赔

工期索赔就是要求发包人延长施工时间，使原规定的工程竣工日期顺延，从而避免违约罚金的发生。

（2）费用索赔

费用索赔就是要求发包人补偿费用损失，进而调整合同价款。

3. 按索赔的依据分类

（1）合同内索赔

合同内索赔是指索赔涉及的内容在合同文件中能够找到依据，或可以根据该合同某些条款的含义，推论出一定的索赔权。

（2）合同外索赔

合同外索赔是指索赔内容虽在合同条款中找不到依据，但索赔权利可以从有关法律法规中找到依据。

（3）道义索赔

道义索赔是指由于承包人失误，或发生承包人应负责任的风险而造成承包人重大的损失所产生的索赔。

4. 按索赔的有关当事人分类

（1）承包人和发包人之间的索赔

（2）总承包人与分承包人之间的索赔

（3）承包人与供货人之间的索赔

（4）承包人向保险公司、运输公司索赔等

5. 按索赔的处理方式分类

（1）单项索赔

单项索赔就是采取一事一索赔的方式，每一件索赔事件发生后，即报送索赔通知书，编报索赔报告，要求单项解决支付。

（2）总索赔

总索赔又称综合索赔或一揽子索赔，一般是在工程竣工或移交前，承包人将施工中未解决的单项索赔集中考虑，提出综合索赔报告，由合同双方当事人在工程移交前进行最终谈判，以一揽子方案解决索赔问题。

二、索赔的起因

（一）发包人违约

发包人违约主要表现为：未按施工合同规定的时间和要求提供施工条件、任意拖延支付工程款、无理阻挠和干扰工程施工造成承包人经济损失或工期拖延、发包人所指定分包商违约等。

（二）合同调整

合同调整主要表现为：设计变更、施工组织设计变更、加速施工、代换某些材料、有意提高设备或原材料的质量标准引起的合同差价、图纸设计有误或由于工程师指令错误等，造成工程返工、窝工、待工、甚至停工。

（三）合同缺陷

合同缺陷主要有如下问题：

第一，合同条款规定用语含糊，不够准确，难以分清双方的责任和权益。

第二，合同条款中存在着漏洞，对实际各种可能发生的情况未作预测和规定，缺少某些必不可少的条款。

第三，合同条款之间互为矛盾，即在不同的条款和条文中，对同一问题的规定和解释要求不一致。

第四，合同的某些条款中隐含着较大的风险，即对承包人方面要求过于苛刻，约束条款不对等、不平衡。

（四）不可预见因素

1. 不可预见障碍

如：古井、墓坑、断层、溶洞及其他人工构筑障碍物等。

2. 不可抗力因素

如异常的气候条件、高温、台风、地震、洪水、战争等。

3. 其他第三方原因

与工程相关的其他第三方所发生的问题对本工程项目的影响，如银行付款延误、邮路延误、车站压货等。

（五）国家政策、法规的变化

国家政策、法规的变化表现为：

1. 建筑工程材料价格上涨，人工工资标准的提高
2. 银行贷款利率调整，以及货币贬值给承包商带来的汇率损失
3. 国家有关部门在工程中推广、使用某些新设备、施工新技术的特殊规定
4. 国家对某种设备建筑材料限制进口、提高关税的规定等

（六）发包人或监理工程师管理不善

第一，工程未完成或尚未验收，发包人提前进入使用，并造成了工程损坏。

第二，工程在保修期内，由于发包人工作人员使用不当，造成工程损坏。

（七）合同中断及解除

第一，国家政策的变化、不可抗力和双方之外的原因导致工程停建或缓建造成合同中断。

第二，合同履行中，双方在组织管理中不协调，不配合以至于矛盾激化，使合同不能再继续履行下去，或发包人严重违约，承包人行使合同解除权，或承包人严重违约，发包人行使驱除权解除合同等。

三、索赔的程序

（一）索赔意向通知

当索赔事项出现时，承包人将他的索赔意向，在事项发生 28 d 内，以书面形式通知工程师。

（二）索赔报告提交

承包人在合同规定的时限内递送正式的索赔报告。内容主要包括：索赔的合同依据、索理由、索赔事件发生经过、索赔要求（费用补偿或工期延长）及计算方法，并附相应证明材料。

（三）工程师对索赔的处理

工程师在收到承包人索赔报告后，应及时审核索赔资料，并在合同规定期限内给予答复或要求承包人进一步补充索赔理由和证据，逾期可视为该项索赔已经认可。

（四）索赔谈判

工程师提出索赔处理决定的初步意见后，发包人和承包人就此进行索赔谈判，作出索赔的最后决定。若谈判失败，即进入仲裁与诉讼程序。

四、索赔证据的要求

①事实性，索赔证据必须是在实施合同过程中确实存在和发生的，必须完全反映实际情况，能经得住推敲。

②全面性，所提供的证据应能说明事件的全过程，不能零乱和支离破碎。

③关联性，索赔证据应能互相说明，相互具关联性，不能互相矛盾。

④及时性，索赔证据的取得及提出应当及时。

⑤具有法律效力，一般要求证据必须是书面文件，有关记录、协议、纪要必须是双方签署的，工程中的重大事件、特殊情况的记录、统计必须由监理工程师签证认可。

五、反索赔

索赔管理的任务不仅在于对己方产生的损失的追索，而且在于对将产生或可能产生的损失的防止。追索损失主要通过索赔手段进行，而防止损失主要通过反索赔进行。

索赔和反索赔是进攻和防守的关系。在合同实施过程中，合同双方都在进行合同管理，都在寻找索赔机会，一旦干扰事件发生，一方进行索赔，不能进行有效的反索赔，同样要蒙受损失，所以反索赔与索赔有同等重要的地位。

反索赔的目的是防止损失的发生，它包括两方面的内容：

第一，防止对方提出索赔。在合同实施中进行积极防御，使自己处于不能被索赔的地位。如防止自己违约，完全按合同办事。

第二，反击对方的索赔要求。如对对方的索赔报告进行反驳，找出理由和证据，证明对方的索赔报告不符合事实情况，不符合合同规定，没有根据，计算不准确，以避免或减轻自己的赔偿责任使自己不受或少受损失。

第十二章　水利工程项目合同管理与控制

第一节　水利工程施工合同管理概述

一、工程项目资源的种类

资源作为工程项目实施的基本要素，它通常包括：

第一，劳动力，包括劳动力总量，各专业、各种级别的劳动力，操作工人、修理工以及不同层次和职能的管理人员。

第二，原材料和设备，它构成工程建筑的实体，例如常见的砂石、水泥、砖、钢筋、木材、生产设备等。

第三，周转材料，如模板、支撑、施工用工器具以及施工设备的备件、配件等。

第四，项目施工所需的施工设备、临时设施和必需的后勤供应。施工设备，如塔吊、混凝土拌和设备、运输设备。临时设施，如施工用仓库、宿舍、办公室、工棚、厕所、现场施工用供排系统（水电管网、道路等）。

此外，还可能包括计算机软件、信息系统、服务、专利技术等。

二、资源问题的重要性

资源作为工程实施的必不可少的前提条件，它们的费用占工程总费用的80%以上，所以资源消耗的节约是工程成本节约的主要途径。而如果资源不能保证，任何考虑得再周密的工期计划也不能实行。资源管理的任务就是按照项目的实施计划编制资源的使用和供应计划，将项目实施所需用的资源按正确的时间、正确的数量供应到正确的地点，并降低资源成本消耗（如采购费用、仓库保管费用等）。

在现代工程中由于资源计划失误造成的损失很大，例如由于供应不及时造成工程活动不能正常进行，整个工程停工或不能及时开工，这已成为工程索赔的主要原因之一。

由于不能经济地使用资源或获取更为廉价的资源造成成本增加。

由于未能采购符合规定的材料，使材料或工程报废，或采购超量、采购过早造成浪费，造成仓库费用增加等。

所以在现代项目管理中，对资源计划有如下要求：

第一，它必须纳入进度管理中。

其一，资源作为网络的限制条件，在安排逻辑关系和各工程活动时就要考虑到资源的限制和资源的供应过程对工期的影响。通常在工期计划前，人们已假设可用资源的投入量。如果网络编制时不顾及资源供应条件的限制，则网络计划是不可执行的。

其二，网络分析后作详细的资源计划以保证网络的实施，或对网络提出调整要求。

其三，在特殊工程中以及对特殊的资源，如对大型的工业建设项目，成套生产设备的生产、供应、安装计划常常是整个项目计划的主体。

第二，它必须纳入成本管理中，作为降低成本的措施。

第三，在制定实施方案以及技术管理和质量控制中必须包括资源管理的内容。

三、资源问题的复杂性

资源管理是极其复杂的，主要原因有：

第一，资源的种类多，供应量大。例如材料的品种、机械设备的种类极多，劳动力涉及各个工种、各种级别。通常一个建设工程建筑材料有几百几千种、几千几万吨。

第二，由于工程项目生产过程的不均衡性，使得资源的需求和供应不均衡，资源的品种和使用量在实施过程中大幅度的起伏。这大大难于一般工业生产过程的资源管理。

第三，资源供应过程的复杂性。按照工程量和工期计划确定的仅是资源的使用计划，而资源的供应是一个非常复杂的过程。例如要保证劳动力使用，则必须安排招聘、培训、调遣以及相应的现场生活的设施。要保证材料的使用，必须安排好材料的采购、运输、储存等。

在上述每个环节上都不能出现问题，这样才能保证工程的顺利实施。所以要有合理的供应方案、采购方案和运输方案，并对全过程进行监督和控制。

第四，设计和计划与资源的交互作用，资源计划是总计划的一部分，它受整个设计方案和实施方案的影响很大。

其一，在作设计和计划时必须考虑市场所能提供的设备和材料、供应条件、供应能力，否则设计和计划会不切实际，必须变更。

其二，设计和计划的任何偏差、错误、变更都可能导致材料积压、无效采购、多进、早进、错进、缺乏，都会影响工期、质量和工程经济效益，可能会产生争执（索赔），例如在实施过程中增加工程范围、修改设计、停工、加速施工等都可能导致资源计划的修改，资源供应和运输方式的变化，资源使用的浪费。所以资源计划不是被动的受制于设计和计划（实施方案和工期），而是应积极地对它们进行制约，作为它们的前提条件。

第五，由于资源对成本的影响很大，要求在资源供应和使用中加强成本控制，进行资源优化，例如，

选择使用资源少的实施方案；

均衡地使用资源；

优化资源供应渠道，以降低采购费用；

充分利用现有的企业资源，现有的人力、物力、设备；

充分利用现场可用的资源、建筑材料、已有建筑，以及已建好但未交付的永久性工程等。

第六，资源的供应受外界影响大，作为外界对项目的制约条件，常常不是由项目本身所能解决的。例如：

供应商不能及时地交货；

在项目实施过程中市场价格、供应条件变化大；

运输途中由于政治、自然、社会的原因造成拖延；

冬季和雨季对供应的影响；

用电高峰期造成施工现场停电等。

这些是资源供应的外部风险。

第七，资源经常不是一个项目的问题，而必须在多项目中协调平衡。例如企业一定的劳动力数量和一定的设备数量必须在同时实施的几个项目中均衡使用，对有限的资源寻找一个可能的、可行的，同时又能产生最佳整体效益的安排方案。

有时由于资源的限定使得一些能够同时施工的项目必须错开实施，甚至不得不放弃能够获得的工程。

第八，有时资源的限制，不仅存在上限定义，而且可能存在下限定义，或要求充分利用现有定量资源。例如，在国际工程中派出 100 人，由于没有其他工程相调配，这 100 人必须在一个工程中安排，不能增加，也不能减少，在固定约束条件下，使工程尽早结束。这时必须将一些活动分开，或某些活动提前（修改逻辑关系），或压缩工期增加资源投入以利用剩余的资源。这给项目的实施方案和工期计划安排带来极大的困难。

在有的情况下，资源的限制不是常值，而是变值，如不同时期，企业劳动力富余程度不一样，现在施工企业农民工用得较多，到农忙季节，农民工必须回乡村务农。

第二节 资源计划方法

一、资源计划过程

资源计划应纳入项目的整体计划和组织系统中，资源计划包括如下过程：

第一，在工程技术设计和施工方案的基础上确定资源的种类、质量、用量，这可由工作量和单位工作量资源消耗标准得到，然后逐步汇总得到整个项目的各种资源的总用量表。

第二，资源供应情况调查和询价，即调查如何及从何处得到资源；供应商提供资源的能力、质量和稳定性；确定各个资源的单价，进而确定各种资源的费用。

第三，确定各种资源使用的约束条件，包括总量限制、单位时间用量限制、供应条件和过程的限制。在安排网络时就必须考虑到可用资源的限制，而不仅仅在网络分析的优化中考虑。这些约束条件由项目的环境条件，或企业的资源总量和资源的分配政策决定。

对特殊的进口资源，应考虑资源可用性、安全性、环境影响、国际关系、政府法规等。

第四，在工期计划的基础上，确定资源使用计划，即资源投入量一时间关系直方图（表），确定各资源的使用时间和地点。在作此计划时假设它在活动时间上平均分配，从而得到单位时间的投入量（强度）。所以在资源的计划和控制过程中必须一直结合工期计划（网络）进行。

第五，确定各个资源的供应方案、各个供应环节，并确定它们的时间安排，如材料设备的仓储、运输、生产、订货、采购计划，人员的调遣、培训、招雇、解聘计划等。这些供应活动组成供应网络，在项目的实施过程中，它与工期网络计划互相对应，互相影响，管理者以此对供应过程进行全方位的动态控制。

第六，确定项目的后勤保障体系，如按上述计划确定现场的仓库、办公室、宿舍、工棚、汽车的数量及平面布置，确定现场的水电管网及布置。

二、劳动力计划

（一）劳动力使用计划

劳动力使用计划是确定劳动力的需求量，是劳动力计划的最主要的部分，它不仅决定劳动力招聘、培训计划，而且影响其他资源计划（如临时设施计划、后勤供应计划）。

1. 确定各活动劳动效率

在一个工程中，分项工作量一般是确定的，它可以通过图纸和规范的计算得到，而劳动效率的确定十分复杂。劳动效率通常可用“产量／单位时间”，或“工时消耗量／单位工作量”表示，在建筑工程中劳动效率可以在《劳动定额》中查到。它代表社会平均先进的劳动效率。在实际应用时，必须考虑到具体情况，如环境、气候、地形、地质、工程特点、实施方案的特点、现场平面布置、劳动组合等，进行调整。

2. 确定各活动劳动力投入量（劳动组合或投入强度）

这里假设在持续时间内，劳动力投入强度是相等的，而且劳动效率也是相等的。

这里有如下几个问题值得注意：

第一，在上式中，工程量、劳动力投入量、持续时间、班次、劳动效率、每班工作时间之间存在一定的变量关系，在计划中它们经常是互相调节的。

第二，在工程中经常安排混合班组承担一些工作包任务，则要考虑整体劳动效率。这里有时既要考虑到设备能力和材料供应能力的制约，又要考虑与其他班组工作的协调。

第三，混合班组在承担工作包（或分部工程）时劳动力投入并非均值。

3. 确定整个项目劳动力投入曲线

这与前面的成本计划相似。

4. 现场其他人员的使用计划

包括为劳动力服务的人员（如医生、厨师、司机等）、工地警卫、勤杂人员、工地管理人员等，可根据劳动力投入量计划按比例计算，或根据现场的实际需要安排。

（二）劳动力的招雇、调遣、培训和解聘计划

为了保证劳动力的使用，在这之前必须进行招雇、调遣和培训工作，工程完工或暂时停工必须解聘或调到其他工地工作。这必须按照实际需要和环境等因素确定培训和调遣时间的长短，及早安排招聘，并签订劳务合同或工程的劳务分包合同。这些计划可以根据具体情况以及招聘、调遣和培训方案，由劳动力使用计划向前倒排，作出相应的计划安排。

它们应该被纳入项目的准备工作计划中。

（三）其他劳动力计划

作为一个完整的工程建设项目，劳动力计划常常还包括项目运行阶段的劳动力计划，包括项目运行操作人员、管理人员的招雇、调遣、培训的安排，如对设备和工艺由外国引进的项目常常还要将操作人员和管理人员送到国外培训。通常按照项目顺利、正常投入运行的要求，编排子网络计划，并由项目交付使用期向前安排。

有的业主希望通过项目的建设，有计划地培养一批项目管理和运营管理的人员。

三、材料和设备供应计划

（一）材料和设备的供应过程

1. 材料供应过程

材料供应计划的基本目标是将适用的物品，按照正确的数量在正确的时间内供应到正确的地点，以保证工程顺利实施。

要达到这个目标，必须在供应过程的各个环节进行准确的计划和有力的控制。通常供应过程如下：

第一，作需求计划表，它包括材料说明、数量、质量、规格，并作需求时间曲线。

第二，对主要的供应活动作出安排。在施工进度计划的基础上，建立供应活动网络、装配网络。确定各供应活动时间安排，形成工期网络和供应子网络的互相联系、互相制约。

第三，市场调查。了解市场供应能力、供应条件、价格等，了解供应商名称、地址、联系人。有时直接向供应商询价，由于通常需求计划（即使用时间安排）是一定的，则必须以这个时间向前倒排作各项工作的时间安排。

第四，采购订货，通过合同的形式委托供应任务，以保证正常的供应。

第五，运输的安排。

第六，进场及各种检验工作。

第七，仓储等的安排。

目前尽管网络分析软件包中有资源计划的功能，但由于资源的复杂性和多样性，这种计划功能的适用性不强，所以实际工程中人们仍以手工编制资源供应计划的较多。

2. 设备供应过程

设备的供应比材料供应更为复杂：

第一，生产设备通常成套供应，它是一个独立的系统，不仅要求各部分内在质量高，而且要保证系统运行效率，达到预定生产能力。

第二，对设备供应有时要介入设备的生产过程，对生产过程质量进行控制，而材料一般仅在现场作材质检验。

第三，要求设备供应商辅助安装、作指导、协助解决安装中出现的问题。

第四，有时还要求设备供应商为用户培训操作人员。

第五，设备供应不仅包括设备系统，而且包括一定的零配件和辅助设备，还包括各种操作文件和设备生产的技术文件，以及软件，甚至包括运行的规章制度。

第六，设备在供应（或安装）后必须有一个保修期（缺陷责任期），供应方必须对设备运行中出现的由供应方责任造成的问题负责。

所以设备供应过程更复杂，更具有系统性，常常需要一个更为复杂的子网络。

（二）需求计划

需求计划是按照工程范围、工程技术要求、工期计划等确定的材料使用计划。它包括两方面的内容：

1. 各种材料需求量的确定

对每个工作包（如某分项工程的施工），按照图纸、设计规范和实施方案，可以确定它的工作量，以及具体材料的品种、规格和质量要求。这里必须精确地了解设计文件、招标文件、合同，否则容易造成供应失误。进一步又可以按照过去工程的经验，历史工程资料或材料消耗标准（定额）确定该工作包的单位工程量的材料消耗量，作为材料消耗标准。例如我国建筑工程中常用的消耗定额，通常用每单位工程量材料消耗量表示。

则该分项工程每一种材料消耗总量为：

某工作包某种材料消耗总量 = 该工作包工程量 ×（材料消耗量 / 单位工程量）

若材料消耗量为净用量，在确定实际采购量时还必须考虑各种合理的损耗。例如：

（1）运输、仓储（包括检验等）过程中的损耗。

（2）材料使用中的损耗，包括使用中散失、破碎、边角料的损耗。

2. 材料需求时间曲线

材料是按时、按量、按品种规格供应的。材料供应量与时间的关系曲线按如下步骤确定：

第一，将各分项工程的各种材料消耗总量分配到各自的分项工程的持续时间上，通常平均分配。但有时要考虑到在时间上的不平衡性。例如基础工程施工，前期工作为挖土、支模、扎钢筋，混凝土的浇捣却在最后几天。所以钢筋、水泥、沙石的用量是不均衡的。

第二，将各工程活动的材料耗用量按项目的工期求和，得到每一种材料在各时间段上的使用量计划表。

第三，作使用量一时间曲线。

它的计划方法，过程和结果表达方式与前述的劳动力使用计划几乎完全相同。

由于一切材料供应工作都是为使用服务的，项目管理者必须将这个计划下达给各个环节上的人员（如采购、运输、财务、仓储）以使大家有统一的目标。

四、市场调查

采购要预先确定费用，确定采购地点和供应商。由于现代大的工程项目都采用国际采购，所以常常必须关注整个国际市场，在项目中进行生产要素的国际优化组合。项目管理者必须对市场（国际国内）一目了然，从各方面获得信息，建立广泛的联系，及时准确地提出价格。

由于各国、各地区供求关系、生产者的生产或供应能力、材料价格、运费、支付条件、保险费、关税、途中损失、仓储费用各不相同，所以确定材料采购计划时必须进行不同方案的总采购费用比较。

在市场调查时要考虑到不同采购方案的风险，例如海运、工资变化、汇率损失、国际关系、国家政策的变化带来的影响。

在国际上许多大的承包商（采购者）都长期地结识一些供应商或生产者，在自己的周围有一些较为稳定的合作伙伴，形成稳定的供应网络。这对投标报价和保障供应是极为有利的，甚至有的承包商（供应商）为了取得稳定的供应渠道，直接投资参与生产。

对大型的工程项目和大型工程承包企业应建立全球化采购的信息库。

五、采购

在国际工程中，采购有十分广泛的意义，工程的招标，劳务、设备和材料的招标或采办过程都作为采购。而本章所指的采购仅是项目所需产品（材料和设备）的采购或采办。

（一）采购工作安排

采购应有计划，以便能进行有效的采购控制。在采购前应确定所需采购的产品，分解采购活动，明确采购日程安排。在计划期必须针对采购过程绘制供应网络，并作时间安排。供应网络是工期计划的重要保证条件。

在采购计划中应特别注意对项目的质量、工期、成本有关键作用的物品的采购过程。通常采购时间与货源有关：

第一，对具有稳定的货源，市场上可以随时采购的材料，可以随时供应，采购周期一般 1 ～ 7 天。

第二，间断性批量供应的材料，两次订货间会脱销的，周期为 7 ～ 180 天。

第三，按订货供应的材料，如进口材料、生产周期长的材料，必须先订货再供应，供应周期为 1 ～ 3 个月。常常要先集中提前订货，再按需要分批到达。

对需要特殊制造的设备，或专门研制开发的成套设备（包括相关的软件），其时间要求与过程要专门计划。例如地铁项目中的盾构设备的采办期需要 8 ～ 12 个月。

（二）采购负责者

在我国材料和设备的采购责任承担者可能有业主、总承包商、分包商，而提供者可能是供应商和生产厂家。有些供应是由企业内部的部门或分公司完成的，如企业内部产品的提供，使用研究开发部门的成果；我国工程承包企业内部材料部门、设备部门向施工项目供应材料、周转材料、租赁设备。

从项目管理的观点出发，无论是从外部供应商处购买，还是从企业组织内获得的产品都可以看作采购的产品。在这两种情况下，要求是相同的，但外部产品是通过正式合同获得的，所以过程要复杂些；而内部产品是按内部合同或研制（或采办）程序获得的。

（三）采购方式

工程项目中所采用的采购方式较多，常见的有：

第一，直接购买。即到市场上直接向供应商（如材料商店）购买，不签订书面合同。这适用于临时性的、小批量的、零星的采购。当货源比较充足，且购买方便，则采购周期可以很短，有时 1 天即可。

第二，供求双方直接洽商，签订合同，并按合同供应。通常需方提出供应条件和要求，供方报价，双方签订合同。

这适用较大批量的常规材料的供应。需方可能同时向许多供方询价，通过货比三家，确定价格低而合理，条件优惠的供应商。为了保证供应的质量，常常必须先要求提供样品认可，并封存样品，进货后对照检验。

第三，采用招标的方式。这与工程招标相似，由需方提出招标条件和合同条件，由许多供应商同时投标报价。通过招标，需方能够获得更为合理的价格、

条件更为优惠的供应。一般大批量的材料、大型设备的采购、政府采购都采用这种方式。通常这种方式供应时间较长。

（四）采购合同

作为需方，在合同签订前应提出完备的采购条件，让供方获得尽可能多的信息，以使他能及时的详细的报价。采购条件通常包括技术要求和商务条件：

技术方面要求，包括采购范围、使用规范、质量标准、品种、技术特征；

交付产品的日期和批量的安排；

包装方式和要求；

交接方式：从出厂起，或供货到港，或到工地，或其他指定地点；

运输方式；

相应的质量管理要求、检验方式、手段及责任人；

合同价款、合同价款包括的内容、税收的支付、付款期及支付条件；

保险责任；

双方的权利和违约责任；

特殊物品，如危险品的专门规定等。

对设备的采购还应包括生产厂家的售后服务和维修，配件供应网络。

采购合同的各种安排应完全按工程计划进行。当然不同的合同条件，供方有不同的责任，则有不同的报价。

（五）批量的确定

任何工程不可能用多少就采购多少，现用现买。供应时间和批量存在重要的关系，在采购计划以及合同中必须规定何时供应多少材料。按照库存原理，它们之间存在如下关系：供应间隔时间长，则一次供应量大，采购次数少，可以节约采购人员的费用、各种联系、洽商和合同签订费用。但大批量采购时需要大的仓库储存，保管期长，保管费用高。

对每一种具体项目情况，从理论上存在经济采购批量，它可以由图 11-3 所确定。这在许多库存管理和财务管理的书中都有介绍。但经济采购批量模型在工程项目中可

用性很差，这是由于工程项目的生产过程是不均衡的，而且对采购批量的影响因素还有：

1. 大批量采购可以获得价格上的优惠

2. 早期大批量采购可以减少通货膨胀对材料费用的影响

3. 除经济性外，还要综合考虑项目资金供应状况、现场仓储条件、材料性质（如可保存期）等因素

第四，要求保障足够的库存以保障施工，对国际采购，供应困难的材料一般须大批量采购。

（六）采购中的几个问题

采购是供应工作的核心，有如下几个问题必须注意：

第一，由于供应对整个工期、质量、成本的影响，所以应将它作为整个项目甚至整个企业的工作，而不能仅由部门或个人垄断。例如，采购合同和采购条件的起草、商谈和签订要有几个部门的共同参与，技术部门在质量上把关作好选择；财务部门对付款提出要求，安排资金计划；供应时间应保证工期的要求；供应质量要有保证，供应商应是有名气的，并有生产许可证。

第二，在国内外工程中采购容易产生违法乱纪行为。作为项目经理、业主以及上层领导应加强采购的管理，特别要使过程透明，有明确的定标条件，决策公开。采购过程中，项目各职能部门之间应有制衡和监督，例如提出采购计划和要求、采购决策，具体采购业务、验收、使用应由不同的人负责，应有严格的制度，以避免违纪现象。采购中还价和折扣应公开，防止由于其他因素的影响，如关系户，导致计划失误、盲目采购、一次采购量过大或价格过高。

第三，对生产周期长的材料和设备，不仅要提前订货，而且有时要介入其生产过程进行检查和控制。在承包合同或供应合同中应明确规定这种权力。

第四，采购中的技术经济分析。由于材料（包括设备）占工程成本（投资）的大部分，所以要降低项目成本，首先必须对材料价格进行控制和优化。这里包括极其复杂的内容，例如：

货比三家，广泛询价，不同供应商有不同价格；

进行采购时间和批量的优化；

付款期、价格、资金成本的优化；

对大宗材料的采购必须考虑付款方式和付款期；

采购批量和价格的优化，不同的采购批量，会有不同的价格；

采购时间与价格，如春节前、圣诞前，许多供应商会降低价格甩卖；

不同采购地点，不同供应条件的选择；

选择正式的纳税方式；

采购合同中合理地分配风险，合理划分双方的职责。

第五，对承包商负责的采购，由于在主合同工程报价时尚不能签订采购合同，只能向供应商询价。询价不是合同价，没有法律的约束力，只有待承包合同签订后才能

签订采购合同。应防止供应商寻找借口提高供应价格。为了保障供应和稳定价格，最好选择有长期合作关系的供应商。

第六，在施工设备的采购中应注意：

其一，设备操作和维修人员的培训及保障。在许多国际工程中由于操作人员不熟悉设备，不熟悉气候条件造成设备损坏率高，利用率低，折旧率高。

其二，设备配件的供应条件。施工设备零配件的储存量一般与如下因素有关：

供应商的售后服务条件，维修点的距离；

工期的长短；

磨损量和更换频率等。

设备制造商或供应商的售后服务网络，能否及时的提供维修和构配件，以及零配件供应价格。例如工地附近有无维修站点，供应商保证在多长时间内提供维修服务。在国际工程中，许多工程由于零配件无法提供或设备维修缺乏而导致大量设备停滞，使用率太低；或设备买得起，但用不起。如果供应商在工程附近有维修点、供应站，则可以大大减少备用设备和配件的库存量。

在国际工程中，由于零配件的海运期约 3 ～ 5 个月，一般对 3 年以上的工程，开工时至少准备一年的零配件。对重要的工程或特别重要的设备零配件应有充足的储备。在某国际工程中，由于挖土机缺少密封垫圈，无法施工，而当地又没有供应，承包商派专人花费 1000 多马克乘飞机，将仅仅值 0。77 马克的垫圈从国外送达工地。

第十三章　水利水电工程风险管理与控制

第一节　水利水电工程风险管理的基础认知

一、工程项目风险的定义

（一）风险的定义

对风险（Risk）认识的角度不同，风险的定义也不同。风险的概念可以从经济学、保险学、风险管理等不同的角度给出不同的定义，至今尚无统一的定义，但较为通用的解释如下：

第一，风险是损失发生的不确定性。即风险由不确定性和损失两个因素构成。

第二，风险是在一定条件下一定时期内，某一事件的预期结果与实际结果间的变动程度。变动程度越大，风险越大，反之则越小。

风险是一种可能性，一旦成为现实，就称为风险事件。风险事件如果朝有利的方向发展，则称为机会，否则就称为威胁或损失。由上述风险的定义可知，所谓风险要具备两方面条件：一是不确定性，二是产生损失后果，否则就不能称为风险。因此，肯定发生损失后果的事件不是风险，没有损失后果的不确定性事件也不是风险。

（二）工程项目风险的定义

简单地说，工程项目风险是指在工程项目建设过程中，由于各种不确定因素的影响，使工程项目不能达到预期目标的可能性。

工程项目的立项、分析、研究、设计和计划都是基于对未来情况（政治、经济、社会、自然等各方面）预测基础上的，基于正常的、理想的技术、管理和组织之上的。而在实施运行过程中，这些因素都有可能产生变化，使得原定的计划方案受到干扰，目标不能实现。因此，工程项目风险是指由于工程项目所处环境和条件本身的不确定性和项目业主、客户、项目组织或项目的某个当事人主观上不能准确预见或控制因素影响，使项目的最终结果与当事人的期望产生背离，并存在给当事人带来损失的可能性。风险在任何工程项目中都存在。这些风险造成工程项目实施的失控现象，如工期延长、成本增加、计划修改等。

二、工程项目风险的特点

（一）项目风险的客观必然性

一个项目从立项决策、设计，直至最终按预定目标完成，持续的时间长，涉及的风险因素多。而很多风险因素都是不以人们的意志为转移的客观现实，因此工程项目风险具有客观必然性。从这个意义上说，工程项目风险很大，很多风险因素和风险事件发生的概率很大，而且一旦发生造成的损失后果也比较严重。

（二）项目风险的多样性

在一个项目中有许多种类的风险存在，如政治风险、经济风险、法律风险、自然风险、合同风险、合作者风险等。这些风险会不同程度地作用于工程项目，产生错综复杂的影响。

（三）项目风险的相对性

虽然参与工程项目的各方均有风险，但各方的风险不尽相同，即使同样的风险对于不同风险管理主体也会有不同的影响。比如在固定总价合同模式下，通货膨胀对于业主来说不是风险，而对于承包商来说是相当大的风险，而在可调价格合同模式下，则刚好相反。对于项目风险而言，由于人们承受风险的能力不同，人们的认识深度和广度的不同，项目收益的大小不同，投入资源多少的不同，项目主体的地位高低以及拥有资源的多少不同等因素影响，项目风险的大小和后果也会不同。

（四）项目风险的覆盖性

项目的风险不仅在实施阶段，而且隐藏在决策、设计以及所有相关阶段的工作中，如目标设计中可能存在构思的错误，重要边界条件的遗漏；可行性研究中可能有方案的失误；技术设计中存在图纸和规范错误；施工中物价上涨，气候条件变化；运行中市场变化，产品不受欢迎、达不到设计能力，操作失误等。

（五）项目风险的阶段性

项目风险的阶段性是指项目风险的发展是分阶段的，而且这些阶段都有明确的界限和里程碑。通常这种风险有三个阶段：其一是潜在风险阶段，其二是风险发生阶段，其三是造成后果阶段。

（六）项目风险的突变性

项目的内外部条件的变化可能是渐进的，也可能是突变的。一般在项目的外部或内部条件发生突变时，项目风险的性质和后果也将随之发生突变。比如过去被认为是风险的事件现在突然风险消失了；而原来认为不可能发生的、没有风险的事件，却突然发生了。

三、工程项目风险的分类

工程项目风险可根据不同的角度进行分类，常见的工程项目风险分类方式有以下几种。

（一）按风险的后果分类

按风险所造成的不同后果可将风险分为纯风险和投机风险。

纯风险是指只会造成损失而不会带来受益的风险。例如自然灾害，一旦发生，将会导致重大损失，甚至人员伤亡；如果不发生，只是不造成损失而已，但不会带来额外的受益。投机风险则是指即可能造成损失也可能造成额外受益的风险。例如，一项重大投资可能因决策错误或因遇到不测事件而使投资者蒙受灾难性的损失；但如果决策正确，经营有方或赶上大好机遇，则有可能给投资人带来巨额利润。投机风险具有极大的诱惑力，人们常常注意其有利可图的一面，而忽视其带来厄运的可能。

纯风险和投机风险两者往往同时存在。例如，房产所有人就同时面临着纯风险（财产损坏）和投机风险（如经济形势变化所引起的房产价值的升降）。

纯风险和投机风险还有一个重要区别。在相同的条件下，纯风险重复出现的概率较大，表现出某种规律性，因而人们可能较成功地预测其发生概率，从而相对容易采取防范措施。而投机风险则不然，其重复出现的概率较小，所谓“机不可失，时不再来”，因而预测的准确性相对较差，也就较难防范。

（二）按风险产生的原因分类

按风险产生的不同原因可将风险分为政治风险、社会风险、经济风险、自然风险、技术风险等。其中，经济风险的界定可能会有一定的差异，例如，有的

学者将金融风险作为独立的一类风险来考虑。另外，需要注意的是，除了自然风险和技术风险是相对独立的之外，政治风险、社会风险和经济风险之间存在一定的联系，有时表现为相互影响，有时表现为因果关系，难以截然分开。

（三）按风险管理的主体分类

工程项目风险具有相对性，不同的风险管理主体往往面临着不同的风险按风险管理主体的不同风险可划分为业主或投资者的风险、承包商的风险、项目管理者的风险和其他主体风险等。

第一，业主或投资者风险。业主或投资者除了会遇到工程项目外部的政治、经济、法律和自然风险外，通常还会遇到项目决策和项目组织实施方面的风险。

第二，承包商（包括分包商、供应商）风险。承包商是业主的合作者，但在各自的经济利益上有时又是对立的双方，即双方既有共同利益，双方各自又有风险。承包商的行为对业主构成风险，业主的举动也会对承包人的利益造成威胁。承包人的风险大致包括：决策错误的风险、缔约和履约的风险、责任风险等。

第三，项目管理者的风险。项目管理者在项目实施和管理过程中也面临着各种风险。归纳起来，主要包括来自业主 / 投资方的风险、来自承包商的风险和职业责任风险等。

第四，其他主体风险。例如，中介人的资信风险，项目周边或涉及的居民单位的干预或苛刻的要求等风险。

（四）按工程项目风险管理的目标分类

风险管理是一项有目的的管理活动，风险管理目标与风险管理主体（如业主或承包商）的总体目标具有一致性。从风险管理目标角度分类，工程项目风险可分为进度风险、质量风险、费用风险和安全风险。

第一，工程项目进度风险。它是指工程项目进度不能按计划目标实现的可能性。根据工程进度计划的类型，可将其分为分部工程进度风险、单位工程进度风险和项目总进度风险。

第二，工程项目技术性能或质量风险。它是指工程项目技术性能或质量目标不能实现的可能性。一些轻微的质量缺陷出现，一般还不认为是发生了质量风险。质量风险通常是指较严重的质量缺陷，特别是质量事故。质量事故的出现，一般认为是质量风险发生了。

第三，工程项目费用风险。它是指工程项目费用目标不能实现的可能性。此处的费用，对业主而言，是指投资，因而费用风险是指投资风险；对承包商而言，是指成本，故费用风险是指成本风险。

第四，工程项目安全风险。它是指工程项目安全目标不能实现的可能性。安全风险主要蕴藏于施工阶段，根据《建筑法》和《建设工程安全生产管理条例》的规定，“施工单位对施工现场安全负责”，所以施工承包商面临着较大的安全风险。

当然，风险还可以按照其他方式分类，例如，按风险的影响范围可将风险分为基本风险和特殊风险；按风险分析依据可将风险分为客观风险和主观风险；按风险分布情况可将风险分为国别（地区）风险、行业风险；按风险潜在损失形态可将风险分为财产风险、人身风险和责任风险，等等。

四、工程项目风险管理

（一）工程项目风险管理的概念

风险管理就是人们对潜在的意外损失进行风险识别、评价、处理和监控，根据具体情况采取相应的应对措施和管理方法，对项目的风险进行有效控制，减少意外损失和避免不利后果，从而保证项目总体目标实现的管理行为。

工程项目风险管理是指通过风险识别、风险评价认识工程项目存在的风险，并以此为基础合理地使用各种风险应对措施以及管理技术、方法和手段对项目风险实行有效控制，妥善处理风险事件造成的不利后果，以最少的投入保证项目目标实现的管理过程。

项目的一次性特征使其不确定性要比其他一些经济活动大得多。因为重复性的生产和业务活动若出了问题，常常可在以后得到机会补救，而项目一旦出了问题，则很难补救。每个项目都有具体的风险，而每个项目阶段也会有不同的风险。一般来说项目早期的不确定因素较多，风险要高于以后各阶段的风险，而随着项目的实施，项目的风险也会逐步降低。

（二）工程项目风险管理过程

风险管理就是一个识别、确定和度量风险，并制定、选择和实施风险处理方案的过程。工程项目风险管理在这一点上并无特殊性。风险管理应是一个系统的、完整的过程，一般也是一个循环过程。风险管理过程包括风险识别、风险评价、风险对策决策、实施决策、检查五方面内容。

（三）工程项目风险管理与项目管理的关系

风险管理是工程项目项目管理的一部分，风险管理的目的是保证项目总目标的实现。

从项目的投资、进度和质量目标来看，项目风险管理与项目管理目标具有一致性。只有通过项目风险管理降低项目目标实现的不确定性，才能保证工程项目顺利进行，在一个正常的和相对稳定的环境中，实现项目的质量、进度和费用目标。

从项目范围管理来看，项目范围管理的主要内容包括界定项目范围和对项目范围变动控制。通过界定项目范围，可以明确项目的范围，将项目的任务细分为更具体、更便于管理的部分，避免遗漏而产生风险。在项目进行过程中，各种变更是不可避免的，变更会带来某些不确定性，风险管理可以通过对风险的识别、分析来评价这些不确定性，从而完成项目范围管理所提出的任务。

从项目的计划职能来看，项目风险管理为项目计划的指定提供了依据。项目计划考虑项目风险管理的职能可减少项目整个过程中的不确定性，这有利于计划的准确执行。

从项目沟通控制的职能来看，项目沟通控制主要对沟通体系进行控制，特别要注意经常出现误解和矛盾的职能和组织间的接口，这些可以为项目风险管理提供信息。反过来，项目风险管理中的信息又可以通过沟通体系传输给相应的部门和人员。

从项目实施过程来看，不少风险都是在项目实施过程中由潜在变为现实的。风险管理就是在风险分析的基础上，拟订出具体应对措施以消除、缓和、转移风险，利用有利机会避免产生新的风险。风险存在于项目的整个过程中，项目的过程涵盖风险管理的内容，并且蕴含在项目管理的人、管理机制以及管理制度之中，因此，项目管理的过程也可以说是风险管理的过程。

第二节 工程项目风险识别和评价

一、工程项目风险识别

（一）风险识别的特点和原则

1. 风险识别的特点

（1）个别性

任何风险都有与其他风险不同之处，没有两个风险是完全一致的。不同类型工程项目的风险不同自不必说，而同一类型的工程项目如果建造地点不同，其风险也不同；即使是建造地点确定的工程项目，如果由不同的承包商承建，其风险也不同。因此，虽然不同工程项目风险有不少共同之处，但一定存在不同之处，在风险识别时尤其要注意这些不同之处，突出风险识别的个别性。

（2）主观性

风险识别都是由人来完成的，由于个人的专业知识水平（包括风险管理方面的知识）、实践经验等方面的差异，同一风险由不同的人识别的结果就会有较大的差异。风险本身是客观存在，但风险识别是主观行为在风险识别时，要尽可能减少主观性对风险识别结果的影响。要做到这一点，关键在于提高风险识别的水平。

（3）复杂性

工程项目所涉及的风险因素和风险事件均很多，而且相互联系、相互影响，这给风险识别带来很强的复杂性。因此，工程项目风险识别对风险管理人员要求很高，并且需要准确、详细的依据，尤其是定量的资料和数据。

（4）不确定性

这一特点可以说是主观性和复杂性的结果。在实践中，可能因为风险识别的结果与实际不符而造成损失，这往往是由于风险识别结论错误导致风险对策决策错误而造成的。由风险的定义可知，风险识别本身也是风险。因而避免和减少风险识别的风险也是风险管理的内容。

2. 风险识别的原则

（1）由粗及细，由细及粗

由粗及细是指对风险因素的进行全面分析，并通过多种途径对工程风险进行分解，逐渐细化，以获得对工程风险的广泛认识，从而得到工程初始风险清单。而由细及粗是指从工程初始风险清单的众多风险中，根据同类工程项目的经验以及对拟建工程项目具体情况的分析和风险调查，确定那些对工程项目目标实现有较大影响的工程

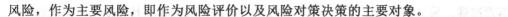

风险，作为主要风险，即作为风险评价以及风险对策决策的主要对象。

（2）严格界定风险内涵并考虑风险因素之间的相关性

对各种风险的内涵要严格加以界定，不要出现重复和交叉现象。另外，还要尽可能考虑各种风险因素之间的相关性，如主次关系、因果关系、互斥关系、正相关关系、负相关关系等。应当说，在风险识别阶段考虑风险因素之间的相关性有一定的难度，但至少要做到严格界定风险内涵。

（3）先怀疑，后排除

对于所遇到的问题都要考虑其是否存在不确定性，不要轻易否定或排除某些风险，要通过认真的分析进行确认或排除。

（4）排除与确认并重

对于肯定可以排除和肯定可以确认的风险应尽早予以排除和确认。对于一时既不能排除又不能确认的风险再作进一步的分析，予以排除或确认。最后，对于肯定不能排除但又不能肯定予以确认的风险按确认考虑。

（5）必要时，可做实验论证

对于某些按常规方式难以判定其是否存在，也难以确定其对工程项目目标影响程度的风险，尤其是技术方面的风险，必要时可做实验论证，如抗震实验、风洞实验等。这样做出的结论可靠，但要以付出一定费用为代价。

（二）风险识别的过程

工程项目自身及其外部环境的复杂性，给人们全面地、系统地识别工程风险带来了许多具体的困难，同时也要求明确工程项目风险识别的过程。

由于工程项目风险识别的方法与风险管理理论中提出的一般的风险识别方法有所不同，因而其风险识别的过程也有所不同。工程项目的风险识别往往是通过对经验数据的解析、风险调查、专家咨询以及实验论证等方式，在对工程项目风险进行多维分解的过程中，认识项目风险，建立工程项目风险清单。

工程项目风险分解是根据工程风险的相互关系将其分解成若干个子系统，其分解的程度要足以使人们较容易地识别出项目的风险，使风险识别具有较好的准确性、完整性和系统性。

（三）风险识别方法

1. 专家调查法

专家调查法又有两种方式：一种头脑风暴法，即借助于专家经验，通过会议，让专家各抒己见，充分发表意见，集思广益来获取信息的一种直观的风险预测和识别方法。这种方法要求会议的领导者要善于发挥专家和分析人员的创造性思维，通过与会专家的相互交流和启发，达到相互补充和激发的效应，使预测的结果更加准确。另一种是德尔菲法，即通过问卷函询进行调查，收集意见后加以综合整理，然后将整理后的意见通过匿名的方式返回专家再次征求意见，如此反复多次。由于德尔菲法采用匿名函询，各专家可独立表达观点，避免受某些权威专家意见的影响，使预测的结果更客观准确。采用德尔菲法时，时间不宜过长，所提出的问题应具有指导性和代表性，并具有一定的深度，还应尽可能具体些。专家所涉及的面应尽可能广泛些，有一定的代表性。对专家发表的意见要由风险管理人员加以归纳分类、整理分析，有时可能要排除个别专家的主观意见

2. 情景分析法

情景分析法实际上就是一种假设分析方法，首先总结整个项目系统内外的经验和教训，根据项目发展的趋势，预先设计出多种未来的情景，对其整个过程作出自始至终的情景描述；与此同时，结合各种技术、经济和社会因素的影响，对项目的风险进行预测和识别。这种方法特别适合于提醒决策者注意某种措施和政策可能引起的风险或不确定性的后果；建议进行风险监视的范围；确定某些关键因素对未来进程的影响；提醒人们注意某种技术的发展会给人们带来的风险。情景分析法是一种适用于对可变因素较多的项目进行风险预测和识别的系统技术，它在假定关键影响因素有可能发生的基础上，构造多种情景、提出多种未来的可能结果，以便采取措施防患于未然。

3. 流程图法

流程图法是将一个工程项目的经营活动按步骤或阶段顺序以若干个模块形式组成一个流程图，在每个模块中都标出各种潜在的风险或利弊因素，从而给决策者一个清晰具体的印象。

4. 初始清单法

初始清单法就是根据以往类似项目的经历，将可能的风险事件及其来源罗列出来，形成初始风险清单。该方法利用人们考虑问题的联想习惯，在过去经验的启示下，对未来可能发生的风险因素进行预测。

初始风险清单只是为了便于人们较全面地认识风险的存在，而不至于遗漏重要的工程风险，但并不是风险识别的最终结论。在初始风险清单建立后，还需要结合特定工程项目的具体情况进一步识别风险，从而对初始风险清单做一些必要的补充和修正。为此，需要参照同类工程项目风险的经验数据或针对具体工程项目的特点进行风险调查。

5. 经验数据法

经验数据法又称为统计资料法，即根据已建各类工程项目与风险有关的统计资料来识别拟建工程项目的风险。不同的风险管理主体都应有自己关于工程项目风险的经验数据或统计资料。在工程建设领域，可能有工程风险经验数据或统计资料的风险管理主体包括咨询公司（含设计单位）、承包商以及长期有工程项目的业主（如房地产开发商）。由于这些不同的风险管理主体的角度不同、数据或资料的来源不同，其各自的初始风险清单一般多少有些差异。但是，工程项目风险本身是客观事实，有客观的规律性，当经验数据或统计资料足够多时，这种差异性就会大大减小。何况，风险识别只是对工程项目风险的初步认识，属于一种定性分析，因此，这种基于经验数据或统计资料的初始风险清单可以满足对工程项目识别的需要。

6. 风险调查法

由风险识别的个别性可知，两个不同的工程项目不可能有完全一致的工程风险。因此，在工程项目风险识别的过程中，花费人力、物力、财力进行风险调查是必不可少的，这既是一项非常重要的工作。也是工程项目风险识别的重要方法。

风险调查应当从分析具体工程项目的特点入手，一方面通过对用其他方法已识别出的风险（如初始风险清单所列出的风险）进行风险鉴别和确认，另一方面通过风险调查有可能发现此前尚未识别出的重要的工程风险。

通常，风险调查可以从组织、技术、自然及环境、经济、合同等方面分析拟建工程项目的特点以及相应的潜在风险。

对于工程项目的风险识别来说，仅仅采用一种风险识别方法是远远不够的，一般都应综合采用两种或多种风险识别方法，才能取得较为满意的结果。而且，不论采用何种风险识别的方法组合，都必须包含风险调查法。从某种意义上讲，前五种风险识别方法的主要作用在于建立初始风险清单，而风险调查法的作用则在于建立最终的风险清单。

此外，风险识别的方法还有财务报表分析法、因果分析图法、事故树法等。

（四）风险识别的结果

1. 项目风险来源

项目风险来源是根据可能发生的风险事件分类的，如项目干系人的行为、不可信估计、成员流动等，这些都可能对项目产生正面或负面的影响。因此，风险识别的内容之一就是要识别项目风险的来源，并能够对风险来源进行详细的描述。一般项目风险来源包括需求变化、设计错误及误解、对项目组织中角色和责任的不当定义或理解、估计不当及员工技能不足等，特定项目风险的来源可能是几种来源的综合。在描述项目风险来源仅知道其来源的范围是不够的，还需要从以下几个方面对项目风险的来源进行估计及描述：

（1）该来源引起风险的可能性

（2）该来源引起的风险后果可能的范围

（3）风险预计发生的时间

（4）预计此来源引起风险事件的频率

2. 潜在风险事件

风险识别的另一个主要任务就是要能够识别出潜在风险事件。潜在风险事件是指直接导致损失的偶发事件（即随机事件）。通常对项目产生影响的潜在风险事件是离散发生的，如政治风险、经济风险、法律风险、自然风险、合同风险、合作者风险等。因此，对项目潜在风险的描述应针对项目所处环境及其实际条件，从以下方面进行估计和描述：

（1）风险事件发生的可能性

（2）风险事件可能引发后果的多样性。

（3）风险事件预计发生的时间

（4）风险事件预计发生的频率

需要注意的是，对风险事件可能性及后果的估计范围在项目早期阶段比在项目后期阶段可能要宽得多。

3. 风险征兆

风险征兆又称为风险预警信号、风险触发器，它表示风险即将发生。例如，高层建筑中的电梯不能按期到货，就是一种工期风险的征兆；由于通货膨胀发生，可能会使项目所需要资源的价格上涨，从而出现突破项目预算的费用风险，价格上涨就是费用风险的征兆。

一般来说，施工项目的风险可能有费用超支风险、工期拖延风险、质量风险、技术风险、资源风险、自然灾害的意外事故风险、财务风险等。各种风险都会有相应的风险征兆，对此管理者必须充分重视，尽量采取控制措施，避免或减小风险可能带来的不利影响。

4. 其他工作程序的改进

风险识别的过程同时也是一个检验其他相关工作程序是否完善的过程。因为要进行充分的风险识别必须以相关工作的完成为条件。如果在风险识别过程中发现难以进展，项目管理人员应该认识到其他工作环节应进一步加强。例如，项目组织中工作分解结构如果不细致，则不能进行充分的风险识别。

二、工程项目风险评价

（一）风险评价的内容

1. 风险发生概率的度量

风险是指损失发生的不确定性，要正确估计风险的大小，首要工作是确定风险事件发生的概率或概率分布。一般而言风险事件的概率分布应由历史资料确定，这样得到的即为客观概率，有助于风险的正确估计。

由于项目的独特性，不同项目的风险来源可能有很大差异，或者由于缺乏历史数据，风险发生概率还经常采用主观概率，即根据风险管理人员的经验预测风险因素及风险事件发生的概率或概率分布。实际工作中还可以根据理论上的某些概率分布来补充或修正，从而建立风险的概率分布图或概率分布表。

2. 风险事件后果的度量

（1）风险性质和大小

风险性质是指风险造成的损失性质，如政治性的、经济性或者技术性的；投资风险、进度风险、质量风险或者安全风险等。风险大小是指风险的严重程度和变化幅度，可分别用损失的数学期望和方差表示。

（2）风险影响范围

风险影响范围是指项目风险可能影响到项目的哪些方面和工作。如果某个风险发生概率和后果严重程度都不大，但它一旦发生会影响到项目各个方面的许多工作，也需要对它进行严格的控制，防止因这种风险发生而产生连锁反应，影响整个工作和其他活动。

（3）风险发生的时间

风险发生的时间是指风险可能在项目的哪个阶段、哪个环节上发生。有多数风险有明显的阶段性，有的风险是直接与具体的工程活动相联系的。这种分析有利于根据风险发生的时间和性质采取不同的应对措施，如事前控制、事中控制和事后控制等措施。

（二）风险评价的方法

1. 专家评分法

专家评分法又称为综合评估法或调查打分法，是一种最简单且易于应用的风险评价方法。采用专家评分进行风险评价的步骤如下：

（1）列出主要风险因素

（2）根据已掌握的资料确定风险因素的权重，以表征其对项目的影响程度

（3）规定风险因素发生概率的等级值，可按可能性很大、比较大、中等、不大、较小分为五个等级

（4）根据专家的评议确定项目的每种风险因素发生的概率等级，标注在表中的相应栏内

（5）将每项风险因素的权重与相应的等级值相乘，计算该项风险因素的得分，得分越高对项目影响越大，汇总各风险因素的得分而得出工程项目风险因素的总分

2. 决策树法

根据项目风险问题的基本特点，项目风险的评价既要能反映项目风险背景环境，同时又要能描述项目风险发生的概率、后果以及项目风险的发展动态。决策树法既简明又符合上述两项要求。

（1）决策树的结构

树，是图论中的一种图的形式，因而决策树又称为决策图。它是以方框和圆圈为结点，由直线连接而成的一种树枝形状的结构。决策树数图一般包括以下几个部分：

①决策节点。从这里引出的分枝叫方案分枝，分枝数量与方案数量相同。决策节点表明从它引出的方案要进行分析和决策，在分枝上注明方案名称。决策节点一般用□表示。

②状态节点。也称之为机会节点，从它引出的分枝叫状态分枝或概率分枝，在每一分枝上注明自然状态名称及其出现的主观概率，状态数量与自然状态数量相同。状态节点一般用○表示。

③结果节点，将不同方案在各种自然状态下所取得的结果（如受益值）标注在结果节点的右端。结果节点一般用△表示。

（2）决策树的应用

决策树是利用树枝形状的图像模型来表述项目风险评价问题，项目风险评价可直接在决策树上进行，其评价准则可以是受益期望值、效用期望值或其他指标值。

3. 蒙特卡罗法

蒙特卡罗法（Monte Carlo）是一种常见的模拟仿真方法，可用于项目风险评价，它用数学方法在计算机上模拟实际事物发生的概率过程，通过多次改变参数模拟项目风险以后，得到模拟计算结果的统计分布，并以此作为项目风险度量的结果。例如，对于项目工期风险的度量可以使用这种方法，对于项目成本风险的度量也可以使用这种方法。由于项目时间进度和成本费用的风险都是项目风险管理的重点，所以蒙特卡罗法在项目风险度量中的使用现在已越来越广泛。

第三节　工程项目风险对策

一、风险回避

风险回避是以一定的方式中断风险源，使其不发生或不再发生，从而避免可能产生的潜在损失。例如，某工程项目的可行性研究报告表明，虽然从净现值、内部受益率指标看是可行的，但敏感性分析的结论是对投资额、产品价格、经营成本均很敏感，这意味着该工程项目的不确定性很大，亦即风险很大，因而决定不投资建造该工程项目。

采用风险回避这一对策时，有时需要做出一些牺牲，但较之承担风险，这些牺牲比风险真正发生时可能造成的损失要小得多。例如，某投资人因选址不慎原决定在河谷建造某工厂，而保险公司又不愿为其承担保险责任。当投资人意识到在河谷建厂将不可避免地受到洪水威胁，而又别无防范措施时，只好决定放弃该计划。虽然他在建厂准备阶段耗费了不少投资，但与其厂房建成后被洪水冲毁，不如早改弦易辙，另谋理想的厂址。又如，某承包商参与某工程项目的投标，开标后发现自己的报价远远低于其他承包商的报价，经仔细分析后发现，自己的报价存在严重的误算和漏算，因而拒绝与业主签订施工合同。虽然这样做将被没收投标保证金或投标保函，但比承包后严重亏损的损失要小得多。从以上分析可知，在某种情况下，风险回避可能是最佳对策。

二、风险自留

（一）非计划性风险自留

由于风险管理人员没有意识到工程项目某些风险的存在，或者不曾有意识地采取有效措施，以致风险发生后只好由自己承担。这样的风险自留就是非计划性的和波动的。导致非计划性风险自留的主要原因有：

1. 缺乏风险意识

这往往是由于建设资金来源与工程项目业主的直接利益无关所造成的，这是我国过去和现在许多政府提供建设资金的工程项目不自觉地采用非计划性风险自留的主要原因。此外，也可能是由于缺乏风险管理理论的基本知识而造成的。

2. 风险识别失误

由于所采用的风险识别方法过于简单和一般化，没有针对工程项目风险的特点，或者缺乏工程项目风险的经验数据或者统计资料，或者没有针对特定工程项目进行风险调查等等，都可能导致风险识别失误，从而使风险管理人员未能意识到工程项目某些风险的存在，而这些风险一旦发生就成为自留风险。

3. 风险评价失误

在风险识别正确的情况下，风险评价的方法不当可能导致风险评价结论错误，如仅采用定性风险评价方法。即使采用定量风险评价方法，也可能由于风险衡量的结果出现严重误差而导致风险识别错误，结果将不该忽略的风险忽略了。

4. 风险决策延误

在风险识别和风险评价均正确的情况下，可能由于迟迟没有做出相应的风险对策决策，而某些风险已经发生，使得根据风险评价结果本不会做出风险自留选择的那些风险成为自留风险。

5. 风险决策实施延误

风险决策实施延误包括两种情况：一种是主观原因，即行动迟缓，对已做出的风险对策迟迟不付诸实施或实施工作进展缓慢；另一种是客观原因，某些风险对策的实施需要时间，如损失控制的技术措施需要较长时间才能完成，保险合同的谈判也需要较长时间等等，而在这些风险对策实施尚未完成之前却已发生了相应的风险，成为事实上的自留风险。

事实上，对于大型、复杂的工程项目来说，风险管理人员几乎不可能识别出所有的工程风险。从这个意义上讲，非计划风险自留有时是无可厚非的，因而也是一种适用的风险处理策略。但是，风险管理人员应当尽量减少风险识别和风险评价的失误，要及时做出风险对策决策，并及时实施决策，从而避免被迫承担重大和较大的工程风险。总之，虽然非计划性风险自留不可能不用，但尽可能少用。

（二）计划性风险自留

计划性风险自留是主动的、有意识的、有计划的选择，是风险管理人员经过正确的风险识别和风险评价后作出的风险对策决策，是整个工程项目风险对策计划的一个组成部分。也就是说，风险自留决不能单独运用，而应与其他风险对策组合使用。确定风险自留水平可以从风险量数值大小的角度考虑，一般应选择风险量小或较小的风险事件作为风险自留的对象。计划性风险自留还应从费用、期望损失、机会成本、服务质量和税收等方面与工程保险比较后才能得出结论。

三、风险转移

（一）非保险转移

非保险转移又称合同转移，因为这种风险转移一般是通过签订合同的方式将工程转移给非保险人的对方当事人。工程项目风险最常见的非保险转移有以下三种情况：

第一，业主将合同责任和风险转移给对方当事人。在这种情况下，被转移者多数是承包商。例如，在合同条款中规定，业主对场地的条件不承担责任；又如，采用固定总价合同将涨价风险转移给承包商，等等。

第二，承包商进行合同转让或工程分包。承包商中标承接某工程时，可能由于资源安排出现困难而将合同转让给其他承包商，以避免由于自己无力按合同规定时间建成工程而遭受违约罚款；或将该工程中专业技术要求很强而自己缺乏相应技术的工程内容分包给专业分包商，从而更好地保证工程质量。

第三，第三方担保。合同当事人的一方要求另一方为其履约行为提供第三方担保。担保方所承担的风险仅限于合同责任，即由于委托方不履行或不适当履行合同以及违约所产生的责任。第三方担保的主要表现是要求承包商提供履约保证和预付款保证（在投标阶段还有投标保证）。从国际承包市场的发展来看，20 世纪末出现了要求业主像承包商提供付款保证的新趋向，但尚未得到广泛应用。我国施工合同（示范文本）也有发包人和承包人互相提供履约担保的规定。

与其他的风险对策相比，非保险转移的优点主要体现在两个方面：一是可以转移某些不可保的潜在损失，如物价上涨、法规变化、设计变更等引起的投资增加；二是被转移者往往能较好地进行损失控制，如承包商相对于业主能更好地把握施工技术风险，专业分包商相对于总包商能更好地完成专业性强的工程内容。

但是，非保险转移的媒介是合同，这就可能由于双方当事人对合同条款的理解发生分歧而导致转移失效。此外，在某些情况下，可能因被转移者无力承担实际发生的重大损失而导致仍然由转移者来承担损失。例如，在采用固定总价合同的条件下，如果承包商报价中所考虑涨价风险费很低，而实际的通货膨胀率很高，从而对转移者不利。仍以固定总价合同为例，在这种情况下，如果实际涨价所造成的损失小于承包商报价中的涨价风险费，这两者的差额就成为承包商的额外利润，业主则因此遭受损失。

（二）保险转移

保险转移通常直接称为保险，对于工程项目风险来说，则为工程保险。通过购买保险，工程项目业主或承包商作为投保人将本应由自己从承担的工程风险（包括第三方责任）转移给保险公司，从而使自己免受风险损失。保险这种风险转移形式之所以能得到越来越广泛的运用，原因在于其符合风险分担的基本原则，即保险人较投保人更适宜承担有关的风险。对于投保人来说，某些风险的不确定性很大（即风险很大），但是对于保险人来说，这种风险的发生则趋近于客观概率，不确定性降低，即风险降低。

在进行工程保险的情况下，工程项目在发生重大损失后可以从保险公司及时得到赔偿，使工程项目实施能不中断地、稳定地进行，从而最终保证工程项目的进度和质量，也不致因重大损失而增加投资。通过保险还可以使决策者和风险管理人员对工程项目风险的担忧减少，从而可以集中精力研究和处理工程项目实施中的其他问题，提高目标控制的效果。而且，保险公司可向业主和承包商提供较为全面的风险管理服务，从而提高整个工程项目风险管理水平。

保险这一风险对策的缺点：首先表现在机会成本增加；其次，工程保险合同的内容较为复杂，保险费没有统一固定的费率，需要根据特定工程项目类型、建设地点的自然条件（包括气候、地址、水文等条件）、保险范围、免赔额的大小等加以综合考虑，因而保险合同谈判常常耗费较多的时间和精力。在进行工程保险后，投保人可能产生心理麻痹而疏于损失控制计划，以致增加实际损失和未投保损失。

在作出进行工程保险这一决策之后，还需考虑与保险有关的几个具体问题：一是保险的安排方式，即究竟是由承包商安排保险计划还是由业主安排保险计划；二是选择保险类别和保险人，一般是通过多家比选后确定，也可委托保险经纪人和保险咨询公司代为选择；三是可能要进行保险合同谈判，这项工作最好委托保险经纪人或保险咨询公司完成，但免赔额的数额或比例要由投保人自己确定。

四、风险控制

（一）风险控制主要方式

风险控制主要包括预防风险和减轻风险。

1. 预防风险

预防风险是指在风险发生前为了消除或减少可能引起损失的各种因素而采取的具体措施，也就是设法消除或减少各种风险因素，以降低风险发生的概率。如业主要求承包商出具各种保函就是为了防止承包商不履约或履约不力。预防风险可分为有形的预防手段和无形的预防手段。

（1）有形的预防手段

常以工程措施为主，将风险因素同人、财、物在时间和空间上隔离，或在工程活动开始之间就采取一定的措施，减少风险因素，以达到减少损失和伤亡的目的。如为了防止公路两侧边坡的滑坡采用锚固技术固定边坡，现场用电施工机械增多时加强电气设备管理，做好设备外壳接地，以减少因漏电可能引起的安全事故等。

（2）无形的预防手段

主要采用教育法和程序法。工程项目风险因素中很大一部分是由于项目参与者和其他人员的行为不当而引发的，因此减少不当行为，加强风险教育是预防人为风险因素的重要措施。此外，用规范化、制度化的方式从事工程项目活动，有助于预防和减少可能出现的风险因素。工程实施中按程序规范作业，能降低损失发生概率和损失程度。

2. 减轻风险

减轻风险又称为抑制风险或者缓解风险，是指在风险损失已经不可避免地发生的情况下，为了减小风险所造成的损失而采取的各项措施，即通过种种措施以遏制风险继续恶化或限制其扩展范围使其不再蔓延或扩展，从而达到使风险和损失局部化。减轻风险一般可采取应急措施和挽救措施。

（1）应急措施

应急措施的目的是使风险产生的损失最小化，是在损失发生时起作用的。实际工作中并不需要对每个风险因素采取应急措施，只有那些较大风险或将可能产生重大损失的风险需要采取应急措施，如项目建设中，出现火灾、坍塌及人员伤亡等重大事故时，就需要采取应急措施。在制定工程项目风险管理规划时应事先制定出这类应急措施的方案。

（2）挽救措施

挽救的目的是将风险发生后造成的损失修复到最高的可接受程度。由于风险发生之前一般不可能知道损害的部位和程度，所以在制定工程项目风险管理规划时一般是不能事先制定出风险挽救措施的方案，但应事先确定出风险发生后执行挽救措施工作的程序和责任人员。

（二）风险控制分析

控制风险要识别和分析已经发生或已经引起或将要引起的损害，风险控制分析应从以下两方面着手。

（1）损失分析

通常可采取建立信息人员网络和编制损失报表。分析损失报表时不能只考虑已造成损失的数据，应将侥幸事件或几乎失误或险些造成损失的事件和现象都列入报表并认真研究和分析。

（2）危险分析

危险分析包括对已经造成事故或损失的危险和很可能造成损失或险些造成损失的危险的分析。应对与事故直接相关的各方面因素进行必要的调查，还应调查那些在早期损失中曾给企业造成损失的其他危险重复发生的可能性。此外，还应调查其他同类企业或类似企业项目实施过程中曾经有过的危险和损失。

需要注意的是，在进行损失和风险分析时不能只考虑看得见的直接成本和间接成本，还要充分考虑隐蔽成本。有时隐蔽成本远远高出直接成本和间接成本之和。

五、风险对策决策过程

风险管理人员在选择风险对策时，要根据工程项目的自身特点，从系统的观点出发，从整体上考虑风险管理的思路和步骤，从而制定一个与工程项目总体目标相一致的风险管理原则。这种原则需要指出风险管理各基本对策之间的联系，为风险管理人员进行风险对策决策提供参考。

第四节 工程担保和保险

一、工程担保

（一）投标担保

1. 投标担保的含义

投标担保，或投标保证金，是指投标人在投标报价之前或同时，向招标人提交投标保证金或投标保函，保证中标后履行签订合同的义务，否则，招标人将对投标保证金予以没收。

根据《工程建设项目施工招标投标办法》规定，施工投标保证金的数额一般不得超过投标总价的 2%，但最高不得超过 80 万元人民币。投标保证金有效期应当超出投标有效期 30 天。投标人不按招标文件要求提交投标保证金的，该投标文件将被拒绝，作废标处理。

根据《工程建设项目勘察设计招标投标办法》规定，招标文件要求投标人提交投标保证金的，保证金数额一般不超过勘察设计费报价的 2%，最多不超过 10 万元人民币。国际上常见的投标担保的保证金数额为 2% ～ 5%。

2. 投标担保的形式

投标担保可以采用保证担保、抵押担保等形式，其具体的形式有很多种，通常有如下几种：现金、保兑支票、银行汇票、现金支票、不可撤销信用证、银行保函和有保险公司或者担保公司出具投标保证书。

3. 投标担保的作用

投标担保的主要目的是保护招标人不因中标人不签约而蒙受经济损失。投标担保要确保投标人在投标保证有效期内不要撤回投标书，以及投标人在中标后保证与业主签订合同并提供业主所要求的履约担保、预付款担保等。投标担保的另一个作用是，在一定程度上可以起到筛选投标人的作用。

4. 《世行采购指南》关于投标保证金的规定

投标保证金应当根据投标人的意愿采用保兑支票、信用证或者由信用好的银行出具保函等形式。应允许投标人提交由其选择的任何合格国家的银行直接出具的银行保函。投标保证金应当在投标有效期满后 28 天内一直有效，其目的是给招标人在需要索取保证金时，有足够的时间采取行动。一旦确定不能对其授予合同，应及时将投标保证金退还给落选的投标人。

（二）履约担保

1. 履约担保的含义

所谓履约担保，是指招标人在招标文件中规定的要求中标人提交的保证履行合同义务和责任的担保

履约担保的有效期始于工程开工之日，终止日期则可以约定为工程竣工交付之日或者保修期满之日。由于合同履行期限应该包括保修期，履约担保的时间范围也应该覆盖保修期，如果确定履约担保的终止日期为工程竣工交付之日，则需要另外提供工程保修担保。

2. 履约担保的形式

履约担保可以采用银行保函或者履约担保书的形式。在保修期内，工程保修担保可以采用预留保留金的形式。

（1）银行履约保函。

①银行履约保函是由商业银行开具的担保证明，通常为合同金额的10%左右。银行保函分为有条件的银行保函和无条件的银行保函。

②有条件的保函是指下述情形：在承包人没有实施合同或者未履行合同义务时，由发包人或工程师出具证明说明情况，并由担保人对已执行合同部分和未执行部分加以鉴定，确认后才能收兑银行保函，由发包人得到保函中的款项。建筑行业通常倾向于采用有条件的保函。

③无条件的保函是指下述情形：在承包人没有实施合同或者未履行合同义务时，发包人只要看到承包人违约，不需要出具任何证明和理由就可对银行保函进行收兑。

（2）履约担保书

由担保公司或者保险公司开具履约担保书，当承包人在执行合同过程中违约时，开出担保书的担保公司或者保险公司用该项担保金去完成施工任务或者向发包人支付完成该项目所实际花费的金额，但该金额必须在保证金的担保金额之内。

（3）保留金

保留金是指发包人（工程师）根据合同的约定，在每次支付工程进度款时扣除一定数目的款项，作为承包人完成其修补缺陷义务的保证。保留金一般为每次工程进度款的10%，但总额一般应限制在合同总价款的5%（通常最高不得超过10%）。一般在工程移交时，业主（工程师）将保留金的一半支付给承包人；质量保修期满（或“缺陷责任期满”）时，将剩下的一半支付给承包人。

3. 履约担保的作用

履约担保将在很大程度上促使承包商履行合同约定，完成工程建设任务，从而有利于保护业主的合法权益。一旦承包人违约，担保人要代为履约或者赔偿经济损失。

履约保证金额的大小取决于招标项目的类型与规模，但必须保证承包人违约时，发包人不受损失。在投标须知中，发包人要规定使用哪一种形式的履约担保。中标人应当按照招标文件中的规定提交履约担保。

4.《世行采购指南》对履约担保的规定

工程的招标文件要求承包人提交一定金额的保证金，其金额足以抵偿借款人（发包人）在承包人违约时所遭受的损失。该保证金应当按照借款人在招标文件中的规定以适当的格式和金额采用履约担保书或者银行保函形式提供。担保书或者银行保函的金额将根据提供保证金的类型和工程的性质和规模有所不同。该保证金的一部分应展期至工程竣工日之后，以覆盖截至借款人最终验收的缺陷责任期或维修期；另一种做法是，在合同中规定从每次定期付款中扣留一定百分比作为保留金，直到最终验收为止。可允许承包人在临时验收后用等额保证金来代替保留金。

5.FIDIC《土木工程施工合同条件》对履约担保的规定

如果合同要求承包人为其正确履行合同取得担保时，承包人应在收到中标函后28天内，按投标书附件中注明的金额取得担保，并将此保函提交给业主。该保函应与投标书附件中规定的货币种类及其比例相一致。当向业主提交此保函时，承包人应将这一情况通知工程师。该保函采取本条件附件中的格式或由业主和承包人双方同意的格式。提供担保的机构须经业主同意。除非合同另有规定，执行本款时所发生的费用应由承包人负担。

在承包人根据合同完成施工和竣工，并修补了任何缺陷之前，履约担保将一直有效。在发出缺陷责任证书之后，即不应对该担保提出索赔，并应在上述缺陷责任证书发出后14天内将该保函退还给承包人。

在任何情况下，业主在按照履约担保提出索赔之前，皆应通知承包人，说明导致索赔的违约性质。

（三）预付款担保

1.预付款担保的含义

建设工程合同签订以后，发包人往往会支付给承包人一定比例的预付款，一般为合同金额的10%，如果发包人有要求，承包人应该向发包人提供预付款担保。预付款担保是指承包人与发包人签订合同后领取预付款之前，为保证正确、合理使用发包人支付的预付款而提供的担保。

2.预付款担保的形式

（1）银行保函

预付款担保的主要形式是银行保函。预付款担保的担保金额通常与发包人的预付款是等值的。预付款一般逐月从工程支付款中扣除，预付款担保的担保金额也应逐月减少。承包人在施工期间，应当定期从发包人处取得同意此保函减值的文件，并送交银行确认。承包人还清全部预付款后，发包人应退还预付款担保，承包人将其退回银行注销，解除担保责任。

（2）发包人与承包人约定的其他形式

预付款担保也可由担保公司提供保证担保，或采取抵押等担保形式。

3. 预付款担保的作用

预付款担保的主要作用在于保证承包人能够按合同规定进行施工，偿还发包人已支付的全部预付金额。如果承包人中途毁约，中止工程，使发包人不能在规定期限内从应支付工程款中扣除全部预付款，则发包人作为保函的受益人有权凭预付款担保向银行索赔该保函的担保金额作为补偿。

4. 国际工程承包市场关于预付款担保的规定

在国际工程承包市场，《世行采购指南》、世行贷款项目招标文件范本《土建工程国内竞争性招标文件》《亚洲开发银行贷款采购准则》和FIDIC《土木工程施工合同条件应用指南》中均对预付款担保作出相应规定。

（四）支付担保

1. 支付担保的含义

支付担保是中标人要求招标人提供的保证履行合同中约定的工程款支付义务的担保。

在国际上还有一种特殊的担保—付款担保，即在有分包人的情况下，业主要求承包人提供保证向分包人付款的担保，即承包商向业主保证，将把业主支付的用于实施分包工程的工程款及时、足额地支付给分包人。在美国等许多国家的公共投资领域，付款担保是一种法定担保。

2. 支付担保的形式

支付担保通常采用如下的几种形式：银行保函、履约保证金、担保公司担保。

发包人的支付担保应是金额担保。实行履约金分段滚动担保。支付担保的额度为工程合同总额的20%～25%。本段清算后进入下段。已完成担保额度，发包人未能按时支付，承包人可依据担保合同暂停施工，并要求担保人承担支付责任和相应的经济损失。

3. 支付担保的作用

工程款支付担保的作用在于，通过对业主资信状况进行严格审查并落实各项担保措施，确保工程费用及时支付到位；一旦业主违约，付款担保人将代为履约。

发包人要求承包人提供保证向分包人付款的付款担保，可以保证工程款真正支付给实施工程的单位或个人，如果承包人不能及时、足额地将分包工程款支付给分包人，业主可以向担保人索赔，并可以直接向分包人付款。

上述对工程款支付担保的规定，对解决我国建筑市场工程款拖欠现象具有特殊重要的意义。

4. 支付担保有关规定

《建设工程合同（示范文本）》第四十一条规定了关于发包人工程款支付担保的内容，发包人和承包人为了全面履行合同，应互相提供以下担保，发包人向承包人提供履约担保，按合同约定支付工程价款及履行合同约定的其他义务；承包人向发包人提供履约担保，按合同约定履行自己的各项义务；一方违约后，另一方可要求提供担保的第三人承担相应责任；提供担保的内容、方式和相关责任，发包人和承包人除在专用条款中约定外，被担保方与担保方还应签订担保合同，作为本合同附件。

《房屋建筑和市政基础设施工程施工招标投标管理办法》关于发包人工程款支付担保的内容：招标文件要求中标人提交履约担保的，中标人应当提交。招标人应当同时向中标人提供工程款支付担保。

二、工程项目保险

（一）工程项目保险的概念和种类

1. 意外伤害保险

意外伤害保险是指被保险人在保险有效期间内，因遭遇非本意的、外来的、突然的意外事故，致使其身体蒙受伤害而残疾或死亡时，保险人依据合同规定给付保险金的保险。意外伤害保险是我国《建筑法》和《建设工程安全生产管理条例》规定的强制性保险，《建筑法》第四十八条规定：“建筑施工企业必须为从事危险作业的职工办理意外伤害保险，支付保险费用。”《建设工程安全生产管理条例》第三十八条规定：“施工单位应当为施工现场从事危险作业的人员办理意外伤害保险。意外伤害保险费由施工单位支付。实行施工总承包的，由总承包单位支付意外伤害保险费。意外伤害保险期限自建设工程开工之日起至竣工验收合格止。”

2. 建筑工程一切险及安装工程一切险

建筑工程一切险及安装工程一切险是以建筑或安装工程中的各种财产和第三者的经济赔偿责任为保险标的的保险。这两类保险的特殊性在于保险公司可以在一份保单内对所有参加该项工程的有关各方都给予所需要的保障，即在工程进行期间，对这项工程承担一定风险的有关各方，均可作为被保险人之一。建筑工程一切险同时承包建筑工程第三者责任险，即指在该工程的保险期内，因发生意外事故所造成的依法应由被保险人负责的工地上及邻近地区的第三人的人身伤亡、疾病、财产损失，以及被保险人因此所支出的费用。

3. 职业责任险

职业责任险是指专业技术人员因工作疏忽、过失所造成的合同一方或他人的人身伤害或财产损失的经济赔偿责任的保险。建设工程标的额巨大、风险因素多，建筑事故造成的损害往往数额巨大，而责任主体的偿付能力相对有限，这就有必要借助保险来转移职业责任风险。在工程建设领域，这类保险对勘察、设计、监理单位尤为重要

4. 信用保险

信用保险是以在商品赊销和信用放贷中的债务人的信用作为保险标的，在债务人未能履行债务而使债权人招致损失时，由保险人向被保险人即债权人提供风险保障的保险。信用保险是随着商业信用、银行信用的普遍化而产生的，在工程建设领域得到越来越广泛的应用。

（二）建筑工程一切险

建筑工程一切险是一种综合性的保险，它对建设工程项目提供全面的保障。

1. 建筑工程一切险的承保范围

（1）工程本身

指由总承包商和分承包商为履行合同而实施的全部工程，还包括预备工程，如土方、水准测量；临时工程，如饮水、保护堤和全部存放于工地的为施工所需的材料等。包括安装工程的建筑项目，如果建筑部分占主导地位，也就是说，如果机器、设施或钢结构的价格及安装费用低于整个工程造价的50%，亦应投保建筑工程一切险。

（2）施工用设施

包括活动房、存料库、配料棚、搅拌站、脚手架、水电供应及其他类似设施。

（3）施工设备

包括大型施工机械、吊车及不能在公路上行驶的工地用车辆，不管这些机具属承包商所有还是其租赁物资。

（4）场地清理费

指在发生灾害事故后场地上产生了大量的残砾，为清理工地现场而必须支付的一笔费用。

（5）工地内现有的建筑物

指不在承保的工程范围内、工地内已有的建筑物或财产。

（6）由被保险人看管或监护的停放于工地的财产

建筑工程一切险承保的危险与损害涉及面很广。

2. 建筑工程一切险的除外责任

按照国际惯例，属于除外责任的情况通常有以下几种：

（1）由军事行动、战争或其他类似事件、罢工、骚动或当局命令停工等情况造成的损失

（2）因被保险人的严重失职或蓄意破坏而造成的损失

（3）因原子核裂变而造成的损失

（4）由于罚款及其他非实质性损失

（5）因施工设备本身原因即无外界原因情况下造成的损失；但因这些损失而导致的建筑事故则不属于除外情况

（6）因设计错误（结构缺陷）而造成的损失

（7）因纠纷或修复工程差错而增加的支出

3. 建筑工程一切险的保险期

建筑工程一切险自工程开工之日或在开工之前工程用料卸放于工地之日开始生效，两者以先发生为准。开工日包括打地基在内（如果地基也在保险范围内）。施工设备保险自其卸放于工地之日起生效。保险终止日应为工程竣工验收之日或保险单上列出的终止日。同样，两者也以先发生者为准。

第一，保险标的工程中有一部分先验收或投入使用。在这种情况下，自该部分验收或投入使用日起自动终止该部分的保险责任，但保险单中应注明这种部分保险责任自动终止条款。

第二，含安装工程项目的建筑工程一切险的保险单通常规定有试运行期（一般为1个月）。

第三，工程验收后通常还有一个质量保修期，《建设工程质量管理条例》对最低保修期限作了规定。保修期内是否强制投保，各国规定不一样。在大多数情况下，建筑工程一切险的承保期可以包括为期1年的质量保证期（不超过质量保修期），但需要缴纳一定的保险费。保修期的保险自工程竣工验收或投入使用之日起生效，直至规定的保证期满之日终止。

4. 建筑工程一切险的保险金额和免赔额

保险金额是指保险人承担赔偿或者给付保险金责任的最高限额。保险金额不得超过保险标的的保险价值，超过保险价值的，超过的部分无效。建筑工程一切险的保险金额按照不同的保险标的确定。

第一，工程造价，即建成该项工程的总价值，包括设计费、建筑所需材料设备费、施工费、运杂费、保险费、税款以及其他有关费用在内。如有临时工程，还应注明临时工程部分的保险金额。

第二，施工设备及临时工程。这些物资一般是承包商的财产，其价值不包括在承包工程合同的价格中，应另立专项投保。这类物资的投保金额一般按重置价值，即按重新购置同一牌号、型号、规格、性能或类似型号、规格、性能的机器、设备及装置的价格，包括出厂价、运费、关税、安装费及其他必要的费用计算重置价值。

第三，安装工程项目。建筑工程一切险范围内承保的安装工程，一般是附带部分。其保险金额一般不超过整个工程项目保险金额的20%。如果保险金额超过20%，则应按安装工程费率计算保险费。如超过50%，则应按安装工程险另行投保。

第四，场地清理费。按工程的具体情况由保险公司与投保人协商确定。场地残物的处理不仅限于合同标的工程，而且包括工程的邻近地区和业主的原有财产存放区。场地清理的保险金额一般不超过工程总保额的5%（大型工程）或10%（小型工程）。

工程保险还有一个特点，就是保险公司要求投保人根据其不同的损失，自负一定的责任。这笔由被保险人承担的损失额称为免赔额。工程本身的免赔额为保险金额的0。5%～2%；施工机具设备等的免赔额为保险金额的5%；第三者责任险中财产损失的免赔额为每次事故赔偿限额的1%～2%，但人身伤害没有免赔额。

保险人向被保险人支付为修复保险标的遭受的损失所需的费用时，必须扣除免赔额。

5. 建筑工程一切险的保险费率

建筑工程一切险没有固定的费率，其具体费率系根据以下因素结合参考费率制定：

（1）风险性质（气象影响和地质构造数据，如地震、洪水或火灾等）

（2）工程本身的危险程度，工程性质，工程的技术特征及所用的材料，工程的

建造方法等

（3）工地及邻近地区的自然地理条件，有无特别危险源存在

（4）巨灾的可能性，最大可能损失程度及工地现场管理和安全条件

（5）工期（包括试运行期）的长短及施工季节，保证期长短及其责任的大小

（6）承包人及其他与工程有直接关系的各方的资信、技术水平及经验

（7）同类工程及以往的损失记录

（8）免赔额的高低及特种危险的赔偿限额

6. 建筑工程一切险的投保人与被保险人

（1）建筑工程一切险的投保人

根据《中华人民共和国保险法》，投保人是指与保险人订立保险合同，并按照保险合同负有支付保险费义务的人。建筑工程一切险多数由承包商负责投保，如果承包商因故未办理或拒不办理投保或拒绝投保，业主代为投保，费用由承包商负担。如果总承包商未曾对分包工程购买保险的话，负责该分包工程的分包商也应办理其承担的分包任务的保险。

（2）建筑工程一切险的被保险人

被保险人是指其财产或者人身受保险合同保障，享有保险金请求权的人，投保人可以为被保险人。在工程保险中，除投保人外，保险公司可以在一张保险单上对所有参加该工程的有关各方都给予所需的保险。即凡在工程进行期间，对这项工程承担一定风险的有关各方均可作为被保险人。

建筑工程一切险的被保险人可以包括：业主；总承包商；分包商；业主聘用的工程师；与工程密切相关的单位或个人，如贷款银行或投资人等。

（三）安装工程一切险

安装工程一切险与建筑工程一切险有着重要区别：

第一，建筑工程一切险的标的从开工以后逐步增加，保险额也逐步提高，而安装工程一切险的保险标的一开始就存放于工地，保险公司一开始就承担着全部货价的风险，风险比较集中。在机器安装好之后，试车、考核所带来的危险以及在试车过程中发生机器损坏的危险是相当大的，这些风险在建筑工程险部分是没有的。

第二，在一般情况下，自然灾害造成建筑工程一切险的保险标的损失的可能性较大，而安装工程一切险的保险标的多数是建筑物内安装及设备（石化、桥梁、钢结构建筑物等除外），受自然灾害损失的可能性较小，受人为事故损失的可能性较大，这就要督促被保险人加强现场安全操作管理，严格执行安全操作规程。

第三，安装工程在交接前必须经过试车考核，而在试车期内，任何潜在的因素都可能造成损失，损失率要占安装期内的总损失的一半以上。由于风险集中，试车期的安装工程一切险的保险费率通常占整个工期的保费的1/3左右，而且对旧机器设备不承担赔付责任。

第十四章　项目职业健康、安全及环境管理

第一节　项目职业健康、安全及环境管理的基础认知

一、工程项目职业健康、安全及环境管理简介

HSE是健康（Health）、安全（Safety）和环境（Environment）管理体系的简称，HSE管理体系是组织实施健康、安全与环境管理的组织机构、职责、做法、程序、过程和资源等要素构成的有机整体，这些要素通过先进、科学、系统的运行模式有机地融合在一起，相互关联、相互作用，形成动态管理体系。H是指人身体上没有疾病，心理上保持完好的一种状态；S是指在劳动生产过程中，努力改善劳动条件、克服不安全因素，使劳动生产在保证劳动者健康、企业财产不受损失、人民生命安全前提下顺利进行；E是指与人类密切相关的、影响人类生活和生产活动的各种自然力量或作用的总和，它不仅包括各种自然因素的组合，还包括人类与自然因素间相互形成的生态关系的组合。

从功能上讲，HSE管理是一种事前进行风险分析，确定自身活动可能发生的危害和后果，从而采取有效的防范手段和控制措施防止其发生，以便减少可能引起的人员伤害、财产损失和环境污染的有效管理模式。它强调事前预防和持续改进，具有高度

的自我约束、自我完善、自我激励机制，因而是一种现代化的管理模式，是现代企业制度之一。

由于健康、安全和环境的管理在实际工作过程中有着密不可分的联系，因此把健康、安全和环境组成一个整体的管理体系，是现代建设工程管理的必然要求。

二、工程项目职业健康、安全及环境管理体系特点

（一）建筑产品的固定性和生产的流动性及外部环境影响因素多，决定了职业健康、安全及环境（HSE）管理的复杂性

1. 建筑产品生产过程中生产人员、工具与设备的流动性，主要表现为以下几点：

（1）同一工地不同建筑之间流动

（2）同一建筑不同建筑部位上流动

（3）一个建筑工程项目完成后，又要向另一新项目动迁的流动

2. 建筑产品受不同外部环境影响的因素多，主要表现为以下几点：

（1）露天作业多。

（2）气候条件变化的影响。

（3）工程地质和水文条件的变化。

（4）地理条件和地域资源的影响。

由于生产人员、工具和设备的交叉和流动作业，受不同外部环境的影响因素多，使健康、安全与环境管理很复杂，稍有考虑不周就会出现问题。

3. 产品的多样性和生产的单件性决定了职业健康、安全及环境（HSE）管理的多变性

建筑产品的多样性决定了生产的单件性。每一个建筑产品都要根据其特点要求进行施工，主要表现如下。

（1）不能按同一图纸、同一施工工艺、同一生产设备进行批量重复生产，

（2）施工生产组织及机构变动频繁，生产经营的“一次性”特征特别突出

（3）生产过程中试验性，研究课题多，所碰到的新技术、新工艺、新设备、新材料给职业健康、安全与环境管理带来不少难题

因此，对于每个工程项目都要根据其实际情况，制定健康、安全与环境管理计划，不可相互套用。

（三）产品生产过程的连续性和分工性决定了职业健康、安全及环境（HSE）管理的协调性

建筑产品不能像其他许多工业产品一样可以分解为若干部分同时生产，而必须在同一固定场地按严格程序连续生产，上一道工序不完成，下一道工序不能进行（如基础一主体一屋顶），上一道工序生产的结果往往会被下一道工序所掩盖，而且每一道

程序由不同的人员和单位来完成。因此，在职业健康、安全与环境管理中要求各单位和各专业人员横向配合和协调，共同注意产品产生过程接口部分的健康、安全和环境管理的协调性。

（四）产品的委托性决定了职业健康、安全及环境（HSE）管理的不符合性

建筑产品在建造前就确定了买主，按建设单位特定的要求委托进行生产建造。而工程市场在供大于求的情况下，业主经常会压低标价，造成产品的生产单位对健康、安全与环境管理的费用投入的减少，不符合健康、安全与环境管理有关规定的现象时有发生。这就要建设单位和生产组织都必须重视对健康安全和环保费用的投入，要符合健康、安全与环境管理的要求。

（五）产品生产的阶段性决定了职业健康、安全及环境（HSE）管理的持续性

一个工程项目从立项到投产使用要经历 5 个阶段，即设计前的准备阶段（包括项目的可行性研究和立项）、设计阶段、施工阶段、使用前的准备阶段（包括竣工验收和试运行）、保修阶段。这 5 个阶段都要十分重视项目的安全和环境问题，持续不断地对项目各个阶段可能出现的安全和环境问题实施管理；否则，一旦在某个阶段出现安全问题和环境问题就会造成投资的巨大浪费，甚至造成工程项目建设的夭折。

（六）产品的时代性和社会性决定了职业健康、安全及环境（HSE）管理的经济性

1. 时代性

工程产品是时代政治、经济、文化、风俗的历史记录，表现了不同时代的艺术风格和科学文化水平，反映一定社会的、道德的、文化的、美学的艺术效果，成为可供人们观赏和旅游的景观。

2. 社会性

工程产品是否适应可持续发展的要求，工程的规划、设计、施工质量的好坏，受益和受害不仅仅是使用者，而是整个社会，影响社会持续发展的环境。

3. 多样性

除了考虑各类工程（民用住宅、工业厂房、道路、桥梁、水库、管线、航道、码头、港口、医院、剧院、博物馆、园林、绿化等）使用功能与环境相协调外，还应考虑各类工程产品的时代性和社会性要求，其涉及的环境因素多种多样，应逐一加以评价和分析。

4. 经济性

工程不仅应考虑建造成本的消耗，还应考虑其寿命期内的使用成本消耗。环境管理注重包括工程使用期内的成本，如能耗、水耗、维护、保养、改建更新的费用。并通过比较分析，判定工程是否符合经济性要求，一般采用生命周期法可作为对其进行管理的参考，另外环境管理要求节约资源，以减少资源消耗来降低环境污染，二者是完全一致的。

三、工程项目职业健康、安全及环境管理体系运行模式

HSE 管理体系主要用于指导企业通过持续和规范化的管理，建立一个符合要求的健康、安全和环境管理体系，通过不断的评价、管理评审和体系审核活动，推动这个体系的有效性，达到健康、安全和环境管理水平不断提高的目的。

我国项目管理相关组织从接触 HSE 理念以来，经过几年探索和实践，逐步形成了一套完整的 HSE 管理体系，该体系由 8 个关键要素组成，即：领导和承诺；方针和战略目标；组织机构；资源和文件；评价和风险管理；规则；实施与检测；审核和评审。每一个关键要素都是工程项目组织 HSE 管理要达到的一个标准，同时每一个标准又是由一个战略目标和具体指标来支持。

第二节 工程项目职业健康管理

一、工程项目职业健康管理概述

（一）职业健康管理的定义

职业健康是指影响工作场所内员工、临时工作人员、合同方人员、访问者和其他人员健康的条件和因素。

职业健康管理就是经营管理者用现代管理的科学知识，分析职业健康的条件和因素，概括职业健康安全的目标要求，进行策划、组织、协调、指挥和改进的一系列活动，目的是保证生产经营活动中的人身安全、财产安全，促进生产的发展，保持社会的稳定。

职业健康管理体系是工程项目 HSE 管理体系的组成部分，是组织对与其业务相关的职业健康风险的管理，它包括为制定、实施、实现、评审和保持职业健康方针所需的组织结构、计划活动、职责、惯例、程序、过程和资源。

（二）职业健康管理目的

职业健康管理的目的是在生产活动中，通过职业健康安全生产的管理活动，对影响生产的具体因素进行状态控制，使生产因素中的不安全行为和状态尽可能减少或消除，且不引发事故，以保证生产活动中人员的健康和安全。对于建设工程项目，职业健康管理的目的是防止和尽可能减少生产安全事故、保护产品生产者的健康，保障人民群众的生命和财产免受损失；控制影响或可能影响工作场所内的员工或其他工作人员（包括临时工作人员、承包方工作人员）、访问者或任何其他人员的健康安全的条件和因素，避免因管理不当对在组织控制下工作的人员健康造成危害。

（三）职业健康管理的特点和要求

1. 职业健康管理的特点

（1）建筑产品的固定性和生产的流动性及受外部环境影响因素多，决定了职业健康安全管理的复杂性

（2）产品的多样性和生产的单件性决定了职业健康安全管理的多变性

（3）产品生产过程的连续性和分工性决定了职业健康安全管理的协调性

（4）产品的委托性决定了职业健康安全管理的不符合性

（5）产品生产的阶段性决定了职业健康安全管理的持续性

2. 职业健康管理要求

《职业健康安全管理体系》（GB/T 28001—2011）规定了对职业健康安全管理体系的要求，旨在使组织能够控制其职业健康安全风险，并改进其职业健康安全绩效。它既不规定具体的职业健康安全绩效准则，也不提供详细的管理体系设计规范。

《职业健康安全管理体系》（GB/T 28001—2011）包含了可进行客观审核的要求，但并未超越职业健康安全方针中关于遵守适用法律法规要求和组织应遵守的其他要求、防止伤害和健康损害、持续改进的承诺而提出绝对的职业健康安全绩效要求。因此，开展相似运行的两个组织，尽管其职业健康安全绩效不同，但都可能符合本标准要求。

二、工程项目职业健康管理体系

（一）工程项目职业健康安全管理体系标准

职业健康安全管理体系是企业总体管理体系的一部分。作为我国推荐性标准的职业健康安全管理体系标准，目前被企业普遍采用，用以建立职业健康安全管理体系。

（二）工程项目职业健康安全管理体系的结构和运行模式

1. 工程项目职业健康安全管理体系的结构

其应用程度取决于组织的职业健康安全方针、活动性质、运行的风险与复杂性等因素。本标准旨在针对职业健康、安全，而非诸如员工健康或健康计划、产品安全、财产损失或环境影响等其他方面的健康和安全。

2. 工程项目职业健康安全管理体系的运行模式

为适应现代职业健康安全管理的需要，《职业健康、安全管理体系要求》（GB/T 28001-2011）在确定职业健康安全管理体系模式时，强调按系统理论管理职业健康安全及其相关事务，以达到预防和减少生产事故和劳动疾病的目的。具体实施中采用了戴明模型，即一种动态循环的系统化管理模式。

三、工程项目职业健康管理体系各要素之间的相互关系

职业健康安全管理体系包括17个基本要素，这17个要素的相互关系、相互作用共同有机地构成了职业健康安全管理体系的整体。

为了更好地理解职业健康安全管理体系要素间的关系，可将其分为两类：一类是体现主体框架和基本功能的核心要素；另一类是支持体系主体框架和保证实现基本功能的辅助性要素。

核心要素包括以下10个要素：职业健康安全方针；对危险源辨识、风险评价和控制措施的确定；法律法规和其他要求；目标和方案；资源、作用、职责、责任和权限；合规性评价；运行控制；绩效测量和监视；内部审核；管理评审。

7个辅助性要素包括：能力、培训和意识；沟通、参与和协商；文件；文件控制；应急准备和响应；事件调查、不符合、纠正措施和预防措施；记录控制。

第三节 工程项目安全管理

一、工程项目安全管理概述

（一）工程项目安全管理的定义

工程项目安全管理是指工程项目在施工过程中，组织安全生产的全部管理活动。通过对生产要素具体的状态控制，减少或消除生产中不安全的行为和状态，不引发事故，尤其是不引发使人受到伤害的事故。工程项目要实现以经济效益为中心的工期、成本、质量、安全等的综合管理，就要对与实现效益相关的生产因素进行有效的控制。

安全生产是工程项目重要的控制目标之一，也是衡量工程项目管理水平的重要标志。因此，工程项目必须把实现安全生产当作组织工程活动时的重要任务。

（二）安全管理的目标

1. 安全目标

（1）控制和杜绝因工负伤和死亡事故的发生（负伤频率在6‰以下，死亡率为零）

（2）一般事故频率控制目标（通常在6‰以内）

（3）无重大设备、火灾和中毒事故

（4）无环境污染和严重扰民事件

2. 管理目标

（1）及时消除重大事故隐患，一般隐患整改率达到目标（不应低于95%）

（2）扬尘、噪声、职业危害作业点合格率应为100%

（3）保证施工现场达到当地省（市）级文明安全工地

3. 工作目标

（1）施工现场实现全员安全教育，要求特种作业人员持证上岗率达到100%，操作人员三级安全教育率达100%

（2）按期开展安全检查活动，隐患整改达到“五定”要求，即定整改责任人、定整改措施、定整改完成时间、定整改完成人、定整改验收人

（3）必须把好安全生产的“七关”要求，即教育关、措施关、交底关、防护关、文明关、验收关、检查关

（4）认真开展重大安全活动和施工项目的日常安全活动

（5）安全生产达标合格率为100%，优良率在80%以上

（三）安全管理的基本原则

施工现场的安全管理主要是组织实施企业安全管理规划、指导、检查和决策。为了有效地将生产因素的状态控制好，在实施安全管理过程中，必须正确处理5种关系，坚持6项基本管理原则。

1. 正确处理5种关系

（1）安全与危险并存

安全与危险在同一事物的运动中是相互对立、相互依赖而存在的。随着事物的运动变化，安全与危险每时每刻都在变化着，进行着此消彼长的斗争。

（2）安全与生产的统一

如果生产中人、物、环境都处于危险状态，则生产无法顺利进行。因此，安全是生产的客观要求。就生产的目的性来说，组织好安全生产就是对国家、人民和社会最大的负责。

（3）安全与质量的包涵

从广义上看，质量包涵安全工作质量，安全概念中也涉及质量，两者存在交互作用，互为因果，安全第一，质量第一，两个第一并不矛盾。安全第一是从保护生产因素的角度提出的，而质量第一则是从关心产品成果的角度强调的。

（4）安全与速度互保

在项目进展中，安全与速度成正比关系，速度应以安全作保障，安全就是速度。因此，应追求安全加速度，竭力避免安全减速度。

（5）安全与效益的兼顾

在安全管理中，投入要适度、适当，精打细算，统筹安排。既要保证安全生产，又要经济合理，还要考虑力所能及。

2. 坚持6项基本管理原则

（1）管生产同时管安全

安全寓于生产之中，并对生产发挥促进与保证作用。因此，安全与生产虽有时会出现矛盾，但安全、生产管理的目标、目的，表现出高度的一致和完全的统一。

（2）坚持安全管理的目的性

安全管理的内容是对生产中的人、物、环境因素状态的管理，有效地控制人的不安全行为和物的不安全状态，消除或避免事故，达到保护劳动者安全与健康的目的。

（3）必须贯彻预防为主的方针

安全生产的方针是“安全第一、预防为主气安全第一是从保护生产力的角度和高度，表明在生产范围内安全与生产的关系，肯定安全在生产活动中的位置和重要性。

（4）坚持“四全”动态管理

安全管理涉及生产活动的方方面面，涉及从开工到竣工交付的全部生产过程，涉及全部的生产时间，涉及一切变化着的生产因素。因此，生产活动中必须坚持全员、全过程、全方位、全天候的动态安全管理。

（5）安全管理重在控制

安全管理的主要内容虽然都是为了达到安全管理的目的，但是对生产因素状态的控制与安全管理目的的关系更直接，显得更为突出。因此，对生产中人的不安全行为和物的不安全状态的控制，必须看作是动态安全管理的重点。

（6）在管理中发展提高

既然安全管理是在变化着的生产活动中的管理，是一种动态，其管理就意味着是不断发展、不断变化的，以适应变化的生产活动，清除新的危险因素。然而更为重要的是不间断地摸索新的规律，总结管理、控制的办法与经验，指导新的变化后的管理，从而使安全管理不断上升到新的高度。

（四）安全管理的主要内容

安全管理的主要内容如下：

第一，安全管理要点，如安全生产许可证，各类人员持证上岗，安全培训记录，安全生产保证体系等。

第二，安全生产管理制度，如安全生产责任制度、安全教育培训制度、安全技术管理制度、安全检查制度等。

第三，认真进行施工安全检查，实行班组安全自检、互检和专检相结合的方法，做好安全检查、安全验收。

第四，安全事故管理，如安全事故报告、现场保护、事故调查与处理等。

第五，施工现场的环境保护、文明施工、消防安全等的管理。

二、安全生产管理

（一）安全生产管理的体制

当前适用的安全生产管理体制为“企业负责、行业管理、国家监察、群众监督、劳动者遵章守纪”。

1. 企业负责

企业负责就是企业在其经营活动中必须对本企业安全生产负全面责任，企业法定

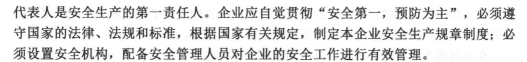

代表人是安全生产的第一责任人。企业应自觉贯彻“安全第一，预防为主”，必须遵守国家的法律、法规和标准，根据国家有关规定，制定本企业安全生产规章制度；必须设置安全机构，配备安全管理人员对企业的安全工作进行有效管理。

2. 行业管理

行政主管部门根据“管生产必须管安全”的原则，管理本行业的安全生产工作，建立安全生产管理机构，配备安全技术干部，组织贯彻执行国家安全生产方针、政策、法律、法规，制定行业的规章制度和规范标准。

3. 国家监察

安全生产行政主管部门按照国务院要求实施国家劳动安全监察。国家监察是一种执法监察，主要是监察国家法规、政策的执行情况，预防和纠正违反法规、政策的偏差；它不干预企事业遵循法律法规、制定的措施和步骤等具体事务，也不能替代行业管理部门日常管理和安全检查。

4. 群众监督

《安全生产法》第 7 条指出：“工会依法组织职工参加本单位安全生产工作的民主管理和民主监督，维护职工在安全生产方面的合法权益”。说明群众监督是安全生产工作不可缺少的重要环节，是与国家安全监察和行政管理相辅相成的，应密切配合和合作，共同搞好安全生产工作。新的经济体制的建立，群众监督的内涵也在扩大，不仅是各级工会，而且社会团体、民主党派、新闻单位等也应共同对安全生产起监督作用。

5. 劳动者遵章守纪

从许多事故发生的原因看，大多与职工的违章行为有直接关系。因此，劳动者在生产过程中应自觉遵守安全生产规章制度和劳动纪律，严格执行安全技术操作规程．不违章操作。劳动者遵章守纪也是减少事故，实现安全生产的重要保证。

（二）安全生产管理的制度

1. 安全生产责任制度

安全生产责任制是最基本的安全管理制度，是所有安全生产管理制度的核心。

安全生产责任制是按照安全生产管理方针和“管生产的同时必须管安全”的原则，将各级负责人员、各职能部门及其工作人员和各岗位生产工人在安全生产方面应做的事情及应负的责任加以明确规定的一种制度。

企业实行安全生产责任制必须做到在计划、布置、检查、总结、评比生产的时候，同时计划、布置、检查、总结、评比安全工作。

2. 安全生产许可制度

《安全生产许可证条例》规定国家对建筑施工企业实施安全生产许可制度。其目的是为了严格规范安全生产条件，进一步加强安全生产监督管理，防止和减少生产安全事故。

省、自治区、直辖市人民政府建设主管部门负责建筑施工企业安全生产许可证的颁发和管理，并接受国务院建设主管部门的指导和监督。

企业取得安全生产许可证，应当具备下列安全生产条件。

（1）建立、健全安全生产责任制，制定完备的安全生产规章制度和操作规程

（2）安全投入符合安全生产要求

（3）设置安全生产管理机构，配备专职安全生产管理人员

（4）主要负责人和安全生产管理人员经考核合格

（5）特种作业人员经有关业务主管部门考核合格，取得特种作业操作资格证书

（6）从业人员经安全生产教育和培训合格

（7）依法参加工伤保险，为从业人员缴纳保险费

（8）厂房、作业场所和安全设施、设备、工艺符合有关安全生产法律、法规、标准和规程的要求

（9）有职业危害防治措施，并为从业人员配备符合国家标准或者行业标准的劳动防护用品

（10）依法进行安全评价

（11）有重大危险源检测、评估、监控措施和应急预案

（12）有生产安全事故应急救援预案、应急救援组织或者应急救援人员，配备必要的应急救援器材、设备

（13）法律、法规规定的其他条件

3. 政府安全生产监督检查制度

第一，国务院负责安全生产监督管理的部门依照《中华人民共和国安全生产法》的规定，对全国建设工程安全生产工作实施综合监督管理。

第二，县级以上地方人民政府负责安全生产监督管理的部门依照《中华人民共和国安全生产法》的规定，对本行政区域内建设工程安全生产工作实施综合监督管理。

第三，国务院建设行政主管部门对全国的建设工程安全生产实施监督管理。国务院铁路、交通、水利等有关部门按照国务院规定的职责分工，负责有关专业建设工程安全生产的监督管理。

第四，县级以上地方人民政府建设行政主管部门对本行政区域内的建设工程安全生产实施监督管理。县级以上地方人民政府交通、水利等有关部门在各自的职责范围内，负责本行政区域内的专业建设工程安全生产的监督管理。

第五，县级以上人民政府负有建设工程安全生产监督管理职责的部门在各自的职责范围内履行安全监督检查职责时，有权纠正施工中违反安全生产要求的行为，责令立即排除检查中发现的安全事故隐患，对重大隐患可以责令暂时停止施工。建设行政主管部门或者其他有关部门可以将施工现场安全监督检查委托给建设工程安全监督机构具体实施。

4. 安全生产教育培训制度

企业安全生产教育培训一般包括对管理人员、特种作业人员和企业员工的安全教育。

（1）管理人员的安全教育

①企业领导的安全教育。企业法定代表人安全教育的主要内容如下。

第一，国家有关安全生产的方针、政策、法律、法规及有关规章制度。

第二，安全生产管理职责、企业安全生产管理知识及安全文化。

第三，有关事故案例及事故应急处理措施等。

②项目经理、技术负责人和技术干部的安全教育。项目经理、技术负责人和技术干部安全教育的主要内容如下。

第一，安全生产方针、政策和法律、法规。

第二，项目经理部安全生产责任。

第三，典型事故案例剖析。

第四，本系统安全及其相应的安全技术知识。

③行政管理干部的安全教育。行政管理干部安全教育的主要内容如下。

第一，安全生产方针、政策和法律、法规。

第二，基本的安全技术知识。

第三，本职的安全生产责任。

④企业安全管理人员的安全教育。企业安全管理人员安全教育内容应包括以下几个方面：

第一，国家有关安全生产的方针、政策、法律、法规和安全生产标准。

第二，企业安全生产管理、安全技术、职业病知识、安全文件。

第三，员工伤亡事故和职业病统计报告及调查处理程序。

第四，有关事故案例及事故应急处理措施。

⑤班组长和安全员的安全教育。班组长和安全员的安全教育内容如下。

第一，安全生产法律、法规、安全技术及技能、职业病和安全文化的知识。

第二，本企业、本班组和工作岗位的危险因素、安全注意事项。

第三，本岗位安全生产职责。

第四，典型事故案例。

第五，事故抢救与应急处理措施。

（2）特种作业人员的安全教育

①特种作业的定义。根据《特种作业人员安全技术培训考核管理规定》（国家安全生产监督管理总局令第 30 号），特种作业是指容易发生事故，对操作者本人、他人的安全健康及设备、设施的安全可能造成重大危害的作业。特种作业人员是指直接从事特种作业的从业人员。

②特种作业的范围。根据《特种作业人员安全技术培训考核管理规定》（国家安全生产监督管理总局令第 30 号）。

③特种作业人员安全教育要求。特种作业人员必须经专门的安全技术培训并考核合格，取得《中华人民共和国特种作业操作证》后，方可上岗作业。

特种作业人员应当接受与其所从事的特种作业相应的安全技术理论培训和实际操

作培训。已经取得职业高中、技工学校及中专以上学历的毕业生从事与其所学专业相应的特种作业，持学历证明经考核发证机关同意，可以免予相关专业的培训。

跨省、自治区、直辖市从业的特种作业人员，可以在户籍所在地或者从业所在地参加培训。

（3）企业员工的安全教育

企业员工的安全教育主要有新员工上岗前的三级安全教育、改变工艺和变换岗位安全教育、经常性安全教育3种形式。

（三）安全生产管理的预警体系

1. 安全生产管理预警体系的要素

（1）外部环境预警系统

①自然环境突变的预警。生产活动所处的自然环境突变诱发的事故主要是自然灾害以及人类活动造成的破坏。

②政策法规变化的预警。国家对行业政策的调整、法规体系的修正和变更，对安全生产管理的影响非常大，应经常予以

③技术变化的预警。现代安全生产一个重要标志是对科学技术进步的依赖越来越大。因而预警体系也应当关注技术创新、技术标准变动的预警。

（2）内部管理不良预警系统

①质量管理预警。企业质量管理的目的是生产出合格的产品（工程），基本任务是确定企业的质量目标，制定企业规划和建立健全企业的质量保证体系。

②设备管理预警。设备管理预警对象是生产过程的各种设备的维修、操作、保养等活动。

③人的行为活动管理预警。事故发生诱因之一是由人的不安全行为所引发的，人的行为活动预警对象主要是思想上的疏忽、知识和技能欠缺、性格上的缺陷、心理和生理弱点等。

（3）预警信息管理系统

预警信息管理系统以管理信息系统（Management Information System，简称MIS）为基础，专用于预警管理的信息管理，主要是监测外部环境与内部管理的信息。预警信息的管理包括信息收集、处理、辨伪、存储、推断等过程。

（4）事故预警系统

事故预警系统是综合运用事故致因理论（如系统安全理论）、安全生产管理原理（如预防原理），以事故预防和控制为目的，通过对生产活动和安全管理过程中各种事故征兆的监测、识别、诊断与评价，以及对事故严重程度和发生可能性的判别给出安全风险预警级别，并根据预警分析的结果对事故征兆的不良趋势进行矫正、预防与控制。当事故难以控制时，及时做出警告，并提供对策措施和建议。

2. 预警体系的建立

预警体系是以事故现象的成因、特征及其发展作为研究对象，运用现代系统理论

和预警理论，构建对灾害事故能够起到“免疫”，并能够预防和“矫正”各种事故现象的一种“自组织”系统，它是以警报为导向，以“矫正”为手段，以“免疫”为目的的防错、纠错系统。

（1）预警体系建立的原则

①及时性。预警体系的出发点就是当事故还在萌芽状态时，就通过细致的观察、分析，提前做好各种防范的准备，及时发现、及时报告、及时采取有效措施加以控制和消除。

②全面性。对生产过程中人、物、环境、管理等各个方面进行全面监督，及时发现各方面的异常情况，以便采取合理对策。

③高效性。预警必须有高效率，只有如此才能对各种隐患和事故进行及时预告，并制定合理适当的应急措施，迅速改变不利局面。

④客观性。生产运行中．隐患存在是客观的，必须正确引导有关单位和个人，不能因为可能涉及形象或负面影响隐匿有关信息，要积极主动地应对。

（2）预警体系实现的功能

预警体系功能的实现主要依赖于预警分析和预控对策两大子系统作用的发挥。

（3）预警分析和预控对策的关系

预警分析和预控对策的活动内容是不同的，前者主要是对系统隐患的辨识，后者是对事故征兆的不良趋势进行纠错、治错的管理活动，但两者相辅相成，是明确的时间顺序关系和逻辑顺序关系。预警分析是预警体系完成其职能的前提和基础，预控对策是预警体系职能活动的目标，两者缺少任何一个方面，预警体系均无法完整实现其功能，也难以很好地实施事故预警的目的。

预警分析和预控对策活动的对象是有差异的，前者的对象是在正常生产活动中的安全管理过程，后者的对象则是已被确认的事故现象。但如果工程已处于事故状态，那么两者的活动对象是一致的，都是事故状态中的生产现象。另外，不论生产活动是处于正常状态还是事故状态，预警分析的活动对象总是包容预控对策的活动对象，或者说，预控活动的对象总是预警分析活动对象中的主要矛盾。

3．预警体系的运行

完善的预警体系为事故预警提供了物质基础。预警体系通过预警分析和预控对策实现事故的预警和控制，预警分析完成监测、识别、诊断与评价功能，而预控对策完成对事故征兆的不良趋势进行纠错和治错的功能。

三、安全事故分类及处理

（一）安全事故分类

1．按照事故发生的原因分类

按照我国《企业伤亡事故分类》（GB 6441—1986）规定，职业伤害事故分为20类。

（1）物体打击

指落物、滚石、锤击、碎裂、崩块、砸伤等造成的人身伤害，不包括因爆炸而引起的物体打击。

（2）车辆伤害

指被车辆挤、压、撞和车辆倾覆等造成的人身伤害。

（3）机械伤害

指被机械设备或工具软、碾、碰、割、戳等造成的人身伤害，不包括车辆、起重设备引起的伤害。

（4）起重伤害

指从事各种起重作业时发生的机械伤害事故，不包括上下驾驶室时发

（5）触电

由于电流经过人体导致的生理伤害，包括雷击伤害。

（6）淹溺

由于水或液体大量从口、鼻进入肺内，导致呼吸道阻塞，发生急性缺氧而窒息死亡。

（7）灼烫

指火焰引起的烧伤、高温物体引起的烫伤、强酸或强碱引起的灼伤、放射线引起的皮肤损伤，不包括电烧伤及火灾事故引起的烧伤。

（8）火灾

在火灾时造成的人体烧伤、窒息、中毒等。

（9）高处坠落

由于危险势能差引起的伤害，包括从架子、屋架上坠落以及平地坠入坑内等。

（10）坍塌

指建筑物、堆置物倒塌以及土石方塌方等引起的事故伤害。

（11）冒顶片帮

指矿井作业面、巷道侧壁由于支护不当、压力过大造成的坍塌（片帮）以及顶板垮落（冒顶）事故。

（12）透水

指从事矿山、地下开采或其他坑道作业时，有压地下水意外大量涌入而造成的伤亡事故。

（13）放炮

指由于放炮作业引起的伤亡事故。

（14）火药爆炸

指在火药的生产、运输、储藏过程中发生的爆炸事故。

（15）瓦斯爆炸

指可燃气体、瓦斯、煤粉与空气混合，接触火源时引起的化学性爆炸事故。

（16）锅炉爆炸

指锅炉由于内部压力超出炉壁的承受能力而引起的物理性爆炸事故。

（17）容器爆炸

指压力容器内部压力超出容器壁所能承受的压力引起的物理性爆炸，容器内部可燃气体泄漏与周围空气混合遇火源而发生的化学性爆炸。

（18）其他爆炸

指化学性爆炸，炉膛、钢水包爆炸等。

（19）中毒和窒息

指煤气、油气、沥青、化学、一氧化碳中毒等。

（20）其他伤害

包括扭伤、跌伤、冻伤、野兽咬伤等。

2. 按事故后果严重程度分类

（1）轻伤事故

造成职工肢体或某些器官功能性或器质性轻度损伤，表现为劳动能力轻度或暂时丧失的伤害，一般每个受伤人员休息 1 个工作日以上，105 个工作日以下。

（2）重伤事故

一般指受伤人员肢体残缺或视觉、听觉等器官受到严重损伤，能引起人体长期存在功能障碍或劳动能力有重大损失的伤害，或者造成每个受伤人员损失 105 个工作日以上的失能伤害。

（3）死亡事故

一次事故中死亡职工 1 ～ 2 人的事故。

（4）重大伤亡事故

一次事故中死亡 3 人以上（含 3 人）的事故。

（5）特大伤亡事故

一次死亡 10 人以上（含 10 人）的事故。

（6）急性中毒事故

使人体在短时间内发生病变，导致职工立即中断工作，并须进行急救或造成死亡的事故。急性中毒的特点是发病快，一般不超过 1 个工作日，有的毒物因毒性有一定的潜伏期，可在下班后数小时发病。

3. 生产安全事故登记

根据生产安全事故（以下简称事故）造成的人员伤亡或者直接经济损失，事故一般分为以下等级。

第一，特别重大事故，是指造成 30 人以上死亡，或者 100 人以上重伤（包括急性工业中毒，下同），或者 1 亿元以上直接经济损失的事故。

第二，重大事故，是指造成 10 人以上 30 人以下死亡，或者 50 人以上 100 人以下重伤，或者 5000 万元以上 1 亿元以下直接经济损失的事故。

第三，较大事故，是指造成 3 人以上 10 人以下死亡，或者 10 人以上 50 人以下重伤，或者 1000 万元以上 5000 万元以下直接经济损失的事故。

第四，一般事故，是指造成 3 人以下死亡，或者 10 人以下重伤，或者 1000 万元以下直接经济损失的事故。

（二）安全事故处理

一旦事故发生，通过应急预案的实施，尽可能防止事态的扩大和减少事故的损失。通过事故处理程序，查明原因，制定相应的纠正和预防措施，避免类似事故的再次发生。

1. 安全事故处理的原则

安全事故处理应遵循“四不放过”的原则，即：事故原因不清楚不放过；事故责任者和员工没有受到教育不放过；事故责任者没有处理不放过；没有制定防范措施不放过。

（1）事故原因不清楚不放过

要求在调查处理伤亡事故时，首先要把事故原因分析清楚，找出导致事故发生的真正原因，未找到真正原因绝不轻易放过。直到找到真正原因并搞清各因素之间的因果关系才算达到事故原因分析的目的。

（2）事故责任者和员工没有受到教育不放过

使事故责任者和员工了解事故发生的原因及所造成的危害，并深刻认识到搞好安全生产的重要性，从事故中吸取教训，提高安全意识，改进安全管理工作。

（3）事故责任者没有处理不放过

这是安全事故责任追究制的具体体现，对事故责任者要严格按照安全事故责任追究的法律法规的规定进行严肃处理；不仅要追究事故直接责任人的责任，同时要追究有关负责人的领导责任。当然，处理事故责任者必须谨慎，避免事故责任追究的扩大化。

（4）没有制定防范措施不放过

必须针对事故发生的原因，提出防止相同或类似事故发生的切实可行的防范措施，并督促事故发生单位加以实施。只有这样，才算达到了事故调查和处理的最终目的。

2. 安全事故处理程序

安全事故处理程序如下：

（1）迅速抢救伤员并保护好事故现场

事故发生后，现场人员不要惊慌失措，要有组织、听指挥，首先抢救伤员和排除险情，制止事故蔓延扩大。同时，为了事故调查分析需要，应该保护好事故现场。确因抢救伤员和排险而必须移动现场物品时，应做出标识，并且要求各种物件的位置、颜色、形状及其物理、化学性质等尽可能保持事故结束时的原来状态，必须采取一切可能的措施防止人为或自然因素的破坏。

（2）组织调查组

接到事故报告后，单位领导应立即赶赴现场组织抢救，并迅速组织调查组开展调查。轻伤、重伤事故由企业负责人或其指定人员组织生产、技术、安全等部门及工会组成事故调查组进行调查；死亡事故由企业主管部门会同企业所在地区的行政安全部门、公安部门、工会组成事故调查组进行调查；重大死亡事故，按照企业的隶属关系，由省、自治区、直辖市企业主管部门或者国务院有关主管部门会同同级行政安全管理部门、公安部门、监察部门、工会组成事故调查组进行调查。死亡和重大死亡事故调查组应邀请人民检察院参加，还可邀请有关专业技术人员参加。与发生事故有直接利害关系的人员不得参加调查组。

（3）现场勘察

在事故发生后，调查组应速到现场进行勘察。现场勘察是技术性很强的工作，涉及广泛的科技知识和实践经验，对事故的现场勘察必须及时、全面、准确、客观。

（4）分析事故原因

通过全面的调查来查明事故经过，弄清造成事故的原因，包括人、物、生产管理和技术管理等方面的问题，经过认真、客观、全面、细致、准确的分析，确定事故的性质和责任。

事故分析的步骤首先是整理和仔细阅读调查材料，按《企业职工伤亡事故分类标准》（GB 6441-86）的附录A中规定的受伤部位、受伤性质、起因物、致害物、伤害方法、不安全状态和不安全行为7项内容进行分析，确定直接原因、间接原因和事故责任者。

分析事故原因时，应根据调查所确认事实，从直接原因入手逐步深入到间接原因。通过对直接原因和间接原因的分析，确定事故中的直接责任者和领导责任者，再根据其在事故发生过程中的作用确定主要责任者。

（5）事故性质类别

①责任事故，人的过失造成的事故。

②非责任事故。由于人们不能预见的自然条件变化或不可抗力所造成的事故，或是在技术改造、发明创造、科学试验活动中，由于科学技术条件的限制而发生的无法预料的事故。但是，对于能够预见并可以采取措施加以避免的伤亡事故或没有经过认真研究解决技术问题而造成的事故，不能包括在内。

③破坏性事故。为达到既定目的而故意制造的事故。对已确定为破坏性事故的，应由公安机关认真追查破案，依法处理。

（6）制定预防措施

根据对事故原因分析，制定防止类似事故再次发生的预防措施。同时，根据事故后果和事故责任者应负的责任提出处理意见。对于重大未遂事故不可掉以轻心，也应认真按上述要求查找原因，分清责任，严肃处理。

（7）写出调查报告

调查组应着重把事故发生的经过、原因、责任分析、处理意见及本次事故的教训和改进工作的建议等写成报告，经调查组全体人员签字后报批。如调查组内部意见有分歧，应在弄清事实的基础上，对照法律、法规进行研究，统一认识，对于个别仍持有不同意见的人允许其保留意见，并在签字时写明自己的意见。

（8）事故审理和结案

①事故调查处理结论应经有关机关审批后方可结案。伤亡事故处理工作应当在90d内结案，特殊情况不得超过180d。

②事故案件的审批权限同企业的隶属关系及人事管理权限一致。

③对事故责任者的处理应根据其情节轻重和损失大小来判断。

④事故调查处理的文件、图纸、照片、资料等记录应妥善地保存起来。

（9）员工伤亡事故登记记录。员工伤亡事故登记记录包括以下内容。

①员工重伤、死亡事故调查报告书，现场勘察资料（记录、图纸、照片）。

②技术鉴定和试验资料。

③物证、人证调查材料。

④医疗部门对伤亡者的诊断结论及影印件。

⑤事故调查组人员的姓名、职务并应逐个签字。

⑥企业或其主管部门对该事故所做的结案报告。

⑦受处理人员的检查材料。

⑧有关部门对事故的结案批复等。

3. 工伤认定

国务院颁布的《工伤保险条例》划定了工伤的认定原则。职工有下列情形之一的，应当认定为工伤。

（1）在工作时间和工作场所内，因工作原因受到事故伤害的

（2）工作时间前后在工作场所内，从事与工作有关的预备性或者收尾性工作受到事故伤害的

（3）在工作时间和工作场所内，因履行工作职责受到暴力等意外伤害的

（4）患职业病的

（5）因工外出期间，由于工作原因受到伤害或者发生事故下落不明的

（6）在上下班途中，受到机动车事故伤害的

（7）法律、行政法规规定应当认定为工伤的其他情形

职工有下列情形之一的，视同工伤。

（1）在工作时间和工作岗位，突发疾病死亡或者在48h之内经抢救无效死亡的

（2）在抢险救灾等维护国家利益、公共利益活动中受到伤害的

（3）职工原在军队服役，因战、因公负伤致残，已取得革命伤残军人证，到用人单位后旧伤复发的

职工有下列情形之一的，不得认定为工伤或者视同工伤。

（1）因犯罪或者违反治安管理条例伤亡的

（2）醉酒导致伤亡的

（3）自残或者自杀的

4. 职业病的处理

（1）职业病报告

职业病报告实行以地方为主，逐级上报的办法。地方各级卫生行政部门指定相应的职业病防治机构或卫生防疫机构负责职业病统计和报告工作。

一切企业、事业单位发生的职业病，都应按规定要求向当地卫生监督机构报告，

由卫生监督机构统一汇总上报。

（2）职业病处理

①职工被确诊患有职业病后，其所在单位应根据职业病诊断机构的意见，安排其医治或疗养。

②在医治或疗养后被确认不宜继续从事原有害作业或工作的，应自确认之日起的两个月内将其调离原工作岗位，另行安排工作；对于因工作需要暂不能调离的生产、工作的技术骨干，调离期限最长不得超过半年。

③患有职业病的职工变动工作单位时，其职业病待遇应由原单位负责或两个单位协调处理，双方商妥后方可办理调转手续，并将其健康档案、职业病诊断证明及职业病处理情况等材料全部移交新单位。调出、调入单位都应将情况报告所在地的劳动卫生职业病防治机构备案。

④职工到新单位后，新发生的职业病不论与现工作有无关系，其职业病待遇由新单位负责。劳动合同制工人、临时工终止或解除劳动合同后，在待业期间新发现的职业病，与上一个劳动合同期工作有关时，其职业病待遇由原终止或解除劳动合同的单位负责。如原单位已与其他单位合并，由合并后的单位负责；如原单位已撤销，应由原单位的上级主管机关负责。

第四节　施工环境管理

一、环境管理概述

（一）环境管理的定义

环境是指组织运行活动的外部存在，包括空气、水、土地、自然资源、植物、动物、人，以及他们之间的相互关系。

环境管理按照概念划分可以分为狭义环境管理和广义环境管理。

狭义环境管理是指依据国家和地方环境法律、法规、标准和制度开展的环境监督行为，是政府环境保护主管部门的主要职能。

广义环境管理是指运用经济、法律、技术、行政及教育等手段，限制（或禁止）人们损害环境质量的活动，鼓励人们改善环境质量；通过全面规划、综合决策，使经济发展与环境保护相协调。达到既能发展经济满足人类的基本需求，又不超出环境允许极限的目的。

狭义环境管理的核心是监督和服务，而广义环境管理的核心是协调和综合决策。狭义环境管理主要是各地环境保护主管部门的职能，而广义环境管理主要是政府的职能。所以通常人们所说的环境管理指的是广义的环境管理。

（二）环境管理的目的

随着经济的高速增长和科学技术的飞速发展，生产力迅速提高，新技术、新材料、新能源不断涌现，新的产业和生产工艺不断诞生。但在生产力高速发展的同时，尤其是在市场竞争日益加剧的情况下，人们往往专注于追求低成本、高利润，而忽视了环境的改善，甚至以破坏人类赖以生存的自然环境为代价。

施工项目环境管理就是在生产活动中，通过对环境因素的管理活动，使环境不受到污染，使资源得到节约。其目的是保护生态环境，使社会的经济发展与人类的生存环境相协调。控制作业现场的各种粉尘、废水、废气、固体废弃物以及噪声、振动对环境的污染和危害，考虑能源节约和避免资源的浪费。

（三）环境管理的任务

环境管理的任务是建筑生产组织为达到建筑工程的环境管理的目的，指挥和控制组织的协调活动，包括制定、实施、实现、评审和保持环境方针所需的组织结构、计划活动、职责、惯例、程序、过程和资源。

（四）环境管理的特点

第一，建筑产品的固定性和生产的流动性及所受的外部环境影响因素，决定了环境管理的复杂性，稍有考虑不周就会出现问题。

第二，产品的多样性和生产的单件性决定了环境管理的多样性。由于每个建筑产品都要根据其特定要求进行施工，因此，对于每个施工项目都要根据其实际情况，制定环境管理计划，不可相互套用。

第三，产品生产过程的连续性和分工性决定了环境管理的协调性。在环境管理中要求各单位和各专业人员横向配合和协调，共同注意产品生产过程接口部分的环境管理的协调性。

第四，产品的委托性决定了环境管理的不符合性，这就要求建设单位和生产组织都必须重视对环保费用的投入，不可不符合环境管理的要求。

第五，产品生产的阶段性决定了环境管理的持续性。在施工项目从立项到投产所经历的各个阶段都要十分重视项目的环境问题，持续不断地对项目各个阶段可能出现的环境问题实施管理。

二、环境管理体系

（一）环境管理体系的标准

随着全球经济的发展，人类赖以生存的环境不断恶化。20世纪80年代，联合国组建了世界环境与发展委员会，提出了“可持续发展”的观点。国际标准化制定的ISO 14000体系标准被我国等同采用，即《环境管理体系要求及使用指南》（GB/T 24001—2004）、《环境管理体系原则、体系和支持技术通用指南》（GB/T 24004 2004）。

在《环境管理体系要求及使用指南》（GB/T 24001—2004）中，环境是指“组织运行活动的外部存在，包括空气、水、土地、自然资源、植物、动物、人，以及它们之间的相互关系”。这个定义是以组织运行活动为主体，其外部存在主要是指人类认识到的、直接或间接影响人类生存的各种自然因素及其相互关系。

（二）环境管理体系的结构和模式

1. 环境管理体系的结构

组织在环境管理中，应建立环境管理的方针和目标，识别与组织运行活动有关的危险源及其危险，通过环境影响评价，对可能产生重大环境影响的环境因素采取措施进行管理和控制。

2. 环境管理体系的运行模式

《环境管理体系要求及使用指南》（GB/T 24001 2004）是环境管理体系系列标准的主要标准，也是在环境管理体系标准中唯一可供认证的管理标准。

三、环境管理体系各内容要素之间的相互关系

核心要素是10个，包括：环境方针，环境因素，法律法规与其他要求，目标、指标和方案；资源、作用、职责与权限；运行控制；检测和测量；评估法规的符合性；内部审核；管理评审等。其余7个要素为辅助性要素，包括能力、意识和培训；信息交流；环境管理体系文件；文件控制；应急准备和响应；不符合、纠正与预防措施；记录控制。

四、施工现场环境管理要求

（一）基本概念

建设工程项目必须满足有关环境保护法律法规的要求，在施工过程中注意环境保护，对企业发展、员工健康和社会文明有重要意义。

环境保护是按照法律法规、各级主管部门和企业的要求，保护和改善作业现场的环境，控制现场的各种粉尘、废水、废气、固体废弃物、噪声、振动等对环境的污染和危害。

（二）施工现场环境保护的意义

第一，保护和改善施工环境是保证人们身体健康和社会文明的需要。采取专项措施防止粉尘、噪声和水源污染，保护好作业现场及其周围的环境，是保证职工和相关人员身体健康、体现社会总体文明的一项利国利民的重要工作。

第二，保护和改善施工现场环境是消除对外部干扰，保证施工顺利进行的需要。随着人们的法制观念和自我保护意识的增强，施工扰民问题反映突出，及时采取防治措施，减少对环境的污染和市民的干扰，也是施工生产顺利进行的基本条件。

第三，保护和改善施工环境是现代大生产的客观要求。现代化施工广泛应用新设备、新技术、新的生产工艺，对环境质量要求很高，如果粉尘、振动超标就可能损坏设备、影响功能发挥，使设备难以发挥作用。

第四，节约能源、保护人类生存环境、保证社会和企业可持续发展的需要。人类社会即将面临环境污染和能源危机的挑战。为了保护子孙后代赖以生存的环境条件，每个公民和企业都有责任和义务来保护环境，良好的环境和生存条件，也是企业发展的基础和动力。

（三）施工现场环境管理的要求

第一，在工程施工阶段，环境管理的重点是施工现场的环境保护，根据《中华人民共和国环境保护法》和《中华人民共和国环境影响评价法》的有关规定，建设工程项目对环境保护的基本要求如下。

其一，涉及依法划定的自然保护区、风景名胜区、生活饮用水水源保护区及其他需要特别保护的区域时，应当符合国家有关法律法规及该区域内建设工程项目环境管理的规定，不得建设污染环境的工业生产设施；建设的工程项目设施的污染物排放不得超过规定的排放标准。已经建成的设施，其污染物排放超过排放标准的，限期整改。

其二，开发利用自然资源的项目，必须采取措施保护生态环境。

其三，建设工程项目选址、选线、布局应当符合区域、流域规划和城市总体规划。

其四，应满足项目所在区域环境质量、相应环境功能区划和生态功能区划标准或要求。

其五，拟采取的污染防治措施应确保污染物排放达到国家和地方规定的排放标准，满足污染物总量控制要求；涉及可能产生放射性污染的，应采取有效预防和控制放射性污染措施。

其六，建设工程应当采用节能、节水等有利于环境与资源保护的建筑设计方案、建筑材料、装修材料、建筑构配件及设备。建筑材料和装修材料必须符合国家标准。禁止生产、销售和使用有毒、有害物质超过国家标准的建筑材料和装修材料。

其七，尽量减少建设工程施工中所产生的干扰周围生活环境的噪声。

其八，应采取生态保护措施，有效预防和控制生态破坏。

其九，对环境可能造成重大影响、应当编制环境影响报告书的建设工程项目，可能严重影响项目所在地居民生活环境质量的建设工程项目，以及存在重大意见分歧的建设工程项目，环保部门可以举行听证会，听取有关单位、专家和公众的意见，并公开听证结果，说明对有关意见采纳或不采纳的理由。

其十，建设工程项目中防治污染的设施，必须与主体工程同时设计、同时施工、同时投产使用。防治污染的设施必须经原审批环境影响报告书的环境保护行政主管部门验收合格后，该建设工程项目方可投入生产或者使用。防治污染的设施不得擅自拆除或者闲置，确有必要拆除或者闲置的，必须征得所在地的环境保护行政主管部门同意。

其十一，新建工业企业和现有工业企业的技术改造，应当采取资源利用率高、污染物排放量少的设备和工艺，采用经济、合理的废弃物综合利用技术和污染物处理技术。

其十二，排放污染物的单位，必须依照国务院环境保护行政主管部门的规定申报登记。

其十三，禁止引进不符合我国环境保护规定要求的技术和设备。

其十四，任何单位不得将产生严重污染的生产设备转移给没有污染防治能力的单位使用。

《中华人民共和国海洋环境保护法》规定，在进行海岸工程建设和海洋石油勘探开发时，必须依照法律的规定，防止对海洋环境的污染损害。

五、施工现场环境管理措施

（一）大气污染的防治

1. 大气污染物的分类

大气污染物的种类有数千种，已发现有危害作用的有 100 多种，其中大部分是有机物。大气污染物通常以气体状态和粒子状态存在于空气中。

大气污染物包括以下物质。

第一，气体状态污染物，如二氧化硫、氮氧化物、一氧化碳、苯、苯酚、汽油等。

第二，粒子状态污染物，包括降生和飘尘。飘尘又称为可吸入颗粒物，易随呼吸进入人体肺脏，危害人体健康。

工程施工工地对大气产生的主要污染物有锅炉、熔化炉、厨房烧煤产生的烟尘，建材破碎、筛分、碾磨、加料过程、装卸运输过程产生的粉尘，施工动力机械尾气排放等。

2. 施工现场空气污染的防治措施

第一，施工现场垃圾渣土要及时清理出现场。

第二，高大建筑物清理施工垃圾时，要使用封闭式的容器或者采取其他措施处理高空废弃物，严禁凌空随意抛撒。

第三，施工现场道路应指定专人定期洒水清扫，形成制度，防止道路扬尘。

第四，对于细颗粒散体材料（如水泥、粉煤灰、白灰等）的运输、储存要注意遮盖、密封，防止和减少扬尘。

第五，车辆开出工地要做到不带泥沙，基本做到不洒土、不扬尘，减少对周围环境污染。

第六，除设有符合规定的装置外，禁止在施工现场焚烧油毡、橡胶、塑料、皮革、树叶、枯草、各种包装物等废弃物品以及其他会产生有毒、有害烟尘和恶臭气体的物质。

第七，机动车都要安装减少尾气排放的装置，确保符合国家标准。

第八，工地茶炉应尽量采用电热水器。若只能使用烧煤茶炉和锅炉时，应选用消烟除尘型茶炉和锅炉，大灶应选用消烟节能回风炉灶，使烟尘降至允许排放范围为止。

第九，大城市市区的建设工程已不允许搅拌混凝土。在允许设置搅拌站的工地，应将搅拌站封闭严密，并在进料仓上方安装除尘装置，采用可靠措施控制工地粉尘污染。

第十，拆除旧建筑物时，应适当洒水，防止扬尘。

（二）水污染的治理

1. 水污染物主要来源

第一，工业污染源，指各种工业废水向自然水体的排放。

第二，生活污染源，主要有食物废渣、食油、粪便、合成洗涤剂、杀虫剂、病原微生物等。

第三，农业污染源，主要有化肥、农药等。

施工现场废水和固体废物随水流流入水体部分，包括泥浆、水泥、油漆、各种油类、混凝土添加剂、重金属、酸碱盐、非金属无机毒物等。

2. 施工过程水污染的防治措施

第一，禁止将有毒有害废弃物作土方回填。

第二，施工现场搅拌站废水，现制水磨石的污水，电石（碳化钙）的污水必须经沉淀池沉淀合格后再排放，最好将沉淀水用于工地洒水降尘或采取措施回收利用。

第三，现场存放油料，必须对库房地面进行防渗处理，如采用防渗混凝土地面、铺油毡等措施。使用时，要采取防止油料跑、冒、滴、漏的措施，以免污染水体。

第四，施工现场100人以上的临时食堂，污水排放时可设置简易有效的隔油池，定期清理，防止污染。

第五，工地临时厕所、化粪池应采取防渗漏措施。中心城市施工现场的临时厕所可采用水冲式厕所，并有防蝇灭蛆措施，防止其污染水体和环境。

第六，化学用品、外加剂等要妥善保管，库内存放，防止污染环境。

（三）噪声污染的防治

1. 噪声的分类

按噪声来源可分为交通噪声（如汽车、火车、飞机等）、工业噪声（如鼓风机、汽轮机、冲压设备等）、建筑施工的噪声（如打桩机、推土机、混凝土搅拌机等发出的声音）、社会生活噪声（如高音喇叭、收音机等）。噪声妨碍人们正常休息、学习和工作，为防止噪声扰民，应控制人为强噪声。

2. 施工现场噪声的控制措施

噪声控制技术可从声源、传播途径、接收者防护等方面来考虑。

（1）声源控制

①声源上降低噪声，这是防止噪声污染的最根本的措施。

②尽量采用低噪声设备和加工工艺代替高噪声设备与加工工艺，如低噪声振捣器、风机、电动空压机、电锯等。

③在声源处安装消声器消声，即在通风机、鼓风机、压缩机、燃气机、内燃机及各类排气放空装置等进出风管的适当位置设置消声器。

（2）传播途径的控制

①吸声。利用吸声材料（大多由多孔材料制成）或由吸声结构形成的共振结构（金

属或木质薄板钻孔制成的空腔体）吸收声能，降低噪声。

②隔声。应用隔声结构，阻碍噪声向空间传播，将接收者与噪声声源分隔。隔声结构包括隔声室、隔声罩、隔声屏障、隔声墙等。

③消声。利用消声器阻止传播。允许气流通过的消声降噪是防治空气动力性噪声的主要装置，如对空气压缩机、内燃机产生的噪声等。

④减振降噪。对来自振动引起的噪声，通过降低机械振动减小噪声，如将阻尼材料涂在振动源上，或改变振动源与其他刚性结构的连接方式等。

（3）接收者的防护

让处于噪声环境下的人员使用耳塞、耳罩等防护用品，减少相关人员在噪声环境中的暴露时间，以减轻噪声对人体的危害。

（4）严格控制人为噪声

①进入施工现场不得高声喊叫、无故甩打模板、乱吹哨，限制高音喇叭的使用，最大限度地减少噪声扰民。

②凡在人口稠密区进行强噪声作业时，须严格控制作业时间，一般晚 10 点到次日早 6 点之间停止强噪声作业。确系特殊情况必须昼夜施工时，尽量采取降低噪声措施，并会同建设单位找当地居委会、村委会或当地居民协调，出安民告示，求得群众谅解。

（四）固体废物的处理

1. 建设工程施工工地上常见的固体废物

建设工程施工工地上常见的固体废物主要有以下几种：

第一，建筑渣土，包括砖瓦、碎石、渣土、混凝土碎块、废钢铁、碎玻璃、废屑、废弃装饰材料等。

第二，废弃的散装大宗建筑材料，包括水泥、石灰等。

第三，生活垃圾，包括炊厨废物、丢弃食品、废纸、生活用具、废电池、废日用品、玻璃、陶瓷碎片、废塑料制品、煤灰渣、废交通工具等。

（4）粪便。

2. 固体废物的处理和处置

固体废物处理的基本思想是：采取资源化、减量化和无害化的处理，对固体废物产生的全过程进行控制。

固体废物的主要处理方法如下。

（1）回收利用

回收利用是对固体废物进行资源化的重要手段之一。粉煤灰在建设工程领域的广泛应用就是对固体废弃物进行资源化利用的典型范例。又如发达国家炼钢原料中有 70% 是利用回收的废钢铁，所以，钢材可以看成是可再生利用的建筑材料。

（2）减量化处理

减量化是对已经产生的固体废物进行分选、破碎、压实浓缩、脱水等减少其最终处置量，降低处理成本，减少对环境的污染。在减量化处理的过程中，也包括和其他处理技术相关的工艺方法，如焚烧、热解、堆肥等。

（3）焚烧

焚烧用于不适合再利用且不宜直接予以填埋处置的废物，除有符合规定的装置外，不得在施工现场熔化沥青和焚烧油毡、油漆，也不得焚烧其他可产生有毒有害和恶臭气体的废弃物。垃圾焚烧处理应使用符合环境要求的处理装置，避免对大气的二次污染。

（4）稳定和固化

稳定和固化处理是利用水泥、沥青等胶结材料，将松散的废物胶结包裹起来，减少有害物质从废物中向外迁移、扩散，使得废物对环境的污染减少。

（5）填埋

填埋是固体废物经过无害化、减量化处理的废物残渣集中到填埋场进行处置。禁止将有毒有害废弃物现场填埋，填埋场应利用天然或人工屏障。尽量使需处置的废物与环境隔离，并注意废物的稳定性和长期安全性。

第五节 现场文明施工

一、文明施工概述

1. 文明施工概念

文明施工是指保持施工现场良好的作业环境、卫生环境和工作秩序。因此，文明施工也是保护环境的一项重要措施。文明施工主要包括：规范施工现场的场容，保持作业环境的整洁卫生；科学组织施工，使生产有序进行；减少施工对周围居民和环境的影响；遵守施工现场文明施工的规定和要求，保证职工的安全和身体健康。

文明施工可以适应现代化施工的客观要求，有利于员工的身心健康，有利于培养和提高施工队伍的整体素质，促进企业综合管理水平的提高，提高企业的知名度和市场竞争力。

2. 文明施工的基本条件

（1）有整套的施工组织设计（或施工方案）

（2）有健全的施工指挥系统和岗位责任制度

（3）工序衔接交叉合理，交接责任明确

（4）有严格的成品保护措施和制度

（5）大小临时设施和各种材料、构件、半成品按平面布置堆放整齐

（6）施工场地平整，道路畅通，排水设施得当，水电线路整齐

（7）机具设备状况良好，使用合理，施工作业符合消防和安全要求

3. 文明施工的工作内容

文明施工应包括下列几项工作。

（1）进行现场文化建设

（2）规范场容，保持作业环境整洁卫生

（3）创造有序生产的条件

（4）减少对居民和环境的不利影响

4. 文明施工的意义

（1）文明施工能促进企业综合管理水平的提高

保持良好的作业环境和秩序，对促进安全生产、加快施工进度、保证工程质量、降低工程成本、提高经济和社会效益有较大作用。文明施工涉及人、财、物各个方面，贯穿于施工全过程，体现了企业在工程项目施工现场的综合管理水平。

（2）文明施工是适应现代化施工的客观要求

现代化施工更需要采用先进的技术、工艺、材料、设备和科学的施工方案，需要严密组织、严格要求、标准化管理和较好的职工素质等。文明施工能适应现代化施工的要求，是实现优质、高效、低耗、安全、清洁、卫生的有效手段。

（3）文明施工代表企业的形象

良好的施工环境与施工秩序，可以得到社会的支持和信赖，提高企业的知名度和市场竞争力。

（4）文明施工有利于员工的身心健康，有利于培养和提高施工队伍的整体素质

文明施工可以提高职工队伍的文化、技术和思想素质，培养尊重科学、遵守纪律、团结协作的大生产意识，促进企业精神文明建设，还可以促进施工队伍整体素质的提高。

二、文明施工的要求和措施

（一）文明施工的基本要求

第一，工地主要入口要设置简朴规整的大门，门旁必须设立明显的标牌，标明工程名称、施工单位和工程负责人姓名等内容。

第二，施工现场建立文明施工责任制，划分区域，明确管理负责人，实行挂牌制，做到现场清洁、整齐。

第三，施工现场场地平整，道路坚实畅通，有排水措施，基础、地下管道施工完后要及时回填平整，清除积土。

第四，现场施工临时水电要有专人管理，不得有长流水、长明灯。

第五，施工现场的临时设施，包括生产、办公、生活用房、仓库、料场、临时上下水管道以及照明、动力线路，要严格按施工组织设计确定的施工平面图布置、搭设或埋设整齐。

第六，工人操作地点和周围必须清洁整齐，做到活完脚下清、工完物地清，丢洒在楼梯、楼板上的砂浆混凝土要及时清除，落地灰要回收过筛后使用。

第七，砂浆、混凝土在搅拌、运输、使用过程中，要做到不洒、不漏、不剩，使用地点盛放砂浆、混凝土必须有容器或垫板，如有洒、漏要及时清理。

第八，要有严格的成品保护措施，严禁损坏污染成品，堵塞管道。高层建筑要设置临时便桶，严禁在建筑物内大小便。

第九，建筑物内清除的垃圾渣土，要通过临时搭设的竖井或利用电梯井或采取其他措施稳妥下卸，严禁从门窗口向外抛掷。

第十，施工现场不准乱堆垃圾及余物，应在适当地点设置临时堆放点，并定期外运。清运渣土垃圾及流体物品，要采取遮盖防漏措施，运送途中不得遗撒。

第十一，根据工程性质和所在地区的不同情况，采取必要的围护和遮挡措施，并保持外观整洁。

第十二，针对施工现场情况设置宣传标语和黑板报，并适时更换内容，切实起到表扬先进、促进后进的作用。

第十三，施工现场严禁居住家属，严禁居民、家属、小孩在施工现场穿行、玩耍。

第十四，现场使用的机械设备，要按平面布置规划固定点存放，遵守机械安全规程，经常保持机身及周围环境的清洁，机械的标记、编号明显，安全装置可靠。

第十五，清洗机械排出的污水要有排放措施，不得随地流淌。

第十六，在用的搅拌机、砂浆机旁必须设有沉淀池，不得将浆水直接排入下水道及河流。

第十七，塔吊轨道按规定铺设整齐稳固，塔边要封闭，道渣不外溢，路基内外排水畅通。

第十八，施工现场应建立不扰民措施，针对施工特点设置防尘和防噪声设施，夜间施工必须有当地主管部门的批准。

（二）文明施工的措施

1. 加强现场文明施工的管理

（1）建立文明施工的管理组织

应确立项目经理为现场文明施工的第一责任人，以各专业工程师、施工质量、安全、材料、保卫等现场项目经理部人员为成员的施工现场文明管理组织，共同负责本工程现场文明施工工作。

（2）健全文明施工的管理制度

包括建立各级文明施工岗位责任制、将文明施工工作考核列入经济责任制，建立定期的检查制度，实行自检、互检、交接检制度，建立奖惩制度，开展文明施工立功竞赛，加强文明施工教育培训等。

2. 落实现场文明施工的各项管理措施

针对现场文明施工的各项要求，落实相应的各项管理措施。

（1）施工平面布置

施工总平面图是现场管理、实现文明施工的依据。施工总平面图应对施工机械设备、材料和构配件的堆场、现场加工场地，以及现场临时运输道路、临时供水供电线路和其他临时设施进行合理布置，并随工程实施的不同阶段进行场地布置和调整。

（2）现场围挡、标牌

①施工现场必须实行封闭管理，设置进出口大门，制定门卫制度，严格执行外来人员进场登记制度。沿工地四周连续设置围挡，市区主要路段和其他涉及市容景观路段的工地设置围挡的高度不低于2.5m，其他工地的围挡高度不低于1.8m，围挡材料要求坚固、稳定、统一、整洁、美观。

②施工现场必须设有“五牌一图”，即工程概况牌、管理人员名单及监督电话牌、消防保卫（防火责任）牌、安全生产牌、文明施工牌和施工现场总平面图。

③施工现场应合理悬挂安全生产宣传和警示牌，标牌悬挂牢固可靠，特别是主要施工部位、作业点和危险区域以及主要通道口都必须有针对性地悬挂醒目的安全警示牌。

（3）施工场地

①施工现场应积极推行硬地坪施工，作业区、生活区主干道地面必须用一定厚度的混凝土硬化，场内其他道路地面也应硬化处理。

②施工现场道路畅通、平坦、整洁，无散落物。

③施工现场设置排水系统，排水畅通，不积水。

④严禁泥浆、污水、废水外流或未经允许排入河道，严禁堵塞下水道和排水河道。

⑤施工现场适当地方设置吸烟处，作业区内禁止随意吸烟。

⑥积极美化施工现场环境，根据季节变化，适当进行绿化布置。

（4）材料堆放、周转设备管理

①建筑材料、构配件、料具必须按施工现场总平面布置图堆放，布置合理。

②建筑材料、构配件及其他料具等必须做到安全、整齐堆放（存放），不得超高。堆料分门别类，悬挂标牌，标牌应统一制作，标明名称、品种、规格数量等。

③建立材料收发管理制度，仓库、工具间材料堆放整齐，易燃易爆物品分类堆放，专人负责，确保安全。

④施工现场建立清扫制度，落实到人，做到工完料尽场地清，车辆进出场应有防泥带出措施。建筑垃圾及时清运，临时存放现场的也应集中堆放整齐、悬挂标牌。不用的施工机具和设备应及时出场。

⑤施工设施、大模板、砖夹等，集中堆放整齐，大模板成对放稳，角度正确。钢模及零配件、脚手扣件分类分规格，集中存放。竹木杂料，分类堆放、规则成方，不散不乱，不作他用。

（5）现场生活设施

①施工现场作业区与办公、生活区必须明显划分，确因场地狭窄不能划分的，要有可靠的隔离栏防护措施。

②宿舍内应确保主体结构安全，设施完好。宿舍周围环境应保持整洁、安全。

③宿舍内应有保暖、消暑、防煤气中毒、防蚊虫叮咬等措施。严禁使用煤气灶、煤油炉、电饭煲、热得快、电炒锅、电炉等器具。

④食堂应有良好的通风和洁卫措施，保持卫生整洁，炊事员持健康证上岗。

⑤建立现场卫生责任制，设卫生保洁员。

⑥施工现场应设固定的男、女简易淋浴室和厕所，并要保证结构稳定、牢固和防风雨。并实行专人管理、及时清扫，保持整洁，要有灭蚊蝇滋生措施。

（6）现场消防、防火管理

①现场建立消防管理制度，建立消防领导小组，落实消防责任制和责任人员，做到思想重视、措施跟上、管理到位。

②定期对有关人员进行消防教育，落实消防措施。

③现场必须有消防平面布置图，临时设施按消防条例有关规定搭设，做到标准规范。

④易燃易爆物品堆放间、油漆间、木工间、总配电室等消防防火重点部位要按规定设置灭火器和消防沙箱，并有专人负责，对违反消防条例的有关人员进行严肃处理。

⑤施工现场用明火做到严格按动用明火规定执行，审批手续齐全。

（7）医疗急救的管理

展开卫生防病教育急救器材和保健医药箱准备必要的医疗设施，配备经过培训的急救人员，有急救措施，在现场办公室的显著位置张贴急救车和有关医院的电话号码等。

（8）社区服务的管理

建立施工不扰民的措施。现场不得焚烧有毒、有害物质等。

（9）治安管理

①建立现场治安保卫领导小组，有专人管理。

②新入场的人员做到及时登记，做到合法用工。

③按照治安管理条例和施工现场的治安管理规定搞好各项管理工作。

④建立门卫值班管理制度，严禁无证人员和其他闲杂人员进入施工现场，避免安全事故和失盗事件的发生。

3. 建立检查考核制度

对于建设工程文明施工，国家和各地大多制定了标准或规定，也有比较成熟的经验。在实际工作中，项目应结合相关标准和规定建立文明施工考核制度，推进各项文明施工措施的落实。

4. 抓好文明施工建设工作

第一，建立宣传教育制度。现场宣传安全生产、文明施工、国家大事、社会形势、企业精神、优秀事迹等。

第二，坚持以人为本，加强管理人员和班组文明建设。教育职工遵纪守法，提高企业整体管理水平和文明素质。

第三，主动与有关单位配合，积极开展共建文明活动，树立企业良好的社会形象。

（三）文明施工的工作内容

文明施工应包括下列工作：

1. 进行现场文化建设
2. 规范场容，保持作业环境整洁卫生
3. 创造有序生产的条件
4. 减少对居民和环境的不利影响

三、文明施工的管理组织和管理制度

（一）文明施工的管理组织

施工现场应成立以项目经理为第一责任人的文明施工管理组织。分包单位应服从总包单位的文明施工管理组织的统一管理，并接受监督检查。

（二）文明施工的管理制度

各项施工现场管理制度应有文明施工的规定，包括个人岗位责任、经济责任、安全检查制度、持证上岗制度、奖惩制度、竞赛制度和各项专业管理制度等。

（三）文明施工的检查

加强和落实现场文明施工的检查、考核及奖惩管理，以促进文明施工管理工作。检查范围和内容应全面周到，包括生产区、生活区、场容场貌、周边环境及制度落实等内容，检查中发现的问题应采取整改措施。

四、保存文明施工的文件和资料

文明施工的文件和资料包括以下内容。

1. 上级关于文明施工的标准、规定、法律、法规等
2. 施工组织设计（方案）中对文明施工的管理规定，各阶段施工现场文明施工的措施
3. 文明施工自检资料
4. 文明施工教育、培训、考核计划的资料
5. 文明施工活动各项记录资料

第十五章 建设工程项目信息管理应用

第一节 信息管理的基础认知

一、项目中的信息流

（一）工作流

由项目的结构分解到项目的所有工作，任务书（委托书或合同书）确定了这些工作的实施者，再通过项目计划具体安排他们的实施方法、实施顺序、实施时间及实施过程。这些工作在一定时间和空间上实施，便形成项目的工作流。工作流即构成项目的实施过程和管理过程，主题是劳动力和管理者。

（二）物流

工作的实施需要各种材料、设备、能源，一般由外界输入，经过处理转换成工程实体，最终得到项目产品。由工作流引起的物流，表现出项目的物资生产过程。

（三）资金流

资金流是工程实施过程中价值的运动。例如从资金变为库存的材料和设备，支付工资和工程款，再转变为已完工程，投入运营后作为固定资产，通过项目的运营取得收益。

（四）信息流

工程的实施过程需要不断产生大量信息，这些信息伴随着上述几种流动过程按一定的规律产生、转换、变化和被使用，并被传送到相关部门（单位），形成项目实施过程中的信息流。项目管理者设置目标，做决策，做各种计划，组织资源供应，领导、指导、激励、协调各项参加者的工作，控制项目的实施过程都是靠信息来实施的。即依靠信息了解项目实施情况，发布各种指令，计划并协调各方面的工作。

这四种流动过程之间相互联系、相互依赖又相互影响，共同构成了项目实施和管理的总过程。

在这四种流动过程中，信息流对项目管理有特别重要的意义。信息流将项目的工作流、物流、资金流，以及各个管理职能、项目组织，将项目与环境结合在一起。它不仅反映而且控制并指挥着工作流、物流和资金流。例如，在项目实施过程中，各种工程文件、报告、报表反映了工程项目的实施情况，反映了工程实际进度、费用、工期状况，以及各种指令、计划、协调方案，又控制和指挥着项目的实施。只有项目神经系统的信息流通畅，才会有顺利的项目实施过程。

二、项目中的信息

（一）信息的种类

项目中的信息很多，一个稍大的项目结束后，作为信息载体的资料汗牛充栋，许多项目管理人员整天就是与纸张及电子文件打交道。项目中的信息大致有如下几种：

第一，项目基本状况的信息。它主要在项目的目标设计文件、项目手册、各种合同、设计文件、计划文件中。

第二，现场实际工程信息。例如实际工期、成本、质量信息等，它主要在各种报告，如日报、月报、重大事件报告、设备、劳动力、材料使用报告及质量报告中。这里还包括问题的分析、计划和实际对比以及趋势预测的信息。

第三，各种指令、决策方面的信息。

第四，其他信息。外部进入项目的环境信息，如市场情况、气候、外汇波动、政治动态等。

（二）信息的基本要求

信息必须符合管理的需要，要有助于项目系统和管理系统的运行，不能造成信息泛滥和污染。一般而言，它必须符合如下要求：

1. 专业对口

不同的项目管理职能人员、不同专业的项目参加者，在不同的时间，对不同的事件，就有不同的信息要求。因此，信息首先要专业对口，按专业的需要提供和流动。

2. 反映实际情况

信息必须符合实际应用的需要，符合目标，而且简单有效。这是正确有效管理的前提，否则会产生一个无用的废纸堆。这里有两个方面的含义。

第一，各种工程文件、报表、报告要实事求是，反映客观。

第二，各种计划、指令、决策要以实际情况为基础。不反映实际情况的信息容易造成决策、计划、控制的失误，进而损害项目成果。

3. 及时提供

只有及时提供信息，才能有及时的反馈，管理者才能及时地控制项目的实施过程。信息一旦过时，会使决策失去时机，造成不应有的损失。

4. 简单，便于理解

信息要让使用者不费气力地了解情况，分析问题。信息的表达形式应符合人们日常接受信息的习惯，而且对于不同人应有不同的表达形式。例如，对于不懂专业和项目管理的业主，宜采用更直观明了的表达形式，如模型、表格、图形、文字描述等。

（三）信息的基本特征

项目管理过程中的信息量大，形式丰富多彩。它们通常有如下基本特征：

1. 信息载体包括

纸张，如各种图纸、说明书、合同、信件、表格等；磁盘、磁带以及其他电子文件；照片、微型胶卷、X光片；其他，如录像带、电视唱片、光盘等。

2. 选用信息载体，受如下几方面因素影响：

第一，随着科学技术的发展，不断提供新的信息载体，不同的载体有不同的介质技术和信息存储技术要求。

第二，项目信息系统运行成本的限制。不同的信息载体需要不同的投资，有不同的运行成本。在符合管理要求的前提下，尽可能降低信息系统运行成本，是信息系统设计的目标之一。

第三，信息系统运行速度的要求。例如，气象、地震预防、国防、宇航之类的工程项目要求信息系统运行速度加快，则必须采取相应的信息载体和处理、传输手段。

第四，特殊要求。例如，合同、备忘录、工程工程项目变更指令、会谈纪要等必须以书面形式，由双方或一方签署才有法律证明效力。

第五，信息处理、传递技术和费用的限制。

3. 信息的使用有如下说明：

第一，有效期：暂时有效、整个项目期有效、无效信息。

第二，使用的目的：①决策，各种计划、批准文件、修改指令、运行执行指令等；②证明，表示质量、工期、成本实际情况的各种信息。

第三，信息的权限：对不同的项目参加者和项目管理职能人员规定不同的信息使用和修改权限，混淆权限容易造成混乱。通常需具体规定，有某一方面（事业）的信息权限和综合（全部）信息权限以及查询权、使用权、修改权等。

第四，信息的存档方式：①文档组织形式分为集中管理和分散管理。②监督要求分为封闭和公开。③保存期分为长期保存和非长期保存。

三、项目信息管理的任务

第一，编制项目手册。项目管理的任务之一是按照项目的任务、实施要求设计项目实施和项目管理中的信息流，确定它们的基本要求和特征，并保证在实施过程中信息畅通。

第二，项目报告及各种资料的规定，例如资料的格式、内容、数据结构要求。

第三，按照项目实施、项目组织、项目管理工作过程建立项目管理信息系统流程，在实际工作中保证这个系统正常运行，并控制信息流。

第四，文档管理工作

有效的项目管理需要更多地依靠信息系统的结构和维护。信息管理影响项目组织和整个项目管理系统的运行效率，是人们沟通的桥梁，项目管理者应对它有足够的重视。

四、现代信息科学带来的问题

现代信息技术正突飞猛进地发展，给项目管理带来许多问题，特别是计算机联网、电子信箱、Internet 网的使用，造成了信息高度网络化的流通。例如：

企业财务部门可以直接通过计算机查阅项目的成本和支出，查阅项目采购订货单；

子项目负责人可以直接查阅库存材料状况；

子项目或工作包负责人也许还可以查阅业主已经做出的但尚未推行（详细安排）的信息。

现代信息技术对现代项目管理有很大的促进作用，但同时又会带来很大的冲击。对其影响人们必须做全面的研究，以使管理者的管理理念、管理方法、管理手段更能适应现代工程的特殊性。

第一，信息技术加快了项目管理系统中的信息反馈速度和系统的反应速度，人们能够及时查询工程的进展信息，进而及时地发现问题，及时做出决策。

第二，项目的透明度增加，使人们能够了解企业和项目的全貌。

第三，总目标容易贯彻，项目经理和上层领导容易发现问题。基层管理人员和执行人员也更快、更容易了解和领会上级的意图，使得各方面协调更为容易。

第四，信息的可靠性增加。人们可以直接查询和使用其他部门的信息，这样不仅可以减少信息的加工和处理工作，而且在传输过程中信息不失真。

第五，比较传统的信息处理和传输方法，现代信息技术有更大的信息容量。人们使用信息的宽度和广度大大增加。例如，项目管理职能人员可以从互联网上直接查询最新的工程招标信息、原始材料市场，而过去是不可能的。

第六，使项目风险管理的能力和水平大为提高，由于现代化市场经济的特点，工程项目的风险越来越大。现代信息技术使人们能够对风险进行有效迅速的预测、分析、防范和控制。鉴于风险管理需要大量的信息，而且要迅速获得这些信息，复杂的信息处理过程变得很重要。现代信息技术给风险管理提供了很好的方法、手段和工具。

第七，现代信息技术使人们更科学、更方便地进行如下类型的项目管理：

大型的、特大型的、特别复杂的项目；多项目的管理，即一个企业同时管理许多项目；远程项目，如国际投资项目、国际工程等。

这些都显示出现代信息技术的生命力，它推动了整个项目管理的发展，提高了项目管理的效率，降低了项目管理成本。

第八，现代信息技术虽然加快了工程项目中信息的传输速度，但并未能解决心理和行为问题，甚至有时还可能引起负作用。

第二节 信息报告的方式和途径

一、工程项目报告的种类

工程报告的形式和内容丰富多彩，它是工程项目相关人员沟通的主要工具。报告的种类很多，例如：按时间划分为日报、周报、月报、年报；针对项目结构的报告，如工作包、单位工程、单项工程、整个项目报告；专门内容的报告，如质量报告、成本报告、工期报告；特殊情况的报告，如风险分析报告、总结报告、特别事件报告；状态报告、比较报告等。

二、报告的作用

第一，作为决策的依据。通过报告可以使人们对项目计划和实施状况、目标完成程度十分清楚，便于预见未来，使决策简单化且准确。报告首先是为决策服务的，特别是上层的决策，但报告的内容仅反映过去的情况，滞后很多。

第二，用来评价项目，评价过去的工作以及阶段成果。

第三，总结经验，分析项目中的问题，特别在每个项目结束时都应有一个内容详细的分析报告。

第四，通过报告激励每个参加者，让大家了解项目成就。

第五，提出问题，解决问题。安排后期的计划。

第六，预测将来情况，提供预警信息。

第七，作为证据和工程资料。报告便于保存，因而能提供工程的永久记录。

不同的参加者需要不同的信息内容、频率、描述和浓缩程度。必须确定报告的形式、结构、内容，为项目的后期工作服务。

三、报告的要求

为了达到项目组织之间沟通顺利，起到报告的作用，报告必须符合如下要求：

第一，与目标一致。报告的内容和描述必须与项目目标一致，主要说明目标的完成程度和围绕目标存在的问题。

第二，符合特定的要求。包括各个层次的管理人员对项目信息需要了解的程度，以及各个职能人员对专业技术工作和管理工作的需要。

第三，规范化、系统化。即在管理信息系统中应完整地定义报告系统结构和内容，对报告的格式、数据结构实行标准化。在项目中要求各参加者采用统一形式的报告。

第四，处理简单化，内容清楚，各种人都能理解，避免造成理解和传输过程中的错误。

第五，报告的侧重点要求。报告通常包括概况说明和重大差异说明、主要活动和事件的说明，而不是面面俱到。它的内容较多的是考虑到实际效用，如何行动、方便理解，而较少地考虑到信息的完整性。

四、报告系统

项目初期，在建立项目管理系统中必须包括项目的报告系统。这要解决两个问题:

第一，罗列项目过程中应有的各种报告并系统化。

第二，确定各种报告的形式、结构、内容、数据、采集处理方式并标准化。

在设计报告之前，应给各层次的人列表提问：需要什么信息，应从何来，怎样传递，怎样标出它的内容。

在编制工程计划时，应当考虑需要各种报告及其性质、范围和频次，可以在合同或项目手册中确定。

原始资料应一次性收集，以保证相同的信息和相同的来源。资料在纳入报告前应进行可信度检查，并将计划值引入以便对比。

原则上，报告从最底层开始，资料最基础的来源是工程活动，包括工程活动的完成进度、工期、质量、人力、材料消耗、费用等情况的记录，以及实验验收记录。上层的报告应由上述职能部门总结归纳，按照项目结构和组织结构层层归纳、浓缩，做出分析和比较，形成金字塔式的报告系统。

第三节 信息管理组织程序

一、信息管理机构

（一）信息职能部门

信息管理贯穿于整个工程项目管理，是全方位的管理，因此信息管理的职能部门可以划分如下：

1. 信息使用部门

这是使用信息的部门或管理人员，对信息的内容、范围、时限有具体的要求。这些部门将所咨询的信息用于工程管理的分析研究，为决策提供依据。

2. 信息供应部门

由于工程项目中信息源很多，分布于项目内部和外部环境中，而对于信息使用的管理人员来说，从内部获取信息较为容易，从外部获取较为困难。信息供应部门就是专门用于信息获取，特别是对于一般项目参与人员不易获得的外部信息。

3. 信息处理部门

主要是使用各种技术和方法对收集的信息进行处理的部门。按照信息使用部门的要求，对信息进行分析，为信息使用者决策提供依据。

4. 信息咨询部门

主要是为使用部门提供咨询意见，帮助他们向信息供应部门、信息处理部门提出要求，帮助管理者研究信息和使用信息。

5. 信息管理部门

在信息管理职能中处于核心地位、负责协调的各部门，要合理有效地开发和利用信息资源。

虽然这种划分很明晰，但在实际工程项目信息管理中，这种明晰的职能划分是少有的，甚至是不实际的。比如对业主而言，为了目标控制的实现，对于信息管理，他必定会完成上述五种职能。但这些职能在实际操作中之所以没有很明显的划分是因为：其一，过分的明晰划分，虽然组织结构明确，但会使管理成本增加。例如为了获取材料或某项工种的信息而奔波于各个职能部门，会使简单的管理工作复杂化，降低效率，增加成本。其二，实际工程管理中，由于其管理的需要，一个信息职能部门所具有的职能，往往是上述一种或多种甚至是全部职能。因此，工程项目信息职能部门划分的目的，主要是符合项目实际需要，便于管理。

（二）信息管理组织体系

信息管理是一项复杂的系统管理工作。建立项目信息管理部门，要明确与其他部门的关系，从而发挥其作用。这在大型工程项目中尤为重要，如三峡工程、上海悬浮磁等，都有专门的信息管理部门，而且处于非常重要的地位。

信息管理部门在工程项目信息管理中处于领导地位，对整个信息管理起着宏观控制的作用。但由于工程规模和管理经验的影响，在中小型项目中没有独立的信息管理部门，甚至根本就不存在，其信息管理工作往往分散在各部门，这就可能导致信息管理工作不畅。

对于独立的信息管理部门，与其他部门的关系，一般有两种模式。一种是把信息部门与其他部门并列置于工程项目最高管理层领导之下，可称之为水平式；另外一种是把信息部门置于整个管理层的顶层，可称之为垂直式。前一种是现在普遍采用的模式，后一种是比较理想的模式，因为可以最大限度地发挥信息管理部门的职能作用。

随着工程项目管理水平的提高，信息管理部门应该从所挂靠的部门中独立出来，与工程部、财务部、策划部等一级部门并列。信息管理部门不仅仅是技术服务部门，还应该具有开发和管理职能，和高层管理部门一起，对整个项目进行控制。既从施工、财务、材料等职能部门获取原始数据并进行分析，又将信息处理意见反馈给相关部门，使管理工作随着信息的流动顺利地进行。

二、信息主管

在信息管理部门中，信息主管（CIO）全面负责信息工作管理。信息主管不仅仅懂得信息管理技术，还对工程项目管理有着深入了解，是居于行政管理职位的复合型人物。信息主管往往从战略高度统筹项目的信息管理。作为整个项目信息管理最高负责人，应该根据项目控制目标需要，及时将信息进行分析，传递到各相关部门，促进对管理工作的调整。作为信息主管，他应该具有下列特征：

第一，具有很高的管理能力，能从项目管理角度宏观考虑信息管理。

第二，熟悉工程项目管理，特别对本工程有着深入了解。有着实际工程管理的经验。能够协调各部门的信息工作。

第三，熟悉信息管理过程，对信息管理方法技巧运用自如，能够统筹管理。

信息组织机构的设立，标志着工程项目管理过渡到科学的信息管理阶段，充分运用信息管理的优势，结合合同管理等手段，使工程项目目标得到有效控制。

第四，工程项目信息管理过程

信息管理的实质在于管理过程。信息管理过程没有统一固定的模式。本文通过对信息管理全过程，特别是其中的信息需求和信息收集进行讨论，以建立一个基本的信息管理方法。

第四节 信息管理的流程

一、信息需求

（一）工程项目管理特征

一般，在工程项目管理中所处理的问题可以按照信息需求特征分为三类：

1. 结构化问题

是指在工程项目管理活动过程中，经常重复发生的问题。对这类问题，通常有固定的处理方法。例如例会的召开，有其固定的模式，且经常重复发生。面对结构化问题做出的决策，称之为程序化决策。

2. 半结构化问题

较之结构化问题，半结构化问题并无固定的解决方法可遵循。虽然决策者通常了解解决半结构化问题的大致程序，但在解决的过程中或多或少与个人的经验有关，对应的半结构化问题的决策活动为半程序化决策。实际上，工程项目管理中，大部分问题都属于半结构化问题。由于项目的复杂性和单件性，决定了对任何一个项目管理都只有大致适合的方法，而无绝对的通法。因此，对同一问题，决策者不同，采取的方法也会有所不同。

3. 非结构化问题

是指独一无二非重复性决策的问题。这类问题，往往给决策者带来很大难度。这类问题最典型的例子就是项目立项。对解决这类结构化问题，要更多地依靠决策者的直觉，称之为非程序化决策。

由于决策者在项目管理中的地位不同，面对的问题也不同，因而表现出不同的信息需求特征。程序化决策大多由基层管理人员完成。对于非程序化的决策，高层管理人员较少涉及这类决策活动。半程序化决策大多由中层或高层管理人员完成。对于非程序化的决策，主要由高层管理人员完成。

由于信息是为管理决策服务的，从工程项目管理角度来看，作为项目管理的高层领导关心的是项目的可行性、带来的收益、投资回收期等，处于项目管理的战略位置，所需要的信息是大量的综合信息，即战略信息。作为项目的执行管理部门决策者要考虑如何在项目整体规划指导下，采用行之有效的措施手段，对项目三大目标进行控制。对其所需要的信息成为战术级信息。而各现场管理部门的决策者所关心的是如何加快工程进度、保证工程质量，其决策的依据大多是日常工作信息即作业级信息。

工程项目各部门的主要信息需求，由于每一个管理者的职责各不相同，他们的信息需求也有差异。部门信息需求与个人信息需求有很大区别：部门信息需求相对比较集中和单调；个人信息需求相对突出个性化和多样性。在具体的信息管理过程中，更强调信息使用人员对信息需求的共性而不是个性，换言之，工程项目信息需求分析应该以部门信息需求分析为主而以个人信息需求分析为辅。

（二）工程项目信息流程

工程项目信息流程反映了各参加部门、各单位之间、各施工阶段之间的关系。为了工程的顺利完成，使工程项目信息在上下级之间、内部组织之间与外部环境之间流动。

工程项目信息管理中信息流主要包括：

1. 自上而下的信息流

自上而下的信息流就是指主管单位、主管部门、业主、项目负责人、检察员、班组工人之间由上级向其下级逐级流动的信息，即信息源在上，信息宿是其下级。这些信息主要是指工程目标、工程条例、命令、办法及规定、业务指导意见等。

2. 自下而上的信息流

自下而上的信息流，是指下级向上级流动的信息。信息源在下，信息宿在上。主要指项目实施中有关目标的完成量、进度、成本、质量、安全、消耗、效率等情况，此外，还包括上级部门关注的意见和建议等。

3. 横向间的信息流

横向间流动的信息指工程项目管理中，同一层次的工作部门或工作人员之间相互提供和接受的信息。这种信息一般是由于分工不同而各自产生的，但为了共同的目标又需要相互协作互通或相互补充，以及在特殊紧急情况下，为了节省信息流动时间而需要横向提供的信息。

4. 以信息管理部门为集散中心的信息流

信息管理部门为项目决策做准备，因此，既需要大量信息，又可以作为有关信息的提供者。它是汇总信息、分析信息、分散信息的部门，帮助工作部门进行规划、任务检查、对有关专业技术问题进行咨询。因此，各项工作部门不仅要向上级汇报，而且应当将信息传递给信息管理部门，以有利于信息管理部门为决策做好充分准备。

5. 工程项目内部与外部环境之间的信息流

工程项目的业主、承建商、设计单位、工程银行、质量监督主管部门、有关国家管理部门和业务部门，都不同程度地需要信息交流，既要满足自身的要求，又要满足环境的协作要求，或按国家规定的要求相互提供信息。

上述几种信息流都应有明晰的流程，并都要畅通。实际工作中，自上而下的信息比较畅通，自下而上的信息流一般情况下渠道补偿或者流量不够。因此，工程项目主管应当采取措施防止信息流通的障碍，发挥信息流应有的作用，特别是对横向间的信息流动以及自上而下的信息流动，应给予足够的重视，增加流量，以利于合理决策，提高工作效率和经济效益。

对于大多数工程项目来讲，从信息源和信息宿的角度描述其信息流程是比较合适的。

二、信息收集

信息收集是一项繁琐的过程，由于它是后期信息加工、使用的基础，因此应该值得特别注意。

（一）信息收集的重要性

信息是工程项目信息管理的基础。信息收集是为了更好地使用信息而对工程管理过程中所涉及的信息进行吸收和集中。信息收集这一环节工作的好坏，将对整个项目信息管理工作的成败产生决定性的影响。

具体而言：

1. 信息收集是信息使用的前提

工程项目管理中，每天都产生数不胜数的信息，但属于没有经过加工、处理的信息（原始信息）杂乱无章，无法为项目管理人员所用。

只有将收集到的信息进行加工整理，变为二次信息才能为人所用。

2. 信息收集是信息加工的基础

信息收集的数量和质量，直接影响到后续工作。

一些项目信息管理工作没有做好，往往是因为信息收集工作没有做好。

3. 信息收集占整个信息管理的比重较大

其工作量大、费用较高。据统计，在很多情况下，花费在信息收集上的费用占整个信息管理费用的 50%。主要原因是虽然有着先进的辅助技术，信息收集仍然以人工处理为主。

（二）信息收集的原则

信息收集的最终目的是为了项目管理者能够从信息管理中对项目目标进行有效控制。根据信息的特点，信息收集需要遵循以下原则。

1. 信息收集要及时

这是由信息的时效性所决定的。在工程管理事件发生后及时收集有关信息，这样可以及时做出总结并为下一步决策做保证。例如对于索赔而言，根据有关合同文件，有着严格的时间限制。在索赔事件发生后，应立即将信息收集，可以避免最后的综合索赔。

2. 信息收集要准确

这是信息被用来作为决策依据的基本条件。错误的信息或者不尽正确的信息往往给项目管理人员以误导。这就要求信息管理人员对项目有着深入的了解，有着科学的收集方法。

3. 信息收集要全面

工程项目中，其复杂性决定了任何决策都是和其他方面相联系的，因此，其信息也是相互关联的。在信息收集中，不能只看见眼前，应该注重和其他方面的联系，注意其连续性和整体性。

4. 信息收集要合理规划

信息管理是贯穿整个工程项目过程的，信息收集也是长期的。信息收集不能头重脚轻，前期大量投入，后期将信息收集置于一旁。例如项目的后评价是对信息收集最多的阶段，对项目中所有发生过的信息都需要重新整理。

（三）信息收集的方法

1. 收集业主提供的信息，业主下达的指令，文件等

当业主负责某些材料的供应时，需收集材料的品种、数量、质量、价格、提货地点、提货方式等信息。同时应收集业主有关项目进度、质量、投资、合同等方面的意见和看法。

2. 收集承建商的信息

承建商在项目中向上级部门、设计单位、业主及其他方面发出某些文件及主要内

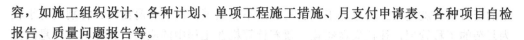

容，如施工组织设计、各种计划、单项工程施工措施、月支付申请表、各种项目自检报告、质量问题报告等。

3. 工程项目的施工现场记录

此记录是驻地工程师的记录，主要包括工程施工历史记录、工程质量记录、工程计量、工程款记录和竣工记录等。

现场管理人员的报表：当天的施工内容；当天参加施工的人员（工程数量等）；当天施工用的机械（名称、数量等）；当天发生的施工质量问题；当天施工进度与计划进度的比较（若发生工程拖延，应说明原因）；当天的综合评论；其他说明（应注意事项）等。

工地日记现场管理人员日报表：现场每天天气；管理工作改变；其他有关情况。

驻施工现场管理负责人的日记：记录当天所做重大决定；对施工单位所做的主要指示；发生的纠纷及可能的解决方法；工程项目负责人（或其他代表）来施工现场谈及的问题；对现场工程师的指示；与其他项目有关人员达成的协议及指示。

驻施工现场管理负责人的周报、月报：每周向工程项目管理人负责人（总工程师）汇报一周内发生的重大事件；每月向总负责人及业主汇报工地施工进度状况；工程款支付情况；工程进度及拖延原因；工程质量情况；工程进展中主要问题；重大索赔事件、材料供应、组织协调方面的问题等。

4. 收集工地会议记录

工地会议是工程项目管理一种重要方法，会议中包含大量的信息。会议制度包括会议的名称、主持人、参加人、举行时间地点等。每次会议都应有专人记录，有会议纪要。

第一次工地会议纪要：介绍业主、工程师、承建商人员；澄清制度；检查承建商的动员情况（履约保证金、进度计划、保险、组织、人员、工料等）；检查业主对合同的履行情况（资金、投保、图纸等）；管理工程师动员阶段的工作情况（提交水准点、图纸、职责分工等）；下达有关表样，明确上报时间。

经常性工地会议确定上次会议纪要：当月进度总结；进度预测；技术事宜；变更事宜；管理事宜；索赔和延期；下次工地会议等。

三、信息加工

信息加工是将收集的信息由一次信息转变为二次信息的过程，这也是项目管理者对信息管理所直接接触的地方。信息加工往往由信息管理人员和项目管理人员共同完成。信息管理人员按照项目管理人员的要求和本工程的特点，对收集的信息进行分析、归纳、分类、比较、选择，建立信息之间的联系，将工程信息和工程实质对应起来，给项目管理人员以最直接的依据。

信息加工有人工加工和计算机加工两种方式。人工加工是传统的方式，对项目中产生的数据人工进行整理分析，然后传递给主管人员或部门进行决策，传统信息管理中的资料核对就是人工信息加工。手工加工不仅繁琐，而且容易出错。特别是对于较为复杂的工程管理，往往失误频频。随着计算机在工程中的应用，计算机对信息的处理成为信息加工的主要的手段。计算机加工准确、迅速，特别善于处理复杂的信息。在大型工程管理中发挥着巨大的效用。在PMIS系统中，信息管理人员将项目事件输入系统中，就可以得到相关的处理方案，减轻管理人员的负担。特别是大型工程中的信息数据异常繁多，靠人工加工几乎不可能完成，各种电化方法成为解决问题的主要手段。在小型工程管理中，往往还是以人工加工为主，这与项目规模有关。

四、信息储存与检索

信息储存与检索是互为一体的。信息储存是检索的基础。项目管理中信息储存主要包括物理储存、逻辑组织两个方面。物理储存是指考虑的内容有储存的内容、储存的介质、储存的时限等；逻辑组织储存的信息间的结构。

对于工程项目而言，储存的内容是与项目有关的信息，包括各种图纸、文档、纪要、图片、文件等。储存的介质主要有文本、磁盘、服务器等；储存的时限是指信息保留的时间。对于不同阶段的信息，储存时限是不同的。主要是以项目后评价为依据，按照对工程影响的大小排序。对于一般大型工程而言，信息的储存过程，也是建立信息库的过程。信息库是工程的实物与信息之间的映射，是关系模型的反映。根据工程特点，建立一个信息库，将相关信息分类储存。各管理人员就可以直接从信息库随时检索到需要的信息，从而为决策服务。这样有利于信息畅通，利于信息共享。

信息检索是与信息储存相关的。有什么样的信息储存，就有什么样的信息检索。对于文本储存方式，信息的检索主要是靠人工完成。信息检索的使用者主要是项目管理人员，而信息储存主要是由信息管理人员完成。两者之间对信息的处理带有主观性，往往不协调，这就使管理者对信息检索有着不利影响。而对于磁盘、服务器等基于计算机的储存方式，其信息检索储存有着固定的规则，因此对于管理者信息检索较为有利。

五、信息传递与反馈

第一，信息的准确性：它可以通过冲突信息出现的频率、缺少协调和其他有关的因为缺少交流而表现出来的现象来衡量信息的准确性。

第二，项目本身的制度：表现为项目正式的工作程序、方法和工作范围。这是在所有关键因素种类中最难以改进的一类，是项目管理者的能力所不能解决的。

第三，一些人际因素和信息可获取性之类的信息交流障碍。

第四，项目参与者对所接收信息的理解能力。

第五，设计和计划变更信息发布和接收的及时性。

第六，有关信息的完整性。

六、信息的维护

信息的维护是保证项目信息处于准确、及时、安全和保密的合用状态，能为管理决策提供实用服务。准确是要保持数据是最新、最完整的状态，数据是在合理的误差范围以内。信息的及时性是要在工程过程中，实时对有关信息进行更新，保证管理者使用时，所用信息是最新的。安全保密是要防止信息受到破坏和信息失窃。

通过对工程项目信息管理的全过程分析，可以大体上形成对工程项目中的信息有效的管理方法。对于信息管理还有很多方法，例如逻辑顺序法、物理过程法、系统规划法等。都需要与工程项目的特点结合才能发挥作用。

第五节 信息管理的组织系统

一、概述

在项目管理中，信息、信息流通和信息处理各方面的总和成为项目管理信息系统。管理信息系统是将各种管理职能和管理组织沟通起来并协调一致的神经系统。建立管理系统并使之顺利地运行，是项目管理者的责任，也是完成项目管理任务的前提。项目管理者作为一个信息中心，他不仅与每个参加者有信息交流，而且他自己也有复杂的信息处理过程。不正常的信息管理系统常常会使项目管理者得不到有用的信息，同时又被大量无效信息所纠缠而损失大量的精力和时间，也容易使工作出现错误，损失时间和费用。

项目管理信息系统必须经过专门的策划和设计，在项目实施中控制它的运行。

二、信息系统是在项目组织模式、项目管理流程和项目实施流程的基础上建立的

它们之间相互联系又相互影响

项目管理信息系统的建立要确定如下几个基本问题：

（一）信息的需要

项目管理者为了决策、计划和控制需要哪些信息？以什么形式？何时以什么渠道供应？上层系统和周边组织在项目过程中需要什么信息？

这是调查确定信息系统的输出。不同层次的管理者对信息的内容、精度、综合性有不同的要求。

管理者的信息需求是按照他在组织系统中的职责、权利、任务、目标设计的，即他要完成工作、行使权力应需要哪些信息，当然他的职责还包括对其他方面提供信息。

（二）信息的收集和加工

1. 信息的收集

在项目实施过程中，每天都要产生大量的数据，如记工单、领料单、任务单、图纸、报告、指令、信件等。必须确定，由谁负责这些原始数据的收集，这些资料、数据的内容、结构、准确程度怎样，由什么渠道获得这些原始数据、资料，并具体落实到责任人。由责任人进行原始资料的收集、整理，并对他们的正确性和及时性负责。通常由专业班组长、记工员、核算员、材料管理员、分包商、秘书等承担这个任务。

2. 信息的加工

这些原始资料面广、量大，形式丰富多彩，必须经过信息加工才能得到符合管理需要的信息，符合不同层次项目管理的不同要求。信息加工的概念很广，包括：

第一，一般的信息处理方法，如排序、分类、合并、插入、删除等。

第二，数学处理方法，如数学计算、数值分析、数理统计等。

第三，逻辑判断方法，包括评价原始资料的置信度、来源的可靠性、数值的准确性、进行项目诊断和风险分析等。

（三）编制索引和存贮

为了查询、调用的方便，建立项目文档系统，将所有信息分解、编目。许多信息作为工程工程项目的历史资料和实施情况证明，它们必须被妥善保存。一般的工程资料要保存到项目结束，而有些则要长期保存。按照不同的使用和储存要求，数据和资料储存于一定的信息载体上，这样既安全可靠又使用方便。

（四）信息的使用和传递渠道

信息的传递（流通）是信息系统的最主要特征之一，即指信息流通到需要的地方，或由使用者享用的过程。信息传递的特点是仅仅传输信息的内容，而信息结构保持不变。在项目管理中，要设计好信息的传递路径，按不同的要求选择快速的、误差小的、成本低的传输方式。

三、项目管理信息系统总体描述

（一）项目参加者之间的信息流通

项目的信息流就是信息在项目参加者之间的流通，通常与项目的组织模式相似。在信息系统中，每个参加者都是信息系统网络上的一个节点，负责信息的收集（输入）、传递（输出）和信息处理工作。

项目管理者具体设计这些信息的内容、结构、传递时间、精确程序和其他要求。

（二）项目管理职能之间的信息流通

项目管理系统是一个非常复杂的系统，它由许多子系统构成，可以建立各个项目管理信息子系统。例如成本管理信息系统、合同管理信息系统、质量管理信息系统、材料管理信息系统等。它们是为专门的职能工作服务的，用来解决专门信息的流通问题，共同构成项目管理系统。

（三）项目实施过程中的信息流通

项目实施过程中的工作程序即可表示项目的工作流，又可以从一个侧面表示项目的信息流。可以设计在各工作阶段的信息输入、输出和处理过程及信息的内容、结构、要求、负责人等。按照过程，项目可以划分为可行性研究子系统、计划管理信息子系统、控制管理信息子系统。

第六节　水利水电工程管理信息系统应用情况

一、项目管理方式

第一，文档管理系统＋独立的项目管理软件方式。有些工程不使用专门的管理信息系统，只针对迫切需要的文档管理购买相应的管理系统或自行开发文档管理系统。同时，借助于当前流行的项目管理软件，主要是 Microsoft Project 和 Primavera ProjectPlanner（简称 P3）。有的工程甚至只进行简单的进度管理，使用 Microsoft Excel 绘制横道图，使用 Auto CAD 绘制网络图。

1. Microsoft Project

Microsoft Project 是一种功能强大而灵活的项目管理工具，可用于控制简单或复杂的项目。它能够帮助用户建立项目计划、对项目进行管理，并在执行过程中追踪所有活动，使用户实时掌握项目进度的完成情况、实际成本与预算的差异、资源的使用情况等信息。

Microsoft Project 的界面标准，易于使用，上有项目管理所需的各种功能，包括项目计划、资源的定义和分配、实时的项目跟踪、多种直观易懂的表格及图形，用 Web 页面方式发出项目信息，通过 Excel、Access 或各种 ODBC 兼容数据库存取项目文件等。

2. Primavera Project Planner

Primavera Project Planner（简称 P3）工程项目管理软件是美国 Primavera 公司的产品，国际上流行的高档项目管理软件，已成为项目管理的行业标准。

P3 软件适用于任何工程项目，能有效地控制大型复杂项目，并可以同时管理多个工程。P3 软件提供各种资源平衡技术，可模拟实际资源消耗曲线、延时；支持工程各个部门之间通过局域网或 Internet 进行信息交换，使项目管理者可以随时掌握工程进度。P3 还支持 ODBC，可以与 Windows 程序交换数据，通过与其他系列产品的结合支持数据采集、数据存储和风险分析。

第二，购买集成的管理信息系统软件加以改造。购买在水电工程中应用较成熟的工程项目管理系统，这种方式可以快速使用管理信息系统，并可根据项目的实际情况加以改造，系统中也可集成第 3 方项目管理软件或是系统本身自带的项目管理模块。缺点是水利水电工程的个性差异大，现有软件往往满足不了要求，需要进行大量的改造工作，有时甚至需要推倒重来。

第三，自行组织编制本项目专用的管理信息系统。组织相关工程技术人员参与，利用自有的软件开发人员或委托有实力的软件公司，针对本工程特点，借鉴现有的信息系统经验，编制本项目的专用管理信息系统。优点是能针对具体工程特点进行信息系统的构建，容易满足实际需要；缺点是开发周期可能较长，开发难度较大，有时编制出来的软件通用性、可操作性不强，对工作效率的提高不明显。

二、水电工程中应用较多的管理信息系统

第一，三峡工程管理信息系统三峡工程管理信息系统（TGPMS）是由三峡总公司与加拿大 AMI 公司合作开发的大型集成化工程项目管理系统，1995 年 10 月启动，1999 年 4 月正式上线动行。TGPMS 以数据为核心，功能包括编码结构管理、岗位管理、资金与成本控制、计划与进度管理、合同管理、质量管理、工程设计管理、物资与设备管理、工程财务与会计管理、坝区管理、文档管理等 13 个子系统。支持各项工程管理业务，为工程各阶段决策服务。TGPMS 在项目管理领域具有一定程度的通用性和较强的拓展性，系统可以集成办公自动化和 P3 等专业软件。作为一个原型系统，目前已在新疆的吉林台、贵州的洪家渡、清江水布娅、溪落渡工程等水电工程建设中得到应用，而且还跨行业应用于北京市政工程、京沪高铁工程等。

据了解，该系统前后耗资 1 亿多元开发，功能上比较全面，也可进行扩展，能够满足工程需要，在质量、成本模块的数据融合上很有特色。但该系统比较庞大，购买费用较高，在操作界面的简易性、友好性和系统的实用性方面还有提高的空间。

第二，化科软件 PMS 工程建设管理系统由北京化科软科技有限公司开发，包括：施工管理、概算管理、计划管理、合同管理、结算管理、统计管理、进度管理、质量管理、安全管理、物资管理、机电安装管理、监理日志、移民搬迁管理等模块。该管理系统针对不同的工程，进行适应性的开发，在水利系统已经得到了广泛应用，已开发了几套在水利工程工地使用的工程项目信息管理系统，包括黄河公伯峡工程、广西百色工程、黑龙江尼尔基工程、泰安抽水蓄能电站工程、广蓄惠州抽水蓄能电站工程建设管理系统等。该系统数据整合方面还有进一步提高的空间；系统操作界面不太统一，几乎每个工程都不一样。如果能够对界面进一步规范统一，用户使用起来会更简便。

第三，梦龙管理系统。梦龙开发有 Link Works 协同工作平台，在此平台上可以根据需要随意增减模块，功能比较全面，尤其是进度管理方面具有很大优势，可以很方便地绘制和修改进度图、网络图，网络计划技术方面领先于国内其他同类软件。在项目管理方面，PERT 项目管理软件经过在三峡工程一期围堰、茅坪溪泄水建筑物、导流明渠和大江截流等重点施工项目中结合生产深入研究并投入实际应用，已充分展

示了它先进、科学、灵活、高效、功能强大等优势，为三峡一期工程加快施工进度，提前10个月浇筑混凝土和安全、正点实现大江截流起到了重要作用。但总的来说，该系统在水利行业应用还不是很多。

第七节 信息平台在工程项目信息管理上的应用

一、国际上工程项目计算机辅助管理的发展趋势

（一）工程项目管理信息系统PMIS

工程项目管理信息系统（PMIS）是通过对项目管理专业业务的流程电子化、格式标准化及记录和文档信息的集中化管理，提高工程管理团队的工作质量和效率。

PMIS与一般的MIS不同在于它的业务处理模式依照PMBOK的技术思路展开。既有相应的功能模块满足范围、进度、投资、质量、采购、人力资源、风险、文档等方面的管理以及沟通协调的业务需求，又蕴含“以计划为龙头、以合同为中心，以投资控制为重点的”的现代项目管理理念。优秀的PMIS既突出进度、合同和投资三个中心点，又明确它们的内在联系，为在新环境下如何进行整个工程管理业务确立了原则和方法。这种务实地利用信息技术的策略方法不仅提高了工作效率，实现良好的大型项目群管理，而且将信息优势转化为决策优势，将知识转化为智慧，切实提升了工程项目管理水平。

（二）工程项目管理控信息系统（PCIS）

工程项目总控制信息系统是通过信息分析与处理技术，对项目各阶段的信息进行了收集、整理、汇总与加工，提供宏观的、高度综合的概要性工程进度报告，为项目的决策提供决策支持。常见的情况是，当项目特别大，或者面临的是项目群的管理时，管理组织的层次会比较多。此时，往往采用PMIS供一般管理层进行工程项目管理，而通过PCIS让最高决策层对由众多子项目组成的复杂系统工程进行宏观检查、跟踪控制。

（三）工程项目管理信息门户（PIP）

项目信息门户是在对工程项目全过程中产生的各类项目信息如合同、图纸、文档等进行集中管理的基础上，为工程项目各参与方提供信息交流和协同工作的环境的一种工程项目计算机辅助管理方式。PIP不同于传统意义上的文档管理，它可以实现多项目之间的数据关联，强调项目团队的合作性并为之提供多种工具。在美国纽约的自由塔等大型工程项目中，项目信息门户使项目团队及参与方出现空前的可见性、控制性和协作性。

二、工程项目管理软件的分类

目前在项目管理过程中使用的项目管理软件数量多，应用面广，几乎覆盖了工程项目管理全过程的各个阶段和各个方面。为更好地了解工项目管理软件的应用，有必要对其进行分类。

工程项目管理软件的分类可以从以下几个方面来进行：

（一）从项目管理软件使用的各个阶段划分

1. 适用于某个阶段的特殊用途的项目管理软件

例如用于项目前期工作的评估与分析软件、房地产开发评估软件，用于设计和招标投标阶段的概预算软件，招投标管理软件、快速报价软件等。

2. 普遍适用于各个阶段的项目管理软件

例如进度计划管理软件，费用控制软件及合同与办公事务管理软件等。3. 对各个阶段进行集成管理的软件

例如一些高水平费用管理软件能清晰地体现投标价（概预算）形成→合同价核算与确定→工程结算、费用比较分析与控制→工程决算的整个过程，并可自动将这一过程的各个阶段关联在一起。

（二）从项目管理软件提供的基本功能划分

项目管理软件提供的基本功能主要包括进度计划管理、费用管理、资源管理、风险管理、交流管理和过程管理等，这些基本功能有些独立构成一个软件，大部分则是与其他某个或某几个功能集成构成一个软件。

1. 进度计划管理

基于网络技术的进度计划管理功能是工程项目管理中开发最早、应用最普遍、技术上最成熟的功能，也是目前绝大多数面向工程项目管理的信息系统的核心部分。具备该类功能的软件至少应能做到：定义作业（也称为任务、活动），并将这些作业用一系列的逻辑关系连接起来；计算关键路径；时间进度分析；资源平衡；实际的计划执行状况，输出报告，包括甘特图和网络图等。

2. 费用管理

进度计划管理系统建立项目时间进度计划，成本（或费用）管理系统确定项目的价格，这是现在大部分项目管理软件功能的布局方式。最简单的费用管理是用于增强时间计划性能的费用跟踪功能，这类功能往往与时间进度计划功能集成在一起，但难以完成复杂的费用管理工作。高水平的费用管理功能应能够胜任项目寿命周期内的所有费用单元的分析和管理工作，包括从项目开始阶段的预算、报价及其分析、管理，到中期结算、管理，再到最后的决算和项目完成后的费用分析，这类软件有些是独立使用的系统，有些是与合同事务管理功能集成在一起的。

费用管理应提供的功能包括：投标报价、预算管理、费用预测、费用控制、绩效检测和差异分析。

3. 资源管理

项目管理软件中涉及的资源有狭义和广义资源之分。狭义资源一般是指在项目实施过程中实际投入的资源，如人力资源、施工机械、材料和设备等；广义资源除了包括狭义资源外，还包括其他诸如工程量、影响因素等有助于提高项目管理效率的因素。资源管理功能应包括：拥有完善的资源库、能自动调配所有可行的资源、能通过与其他功能的配合提供资源需求、能对资源需求和供给的差异进行分析、能自动或协助用户通过不同途径解决资源冲突问题。

4. 分线管理

变化和不确定性的存在使项目总是处在风险的包围中，这些风险包括时间上的风险（如零时差或负时差）、费用上的风险（如过低估价）、技术上的风险（如设计错误）等等。这些风险管理技术已经发展得比较完善，从简单的风险范围估计方法到复杂的风险模拟分析都在工程上得到一定程度的应用。

5. 交流管理

交流是任何项目组织的核心，也是项目管理的核心。事实上，项目管理就是从项目有关各方之间及各方内部的交流开始的。大型项目的各个参与方经常分布在跨地域的多个地点上，大多采用矩阵化组织结构形式，这种情况对交流管理提出了很高的要求；信息技术，特别是近些年 Intetnet、Intranet 和 Extranet 技术的发展为这些要求的实现提供了可能。

目前流行的大部分项目管理软件都集成了交流管理的功能，所提供的功能包括进度报告发布、需求文档编制、项目文档管理、项目组成员间及其与外界的通讯交流、公报板和消息触发式的管理交流机制等。

（三）按照项目管理软件适用的工程对象来划分

1. 面向大型、复杂工程项目的项目管理软件

这类软件锁定的目标市场一般是那些规模大、复杂程度高的大型工程项目。其典型特征是专业性强，具有完善的功能，提供了丰富的视图和报表，可以为大型项目的管理提供项目支持。但购置费用较高，使用上较为复杂，使用人员必须经过专门培训。

2. 面向中小型项目和企业事务管理的项目管理

这类软件的目标市场一般是中小型项目或企业内部的事务管理过程。典型特点是：提供了项目管理所需要的最基本的功能，包括时间管理、资源管理和费用管理等；内置或附加了二次开发工具；有很强的易学易用性，使人员一般只要具备项目管理方面的知识，经过简单的引导就可以使用；购置费用低。

除以上的划分方式，还包括诸如从项目管理软件的用户角度划分的方式等等，在此不再赘述。

第十六章　水利水电工程验收

第一节　水利水电工程验收依据与内容及其基本要求

一、水利水电工程验收分类

根据《水利水电建设工程验收规程》，水利水电建设工程验收按验收主持单位可分为法人验收和政府验收。

法人验收包括分部工程验收、单位工程验收、水电站（泵站）中间机组启动验收、合同工程完工验收等；政府验收包括阶段验收、专项验收、竣工验收等。验收主持单位可根据工程建设需要增设验收的类别和具体要求。

二、工程验收依据与验收工作的主要内容

（一）工程验收依据

1. 国家现行有关法律、法规、规章和技术标准
2. 有关主管部门的规定
3. 经批准的工程立项文件、初步设计文件、调整概算文件

4. 经批准的设计文件及相应的工程变更文件
5. 施工图纸及主要设备技术说明书等
6. 法人验收还应以施工合同为依据

（二）工程验收工作的主要内容

1. 检查工程是否按照批准的设计进行建设
2. 检查已完工程在设计、施工、设备制造安装等方面的质量及相关资料的收集、整理和归档情况
3. 检查工程是否具备运行或进行下一阶段建设的条件
4. 检查工程投资控制和资金使用情况
5. 对验收遗留问题提叫处理意见
6. 对工程建设做出评价和结论

三、工程验收的组织及成果

政府验收应由验收主持单位组织成立的验收委员会负责；法人验收应由项目法人组织成立的验收工作组负责。验收委员会（工作组）由有关单位代表和有关专家组成。

验收的成果性文件是验收鉴定书，验收委员会（工作组）成员应在验收鉴定书上签字。对验收结论持有异议的，应将保留意见在验收鉴定书上明确记载并签字。

工程验收结论应经 2/3 以上验收委员会（工作组）成员同意。

验收过程中发现的问题，其处理原则应由验收委员会（工作组）协商确定。主任委员（组长）对争议问题有裁决权。若 1/2 以上的委员（组员）不同意裁决意见，法人验收应报请验收监督管理机关决定，政府验收应报请竣工验收主持单位决定。

工程项目中需要移交非水利行业管理的工程，验收工作宜同时参照相关行业主管部门的有关规定。

当工程具备验收条件时，应及时组织验收。未经验收或验收不合格的工程不应交付使用或进行后续工程施工。验收工作应相互衔接，不应重复进行。

工程验收应在施工质量检验与评定的基础上，对工程质量提出明确的结论意见。

四、水利水电工程验收监督管理的基本要求

根据《水利水电建设工程验收规程》，有关验收监督管理的基本要求：

第一，水利部负责全国水利工程建设项目验收的监督管理工作。水利部所属流域管理机构（以下简称流域管理机构）按照水利部授权，负责流域内水利工程建设项目验收的监督管理工作。县级以上地方人民政府水行政主管部门按照规定权限负责本行政区域内水利工程建设项目验收的监督管理工作。

第二，法人验收监督管理机关应对工程的法人验收工作实施监督管理由水行政主管部门或者流域管理机构组建项目法人的，该水行政主管部门或者流域管理机构是本工程的法人验收监督管理机关；由地方人民政府组建项目法人的，该地方人民政府水

行政主管部门是本工程的法人验收监督管理机关。

第三，工程验收监督管理的方式应包括现场检查、参加验收活动、对验收工作计划与验收成果性文件进行备案等，工程验收监督管理应包括以下主要内容：

①验收工作是否及时；

②验收条件是否具备；

③验收人员组成是否符合规定；

④验收程序是否规范；

⑤验收资料是否齐全；

⑥验收结论是否明确

第四，当发现工程验收不符合有关规定时，验收监督管理机关应及时要求验收主持单位予以纠正，必要时可要求暂停验收或重新验收并同时报告竣工验收主持单位。

第五，项目法人应在开工报告批准后60个工作日内，制订法人验收工作计划，报法人验收监督管理机关备案。当工程建设计划进行调整时，法人验收工作计划也应相应地进行调整并重新备案。法人验收工作计划内容要求有：

①工程概况；

②工程项目划分；

③工程建设总进度计划；

④法人验收工作计划。

第六，法人验收过程中发现的技术性问题原则上应按合同约定进行处理。合同约定不明确的，应按国家或行业技术标准规定处理。当国家或行业技术标准暂无规定时，应由法人验收监督管理机关负责协调解决。

第二节 法人验收

一、分部工程验收

每个分部工程内的单元工程完成后，即应进行该分部工程验收，因此分部工程验收是工程建设过程中经常性的工作。根据《水利水电建设工程验收规程》（SL 223—2008），分部工程验收的基本要求是：

分部工程验收应由项目法人（或委托监理单位）主持。验收工作组应由项目法人、勘测、设计、监理、施工、主要设备制造（供应）商等单位的代表组成。运行管理单位可根据具体情况决定是否参加。质量监督机构宜派代表列席大型枢纽工程主要建筑物的分部工程验收会议。大型工程分部工程验收工作组成员应具有中级及其以上技术职称或相应执业资格。

其他工程的验收工作组成员应具有相应的专业知识或执业资格。参加分部工程验收的每个单位代表人数不宜超过2名。

分部工程具备验收条件时，施工单位应向项目法人提交验收申请报告。项目法人应在收到验收申请报告之日起10个工作日内决定是否同意进行验收°

分部工程验收应具备以下条件：

第一，所有单元工程已完成；

第二，已完单元工程施工质量经评定全部合格，有关质量缺陷已处理完毕或有监理机构批准的处理意见；

第三，合同约定的其他条件。

分部工程验收工作包括以下主要内容：

（1）检查工程是否达到设计标准或合同约定标准的要求

（2）评定工程施工质量等级

（3）对验收中发现的问题提出处理意见

项目法人应在分部工程验收通过之日后10个工作日内，将验收质量结论和相关资料报质量监督机构核备。大型枢纽R程主要建筑物分部工程的验收质量结论应报质量监督机构核定。质量监督机构应在收到验收质量结论之日后20个工作日内，将核备（定）意见书面反馈项目法人。当质量监督机构对验收质量结论有异议时，项目法人应组织参加验收单位进一步研究，并将研究意见报质量监督机构。当双方对验收质量结论仍然有分歧意见时，应报上一级质量监督机构协调解决。

分部工程验收遗留问题处理情况应有书面记录并由相关责任单位代表签字，书面记录应随分部工程验收鉴定书一并归档。

分部工程验收的成果性文件是分部工程验收鉴定书。正本数量可按参加验收单位、质量和安全监督机构各一份以及归档所需要的份数确定。自验收鉴定书通过之日起30个工作日内，由项目法人发送有关单位，并报送法人验收监督管理机关备案。

二、单位工程验收与合同工程完工验收

（一）单位工程验收

根据《水利水电建设工程验收规程》（SL 223-2008），单位工程验收的基本要求如下。

1. 验收的组织

单位工程验收应由项目法人主持。验收工作组应由项目法人、勘测、设计、监理、施工、主要设备制造（供应）商、运行管理等单位的代表组成。必要时，可邀请上述单位以外的专家参加。单位工程验收工作组成员应具有中级及其以上技术职称或相应执业资格，每个单位代表人数不宜超过3名。

单位工程完工并具备验收条件时，施工单位应向项目法人提出验收申请报告。项目法人应在收到验收申请报告之日起10个工作日内决定是否同意进行验收。

项目法人组织单位工程验收时，应提前10个工作日通知质量和安全监督机构。

主要建筑物单位工程验收应通知法人验收监督管理机关。法人验收监督管理机关可视情况决定是否列席验收会议，质量和安全监督机构应派员列席验收会议。

需要提前投入使用的单位工程应进行单位工程投入使用验收。单位工程投入使用验收应由项目法人主持，根据工程具体情况，经竣工验收主持单位同意，单位工程投入使用验收也可由竣工验收主持单位或其委托的单位主持。

2. 验收的条件

单位工程验收应具备以下条件：所有分部工程已完建并验收合格；分部工程验收遗留问题已处理完毕并通过验收，未处理的遗留问题不影响单位工程质量评定并有处理意见；合同约定的其他条件。

单位工程投入使用验收除应满足以上条件外，还应满足以下条件：

（1）工程投入使用后，不影响其他工程正常施工，且其他工程施工不影响该单位工程安全运行

（2）已经初步具备运行管理条件，需移交运行管理单位的，项目法人与运行管理单位已签订提前使用协议书

3. 单位工程验收工作包括的主要内容

（1）检查工程是否按批准的设计内容完成

（2）评定工程施工质量等级

（3）检查分部工程验收遗留问题处理情况及相关记录

（4）对验收中发现的问题提出处理意见

（5）单位工程投入使用验收除完成以上工作内容外，还应对工程是否具备安全运行条件进行检查

4. 单位工程验收工作程序

（1）听取工程参建单位工程建设有关情况的汇报

（2）现场检查工程完成情况和工程质量

（3）检查分部工程验收有关文件及相关档案资料

（4）讨论并通过单位工程验收鉴定书

5. 验收工作的成果

单位工程验收的成果性文件是单位工程验收鉴定书。项目法人应在单位工程验收通过之日起 10 个工作日内，将验收质量结论和相关资料报质量监督机构核定。质量监督机构应在收到验收质量结论之日起 20 个工作日内，将核定意见反馈项目法人。当质量监督机构对验收质量结论有异议时，应按分部工程验收的有关规定执行。

单位工程验收鉴定书正本数量可按参加验收单位、质量和安全监督机构、法人验收监督管理机关各一份以及归档所需要的份数确定。自验收鉴定书通过之日起 30 个工作日内，由项目法人发送有关单位并报法人验收监督管理机关备案。

（二）合同工程完工验收

1. 验收的组织

合同工程完工验收应由项目法人主持。验收工作组应由项目法人以及与合同工程有关的勘测、设计、监理、施工、主要设备制造（供应）商等单位的代表组成。

合同工程具备验收条件时，施工单位应向项目法人提出验收申请报告，其格式见《水利水电建设工程验收规程》（SL 223—2008）。项目法人应在收到验收申请报告之日起20个工作日内决定是否同意进行验收。

2. 合同工程完工验收的条件

合同范围内的工程项目已按合同约定完成，工程已按规定进行了有关验收，观测仪器和设备已测得初始值及施工期各项观测值，工程质量缺陷已按要求进行处理，工程完工结算已完成，施工现场已经进行清理，需移交项目法人的档案资料已按要求整理完毕，合同约定的其他条件。

3. 合同工程验收的主要内容

（1）检查合同范围内工程项目和工作完成情况

（2）检查施工现场清理情况

（3）检查已投入使用工程运行情况

（4）检查验收资料整理情况

（5）鉴定工程施工质量

（6）检查工程完工结算情况

（7）检查历次验收遗留问题的处理情况

（8）对验收中发现的问题提出处理意见

（9）确定合同工程完工日期

（10）讨论并通过合同工程完工验收鉴定书

4. 验收工作程序及成果

合同工程完工验收的工作程序可参照单位工程验收的有关规定进行。合同工程完工验收的成果性文件是合同工程完工验收鉴定书。正本数量可按参加验收单位、质量和安全监督机构以及归档所需要的份数确定。自验收鉴定书通过之日起30个工作日内，由项目法人发送有关单位，并报送法人验收监督管理机关备案。

第三节 政府验收

一、阶段验收

（一）阶段验收工作内容

①检查已完工程的形象面貌和工程质量；

②检查在建工程的建设情况；

③检查后续工程的计划安排和主要技术措施落实情况，以及是否具备施工条件；

④检查拟投入使用工程是否具备运行条件；

⑤检查历次验收遗留问题的处理情况；

⑥鉴定已完工程施工质量；

⑦对验收中发现的问题提出处理意见；

⑧讨论并通过阶段验收鉴定书；

⑨大型工程在阶段验收前，验收主持单位根据工程建设需要，可成立专家组先进行技术预验收，技术预验收工作可参照验收规程的有关规定进行。

（二）验收的工作程序及成果

工程建设具备阶段验收条件时，项目法人应向竣工验收主持单位提出阶段验收申请报告。竣工验收主持单位应自收到申请报告之日起 20 个工作日内决定是否同意进行阶段验收。

阶段验收的成果性文件是阶段验收鉴定书数量按参加验收单位、法人验收监督管理机关、质量和安全监督机构各 1 份以及归档所需要的份数确定。自验收鉴定书通过之日起 30 个工作日内，由验收主持单位发送有关单位。

（三）枢纽工程导（截）流验收

第一，枢纽工程导（截）流前，应进行导（截）流验收。

第二，导（截）流验收应具备以下条件：

①导流工程已基本完成，具备过流条件，投入使用（包括采取措施后）不影响其他未完工程继续施工；

②满足截流要求的水下隐蔽工程已完成；

③截流设计已获批准，截流方案已编制完成，并做好各项准备工作；

④工程度汛方案已经有管辖权的防汛指挥部门批准，相关措施已落实；

⑤截流后壅高水位以下的移民搬迁安置和库底清理已完成并通过验收；

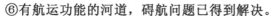

⑥有航运功能的河道，碍航问题已得到解决。

第三，导（截）流验收工作包括以下主要内容：

①检查已完水下工程、隐蔽工程、导（截）流工程是否满足导（截）流要求；

②检查建设征地、移民搬迁安置和库底清理完成情况；

③审查导（截）流方案，检查导（截）流措施和准备工作落实情况；

④检查为解决碍航等问题而采取的工程措施落实情况；

⑤鉴定与截流有关已完工程施工质量；

⑥对验收中发现的问题提出处理意见；

⑦讨论并通过阶段验收鉴定书。

第四，工程分期导（截）流时，应分期进行导（截）流验收。

（四）水库下闸蓄水验收

第一，水库下闸蓄水前，应进行下闸蓄水验收。

第二，下闸蓄水验收应具备以下条件：

①挡水建筑物的形象面貌满足蓄水位的要求；

②蓄水淹没范围内的移民搬迁安置和库底清理已完成并通过验收；

③蓄水后需要投入使用的泄水建筑物已基本完成，具备过流条件；

④有关观测仪器、设备已按设计要求安装和调试，并已测得初始值和施工期观测值；

⑤蓄水后未完工程的建设计划和施工措施已落实；

⑥蓄水安全鉴定报告已提交；

⑦蓄水后可能影响工程安全运行的问题已处理，有关重大技术问题已有结论；

⑧蓄水计划、导流洞封堵方案等已编制完成，并做好各项准备工作；

⑨年度度汛方案（包括调度运用方案）已经有管辖权的防汛指挥部门批准，相关措施已落实。

第三，下闸蓄水验收工作包括以下主要内容：

①检查已完工程是否满足蓄水要求；

②检查建设征地、移民搬迁安置和库区清理完成情况；

③检查近坝库岸处理情况；

④检查蓄水准备工作落实情况；

⑤鉴定与蓄水有关的已完工程施工质量；

⑥对验收中发现的问题提出处理意见；

⑦讨论并通过阶段验收鉴定书。

第四，工程分期蓄水时，宜分期进行下闸蓄水验收o

第五，拦河水闸工程可根据工程规模、重要性，由竣工验收主持单位决定是否组织蓄水（挡水）验收。

二、专项验收

（一）建设项目竣工环境保护验收

建设项目竣工环境保护验收是指建设项目竣工后，环境保护行政主管部门依据环境保护验收监测或调查结果，并通过现场检查等手段，考核该建设项目是否达到环境保护要求的活动。建设项目竣工环境保护验收范围包括：

第一，与建设项目有关的各项环境保护设施，包括为防治污染和保护环境所建成或配备的工程、设备、装置和监测手段，各项生态保护设施；

第二，环境影响报告书（表）或者环境影响登记表和有关项目设计文件规定应采取的其他各项环境保护措施。

国务院环境保护行政主管部门负责对其审批的环境影响报告书（表）或者环境影响登记表的建设项目竣工环境保护验收工作。县级以上地方人民政府环境保护行政主管部门按照环境影响报告书（表）或环境影响登记表的审批权限负责建设项目竣工环境保护验收。建设项目竣工验收前，验收监测或调查报告编制完成后，建设单位应当向有审批权的环境保护行政主管部门，申请该建设项目竣工环境保护验收。对于验收申请材料完整的建设项目，环境保护行政主管部门予以受理，并出具受理回执；对于验收申请材料不完整的建设项目，不予受理，并当场一次性告知需要补充的材料。验收申请材料包括：

其一，建设项目竣工环保验收申请报告，纸件 2 份；

其二，验收监测（表）或调查报告（表），纸件 2 份，电子件 1 份；

其三，由验收监测或调查单位编制的建设项目竣工环保验收公示材料，纸件 1 份，电子件 1 份；

其四，环境影响评价审批文件要求开展环境监理的建设项目，提交施工期环境监理报告，纸件 1 份。

根据国家建设项目环境保护分类管理的规定，对建设项目竣工环境保护验收实施分类管理。其中，对编制环境影响报告书的建设项目，为建设项目竣工环境保护验收申请报告，并附环境保护验收监测报告或调查报告；对编制环境影响报告表的建设项目，为建设项目竣工环境保护验收申请表，并附环境保护验收监测表或调查表；对填报环境影响登记表的建设项目，为建设项目竣工环境保护验收登记卡。

环境保护验收监测报告（表）由建设单位委托经环境保护行政主管部门批准有相应资质的环境监测站或环境放射性监测站编制。环境保护验收调查报告（表）由建设单位委托经环境保护行政主管部门批准有相应资质的环境监测站或环境放射性监测站，或者具有相应资质的环境影响评价单位编制。承担该建设项目环境影响评价工作的单位不得同时承担该建设项目环境保护验收调查报告（表）的编制工作。承担环境保护验收监测或者验收调查工作的单位，对验收监测或验收调查结论负责。

水利水电工程竣工验收环境保护调查报告应当根据《建设项目竣工环境保护验收技术规程水利水电》（HJ 464—2009）编制。调查包括工程前期、施工期、运行期三个时段。

经验收审查，对验收合格的建设项目，环境保护行政主管部门在受理建设项目验收申请材料之日起30个工作日内办理验收审批手续（不包括验收现场检查和整改时间），完成验收。环境保护行政主管部门在进行建设项目竣工环境保护验收时，应组织建设项目所在地的环境保护行政主管部门和行业主管部门等成立验收组（或验收委员会）。验收组（或验收委员会）应对建设项目的环境保护设施及其他环境保护措施进行现场检查和审议，提出验收意见。建设项目的建设单位、设计单位、施工单位、环境影响报告书（表）编制单位、环境保护验收监测（调查）报告（表）的编制单位应当参与验收。对符合规定验收条件的建设项目，环境保护行政主管部门批准建设项目竣工环境保护验收申请报告、建设项目竣工环境保护验收申请表或建设项目竣工环境保护验收登记卡。

国家对建设项目竣工环境保护验收实行公告制度。在完成建设项目竣工环境保护验收审批前，在国家环境保护部网站和《中国环境报》上向社会公示，公示时间为7天。

（二）开发建设项目水土保持设施验收

县级以上人民政府水行政主管部门按照开发建设项目水土保持方案的审批权限，负责项目的水土保持设施的验收工作。水土保持设施验收的范围应当与批准的水土保持方案及批复文件一致。水土保持设施验收工作的主要内容如下：检查水土保持设施是否符合设计要求、施工质量、投资使用和管理维护责任落实情况，评价防治水土流失效果，对存在问题提出处理意见等。

水土保持设施验收包括自查初验和行政验收两个方面。自查初验是指建设单位或其委托监理单位在水土保持设施建设过程中组织开展的水土保持设施验收，主要包括分部工程的自查初验和单位工程的自查初验，是行政验收的基础。行政验收是指由水土保持

方案审批部门在水土保持设施建成后主持开展的水土保持设施验收，是主体工程验收（含阶段验收）前的专项验收国务院水行政主管部门负责验收的开发建设项目，应当先进行技术评估。省级水行政主管部门负责验收的开发建设项目，可以根据具体情况确定是否先进行技术评估。地、县级水行政主管部门负责验收的开发建设项目，可以直接进行竣工验收°技术评估是指建设单位委托的水土保持设施验收技术评估机构对建设项目中的水土保持设施的数量、质量、进度及水土保持效果等进行的全面评估。

在开发建设项目土建工程完成后，建设单位应当会同水土保持方案编制单位，依据批复的水土保持方案报告书、设计文件的内容和工程量，对水土保持设施完成情况进行检查，编制水土保持方案实施工作总结报告和水土保持设施竣工验收技术报告。对于符合下列验收合格条件的，方可向审批该水土保持方案的机关提出水土保持设施验收申请：

第一，开发建设项目水土保持方案审批手续完备，水土保持工程设计、施工、监理、财务支出、水土流失监测报告等资料齐全。

第二，水土保持设施按批准的水土保持方案报告书和设计文件的要求建成，符合

主体工程和水土保持的要求。

第三，治理程度、拦渣率、植被恢复率、水土流失控制量等指标达到了批准的水土保持方案和批复文件的要求及国家和地方的有关技术标准。

第四，水土保持设施具备正常运行条件，且能持续、安全、有效运转，符合交付使用要求。水土保持设施的管理、维护措施落实。

县级以上人民政府水行政主管部门在受理验收申请后，应当组织有关单位的代表和专家成立验收组，依据验收申请、有关成果和资料，检查建设现场，提出验收意见。其中，需要先进行技术评估的开发建设项目，建设单位在提交验收申请时，应当同时附上技术评估报告。

建设单位、水土保持方案编制单位、设计单位、施工单位、监理单位、监测报告编制单位应当参加现场验收。验收合格意见必须经 2/3 以上验收组成员同意，由验收组成员及被验收单位的代表在验收成果文件上签字。

县级以上人民政府水行政主管部门应当自受理验收申请之日起 20 日内作出验收结论。对验收合格的项目，水行政主管部门应当自作出验收结论之日起 10 EI 内办理验收合格手续，作为开发建设项目竣工验收的重要依据之一。

（三）建设项目工程档案验收

水利工程档案是指水利工程建设项目根据水利工程建设程序在工程建设各阶段（前期工作、施工准备、建设实施、生产准备、竣工验收等）形成的，具有保存价值的文字、图表、声像等不同形式的历史记录。

1. 档案的归档与移交方面的基本要求

根据《水利工程建设项目档案管理规定》的有关规定，工程参建单位在档案的归档与移交方面的基本要求有：

第一，水利工程档案的保管期限分为永久、长期、短期三种，长期档案的实际保存期限不得短于工程的实际寿命。

第二，水利工程档案的归档工作一般由产生文件材料的单位或部门负责。总包单位对各分包单位提交的归档材料负有汇总责任。

第三，监理工程师对施工单位提交的归档材料应履行审核签字手续，监理单位应向项目法人提交对工程档案内容与整编质量情况的专题审核报告。

第四，水利工程文件材料的收集、整理应符合《科学技术档案案卷构成的一般要求》（GB/T 1182—2000）。归档图纸应按《技术制图复制图的折叠方法＞（GB/T 10609.3—1989）要求统一折叠。

第五，竣工图是水利工程档案的重要组成部分，必须做到完整、准确、清晰、系统、修改规范、签字手续完备。项目法人应负责编制项目总平面图和综合管线竣工图。施工单位应以单位工程或专业为单位编制竣工图。竣工图须由编制单位在图标上方空白处逐张加盖“竣工图章”，有关单位和责任人应严格履行签字手续。每套竣工图应附编制说明、鉴定意见及目录。

2. 工程档案验收方面的基本要求

根据《水利工程建设项目档案管理规定》以及水利部《水利工程建设项目档案验收管理办法》（水办[2008]366号）的有关规定，档案验收是指各级水行政主管部门依法组织的水利工程建设项目档案专项验收。工程档案验收方面的基本要求有：

第一，档案验收依据《水利工程建设项目档案验收评分标准》对项目档案管理及档案质量进行量化赋分，满分为100分。验收结果分为3个等级：总分达到或超过90分的，为优良；达到70～89.9分的，为合格；达不到70分或“应归档文件材料质量与移交归档”项达不到60分的，均为不合格。

第二，水利工程档案验收是水利工程竣工验收的重要内容，应提前或与工程竣工验收同步进行。凡档案内容与质量达不到要求的水利工程，不得通过档案验收；未通过档案验收或档案验收不合格的，不得进行或通过工程的竣工验收。

第三，大中型水利工程在竣工验收前应进行档案专项验收。其他工程的档案验收应与工程竣工验收同步进行。档案专项验收可分为初步验收和正式验收。初步验收可由工程竣工验收主持单位委托相关单位组织进行；正式验收应由工程竣工验收主持单位的档案业务主管部门负责。

第四，水利工程在进行档案专项验收前，项目法人应组织工程参建单位对工程档案的收集、整理、保管与归档情况进行自检，确认工程档案的内容与质量已达要求后，可向有关单位报送档案自检报告，并提出档案专项验收申请。

档案验收申请应包括项目法人开展档案自检工作的情况说明、自检得分、自检结论等内容，并将项目法人的档案自检工作报告和监理单位专项审核报告附后。

档案自检工作报告的主要内容有：工程概况，工程档案管理情况，文件材料收集、整理、归档与保管情况，竣工图编制与整理情况，档案自检工作的组织情况，对自检或以往阶段验收发现问题的整改情况，按《水利工程建设项目档案验收评分标准》自检得分与扣分情况，目前仍存在的问题，对工程档案完整、准确、系统性的自我评价等。

专项审核报告的主要内容有：监理单位履行审核责任的组织情况，对监理和施工单位提交的项目档案审核、把关情况，审核档案的范围、数量，审核中发现的主要问题与整改情况，对档案内容与整理质量的综合评价，目前仍存在的问题，审核结果等。

第五，档案专项验收工作的步骤、方法与内容如下：

①听取项目法人有关工程建设情况和档案收集、整理、归档、移交、管理与保管情况的自检报告；

②听取监理单位对项目档案整理情况的审核报告；

③对验收前已进行档案检查评定的水利工程，还应听取被委托单位的检查评定意见；

④查看现场（了解工程建设实际情况）；

⑤根据水利工程建设规模，抽查各单位档案整理情况，抽查比例一般不得少于项目法人应保存档案数量的8%，其中竣工图不得少于一套竣工图总张数的10%，抽查档案总量应在200卷以上；

⑥验收组成员进行综合评议；

⑦形成档案专项验收意见，并向项目法人和所有会议代表反馈；

⑧验收主持单位以文件形式正式印发档案专项验收意见。

三、竣工验收

（一）竣工验收条件

1. 工程已按批准设计全部完成

2. 工程重大设计变更已经有审批权的单位批准

3. 各单位工程能正常运行

4. 历次验收所发现的问题已基本处理完毕

5. 各专项验收已通过

6. 工程投资已全部到位

7. 竣工财务决算已通过竣工审计，审计意见中提出的问题已整改并提交了整改报告

8. 运行管理单位已明确，管理养护经费已基本落实

9. 质量和安全监督工作报告已提交，工程质量达到合格标准

10. 竣工验收资料已准备就绪

工程有少量建设内容未完成，但不影响工程正常运行，且能符合财务有关规定，项目法人已对尾工做出安排的，经竣工验收主持单位同意，可进行竣工验收。

（二）竣工验收工作程序

第一，项目法人组织进行竣工验收自查；

第二，项目法人提交竣工验收申请报告；

第三，竣工验收主持单位批复竣工验收申请报告；

第四，竣工验收技术鉴定（大型工程）；

第五，进行竣工技术预验收；

第六，召开竣工验收会议；

第七，印发竣工验收鉴定书。

1. 竣工验收自查

第一，申请竣工验收前，项目法人应组织竣工验收自查。自查工作由项目法人主持，勘测、设计、监理、施工、主要设备制造（供应）商以及运行管理等单位的代表参加。

第二，竣工验收自查应包括以下主要内容：

①检查有关单位的工作报告；

②检查工程建设情况，评定工程项目施工质量等级；

③检查历次验收、专项验收的遗留问题和工程初期运行所发现问题的处理情况；

④确定工程尾工内容及其完成期限和责任单位；

⑤对竣工验收前应完成的工作做出安排；

⑥讨论并通过竣工验收自查工作报告。

第三，项目法人组织工程竣工验收自查前，应提前10个工作日通知质量和安全监督机构，同时向法人验收监督管理机关报告。质量和安全监督机构应派员列席自查工作会议。

第四，项目法人应在完成竣工验收自查工作之日起10个工作日内，将自查的工程项目质量结论和相关资料报质量监督机构核备。

第五，竣工验收自查的成果性文件是竣工验收自查工作报告。参加竣工验收自查的人员应在自查工作报告上签字’项目法人应自竣工验收自查工作报告通过之日起30个工作日内，将自查报告报法人验收监督管理机关。

2. 工程质量抽样检测

第一，根据竣工验收的需要，竣工验收主持单位可以委托具有相应资质的工程质量检测单位对工程质量进行抽样检测。项目法人应与工程质量检测单位签订工程质量检测合同。检测所需费用由项目法人列支，质量不合格工程所发生的检测费用由责任单位承担。

第二，工程质量检测单位不应与参与工程建设的项目法人、设计、监理、施工、设备制造（供应）商等单位隶属同一经营实体。

第三，根据竣工验收主持单位的要求和项目的具体情况，项目法人应负责提出工程质量抽样检测的项目、内容和数量，经质量监督机构审核后报竣工验收主持单位核定。

第四，工程质量检测单位应按照有关技术标准对工程进行质量检测，按合同要求及时提出质量检测报告并对检测结论负责。项目法人应自收到检测报告10个工作日内将检测报告报竣工验收主持单位。

第五，对抽样检测中发现的质量问题，项目法人应及时组织有关单位研究处理。在影响工程安全运行以及使用功能的质量问题未处理完毕前，不应进行竣工验收。

3. 竣工技术预验收

第一，竣工技术预验收应由竣工验收主持单位组织的专家组负责。技术预验收专家组成员应具有高级技术职称或相应执业资格，2/3以上成员应来自工程非参建单位。工程参建单位的代表应参加技术预验收，负责回答专家组提出的问题。

第二，竣工技术预验收专家组可下设专业工作组，并在各专业工作组检查意见的基础上形成竣工技术预验收工作报告。

第三，竣工技术预验收工作包括以下主要内容：

①检查工程是否按批准的设计完成；

②检查工程是否存在质量隐患和影响工程安全运行的问题；

③检查历次验收、专项验收的遗留问题和工程初期运行中所发现问题的处理情况；

④对工程重大技术问题做出评价；

⑤检查工程尾工安排情况；

⑥鉴定工程施工质量；

⑦检查工程投资、财务情况；

⑧对验收中发现的问题提出处理意见。

第四，竣工技术预验收应按以下程序进行：

①现场检查工程建设情况并查阅有关工程建设资料；

②听取项目法人、设计、监理、施工、质量和安全监督机构、运行管理等单位工作报告；

③听取竣工验收技术鉴定报告和工程质量抽样检测报告；

④专业工作组讨论并形成各专业工作组意见；

⑤讨论并通过竣工技术预验收工作报告；

⑥讨论并形成竣工验收鉴定书初稿。

第五，竣工技术预验收的成果性文件是竣工技术预验收工作报告，竣工技术预验收工作报告是竣工验收鉴定书的附件。

4. 竣工验收会议

第一，竣工验收委员会可设主任委员1名，副主任委员以及委员若干名，主任委员应由验收主持单位代表担任。竣工验收委员会应由竣工验收主持单位、有关地方人民政府和部门、有关水行政主管部门和流域管理机构、质量和安全监督机构、运行管理单位的代表以及有关专家组成。工程投资方代表可参加竣工验收委员会。

第二，项目法人、勘测、设计、监理、施工和主要设备制造（供应）商等单位应派代表参加竣工验收，负责解答验收委员会提出的问题，并应作为被验收单位代表在验收鉴定书上签字。

第三，竣工验收会议应包括以下主要内容和程序：

①现场检查工程建设情况及查阅有关资料。

②召开大会：

a. 宣布验收委员会组成人员名单；

b. 观看工程建设声像资料；

c. 听取工程建设管理工作报告；

d. 听取竣工技术预验收工作报告；

e. 听取验收委员会确定的其他报告；

f. 讨论并通过竣工验收鉴定书；

g. 验收委员会委员和被验收单位代表在竣工验收鉴定书上签字。

第四，工程项目质量达到合格以上等级的，竣工验收的质量结论意见应为合格。

第五，竣工验收会议的成果性文件是竣工验收鉴定书。数量应按验收委员会组成单位、工程主要参建单位各1份以及归档所需要份数确定。自鉴定书通过之日起30个工作日内，应由竣工验收主持单位发送有关单位。

（三）工程移交及遗留问题处理

1. 工程交接手续

第一，通过合同工程完工验收或投入使用验收后，项目法人与施工单位应在30

个工作日内组织专人负责工程的交接工作，交接过程应有完整的文字记录并有双方交接负责人签字。

第二，项目法人与施工单位应在施工合同或验收鉴定书约定的时间内完成工程及其档案资料的交接工作。

第三，工程办理具体交接手续的同时，施工单位应向项目法人递交单位法定代表人签字的工程质量保修书，保修书的内容应符合合同约定的条件。保修书的主要内容有：

①合同工程完工验收情况；

②质量保修的范围和内容；

③质量保修期；

④质量保修责任；

⑤质量保修费用；

⑥其他。

第四，工程质量保修期应从工程通过合同工程完工验收后开始计算，但合同另有约定的除外。

第五，在施工单位递交了工程质量保修书、完成施工场地清理以及提交有关竣工资料后，项目法人应在30个工作日内向施工单位颁发经单位法定代表人签字的合同工程完工证书。

2. 工程移交手续

第一，工程通过投入使用验收后，项目法人宜及时将工程移交运行管理单位管理，并与其签订工程提前启用协议。

第二，在竣工验收鉴定书印发后60个工作日内，项目法人与运行管理单位应完成工程移交手续。

第三，工程移交应包括工程实体、其他固定资产和工程档案资料等，应按照初步设计等有关批准文件进行逐项清点，并办理移交手续。办理工程移交应有完整的文字记录和双方法定代表人签字。

第四节 水力发电工程验收管理

一、水力发电工程验收的分类和依据

（一）水力发电工程验收的分类

水电工程验收实行分级和分类验收制度。工程截流验收由项目法人会同省级政府主管部门共同组织工程截流验收委员会进行；工程蓄水验收由项目审批部门委托有资质单位与省级政府主管部门共同组织工程蓄水验收委员会进行；水轮发电机组启动验收由项目法人会同电网经营管理单位共同组织启动验收委员会进行；枢纽工程专项验收由项目审批部门委托有资质单位与省级政府主管部门组织枢纽工程专项验收委员会进行；库区移民专项验收由省级政府有关部门会同项目法人组织库区移民专项验收委员会进行；环保、消防、劳动安全与工业卫生、工程档案和工程决算验收由项目法人按有关法规办理；工程竣工验收由工程建设的审批部门负责；在库区移民、环保、消防、劳动安全与工业卫生、工程档案和工程决算各专项验收完成的基础上，由项目法人向项目审批部门提出竣工验收申请报告，由项目审批部门组织竣工验收。

水电工程安全鉴定是水电工程蓄水验收和枢纽工程专项验收的重要条件，也是确保工程安全的重要措施，工程安全鉴定由项目审批部门指定有资质单位负责。

水电工程的各项验收由项目法人根据工程建设的进展情况适时提出验收建议，配合有关部门和单位组成验收委员会，并按验收委员会制定的验收大纲要求做好验收工程。工程竣工验收在枢纽工程、库区移民、环保、消防、劳动安全与工业卫生、工程档案和工程决算各专项验收的基础上进行。

（二）水力发电工程验收的依据

验收过程中的争议，由验收委员会主任委员协调、裁决，并将验收委员会成员提出的涉及重大问题的保留意见列入备忘录，作为验收鉴定书（报告）的附件。主任委员裁决意见有半数以上委员反对或难以裁决的重大问题，应由验收委员会报请验收委员会主任委员单位或国家有关部门决定。重要技术问题可组织国内专家协助决策。

二、水力发电工程阶段验收

（一）工程截流验收

工程截流是指在枯水期截断河道主流，迫使河水从导流建筑物或预留的通道绕过基坑向下游宣泄。根据《关于水电站基本建设工程验收管理有关事项的通知》以及《水电站基本建设工程验收规程》（DL/T 5123—2000），工程截流验收的基本要求如下：

1. 工程截流验收应具备的基本条件

第一，导流工程已基本建成。包括导流隧洞、导流明渠等建筑物符合设计要求，质量符合合同文件规定的标准，可以过水，且过水后不会影响未完工程的继续施工。

第二，主体工程中与截流有关部分的水下隐蔽工程已经完成，质量符合合同文件规定的标准。

第三，已按审定的截流设计做好各项准备工作，包括组织、人员、机械、道路、备料和应急措施等。

第四，安全度汛方案已经审定，措施基本落实，上游报汛工作已有安排，能满足安全度汛要求。

第五，截流后壅高水位以下的库区移民搬迁已完成；施工度汛标准洪水位以下的库区工程和移民安置计划正在实施，所需资金基本落实，且能在汛前完成。

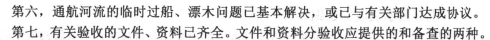

第六，通航河流的临时过船、漂木问题已基本解决，或已与有关部门达成协议。

第七，有关验收的文件、资料已齐全。文件和资料分验收应提供的和备查的两种。

2. 工程截流验收的组织

根据有关规定，工程截流验收由项目法人会同有关省级政府主管部门共同组织工程截流验收委员会进行。

3. 工程截流验收的主要工作

（1）听取并研究项目法人的工程建设报告，听取担任截流工程设计、施工、监理单位以及库区移民工作汇报等，以及质量监督单位的报告

（2）通过现场检查和审查文件资料，确认是否具备验收条件

（3）对存在的问题提出处理意见

（4）提出工程截流验收鉴定书

（二）工程蓄水验收

1. 工程蓄水验收应具备的基本条件

第一，大坝基础和防渗工程、大坝及其他挡水建筑物的高程、坝体接缝灌浆等形象面貌已能满足水库初期蓄水的要求，工程质量符合合同文件规定的标准，且水库蓄水后不会影响工程的继续施工及安全度汛。

第二，引水建筑物的进口已经完成，拦污栅已就位，可以挡水。

第三，水库蓄水后需要投入运行的泄水建筑物已基本建成，蓄水、泄水所需的闸门、启闭机已安装完毕，电源可靠，可正常运行，控制泄水，调节库水位。

第四，各建筑物的内外观测仪器、设备已按设计要求埋设和调试，并已测得初始值。

第五，导流建筑物的封堵门、门槽及其启闭设备，经检查正常完好，可满足下闸封堵要求。

第六，初期蓄水位以下的库区工程和移民已基本完成，库区清理完毕；库区文物古迹保护已得到妥善解决；近坝区的地形测量已经完成；蓄水后影响工程安全运行的渗漏、浸没、滑坡、塌方等已按设计要求进行处理。

第七，已编制下闸蓄水施工组织设计，并做好各项准备工作，包括组织、人员、道路、通信、堵漏和应急措施。

第八，为保证初期运行的安全，已制订水库调度和度汛规划，水情测报系统已能满足初期蓄水要求，可以投入运用；水库蓄水期间的通航及下游因断流或流量减少而产生的问题已得到妥善解决。

第九，生产单位的准备工作已就绪，已配备合格的操作运行人员和制定各项控制设备的操作规程，生产、生活建筑设施已能满足初期运行的要求。

第十，工程安全鉴定单位已提交工程蓄水安全鉴定报告，并有可以下闸蓄水的明确结论。库区移民初步验收单位已提交工程蓄水库区移民初步验收报告，并有库区移民不影响工程蓄水的明确结论。

第十一，有关验收的文件、资料已齐全。

2. 工程蓄水验收的组织

根据有关规定，工程蓄水验收由项目审批部门委托有资质单位与省级政府主管部门共同组织工程蓄水验收委员会进行，工程蓄水前，应按原电力部《水电建设工程安全鉴定规定》（电综〔1998〕219号）进行工程安全鉴定水电工程安全鉴定是水电工程蓄水验收和枢纽工程专项验收的重要条件，也是确保工程安全的重要措施。工程安全鉴定的项目审批部门指定有资质单位负责。

项目法人应在计划蓄水时间前9个月向有关部门报送蓄水验收申请报告。

3. 工程蓄水验收的主要工作及成果

第一，听取并研究工程建设报告、工程度汛措施计划报告、工程蓄水安全鉴定报告、工程蓄水库区移民初步验收报告以及工程设计、施工、监理、质量监督等单位的报告。

第二，通过现场检查和审查文件资料，确认是否具备验收条件。

第三，对存在的问题提出处理意见。

第四，检查次年工程安全度汛措施和度汛标准。

第五，提出工程蓄水验收鉴定书。

根据有关规定，工程蓄水验收的成果是工程蓄水验收鉴定书。验收鉴定书正本一式8份。

（三）机组启动验收

1. 机组启动验收应具备的基本条件

第一，大坝及其他挡水建筑物和引水、尾水系统已按设计文件基本建成，或挡水建筑物的形象面貌已能满足初期发电的要求，质量符合合同文件规定的标准，且库水位已蓄至最低发电水位以上。待验机组进水口闸门及其启闭设备已安装完毕，经调试可满足启闭要求。

第二，尾水闸门及其启闭设备已安装完毕，经调试可满足启闭要求；其他未安装机组的尾水已用闸门等可靠封堵；尾水围堰和下游集渣已按设计要求清除干净。

第三，房内土建工程已按合同文件、设计图纸要求基本建成，待验机组段已做好围栏隔离，各层交通通道和厂内照明已形成，能满足在建工程的安全施工和待验机组的安全试运行；厂内排水系统已安装完毕，经调试，能可靠正常运行；厂区防洪排水设施已作安排，能保证汛期运行安全。

第四，待验机组及相应附属设备，包括风、水、油系统已全部安装完毕，并经调试和分部试运转，质量符合规定标准；全厂共用系统和自动化系统已投入，能满足待验机组试运行的需要。

第五，待验机组相应的电气一次、二次设备经检查试验合格，动作准确、可靠，能满足升压、变电、送电和测量、控制、保护等要求，全厂接地系统接地电阻符合设计规定。机组计算机现地控制单元LCU已安装调试完毕，具备投入及与全厂计算机监控系统通信的条件。

第六，升压站、开关站、出线站等部位的’土建工程已按设计要求基本建成，能满足高压电气设备的安全送电;对外必需的输电线路已经架设完成，并经系统调试合格。

第七，厂区通信系统和对外通信系统已按设计建成，通信可靠。

第八，消防设施满足防火要求。

第九，负责电站运行的生产单位已组织就绪，生产运行人员的配备能适应机组初期商业运行的需要，运行操作规程已制定，配备的有关仪器、设备能满足机组试运行和初期商业运行的需要。

第十，有关验收的文件、资料齐全。

2. 机组启动验收的组织

根据有关规定，机组启动验收由项目法人会同电网经营管理单位共同组织机组启动验收委员会进行。

3. 机组启动验收的主要工作及成果

（1）听取并研究工程建设报告，以及工程设计、施工、监理、质量监督等单位的报告

（2）通过现场检查和审查文件资料，确认是否具备验收条件

（3）对存在的问题提出处理意见

（4）提出机组启动验收鉴定书

根据有关规定，机组启动验收的成果是在机组完成72 h带负荷连续运行后提出机组启动验收鉴定书。验收鉴定书正本一式8份。

三、水力发电工程单项工程验收

（一）单项工程验收应具备的基本条件

①工程已按合同文件、设计图纸的要求基本完成，质量符合合同文件规定的标准，施工现场已清理。

②设备的制作与安装经调试、试运行检验安全可靠，达到合同文件和设计要求。

③观测仪器、设备已按设计要求埋设，并已测得初始值。

④工程质量事故已妥善处理，缺陷处理也已基本完成，能保证工作安全运行；剩余尾工和缺陷处理工作已明确由施工单位在质量保证期内完成。

⑤施工原始资料和竣工图纸齐全，并已整编，满足归档要求。

⑥生产使用单位已做好接收、运行准备工作。

⑦有关验收的文件、资料齐全。

（二）单项工程竣工验收的组织

单项工程竣工验收由项目法人自行组织进行，必要时，会同有关部门或单位共同组织单项工程竣工验收委员会进行。

（三）单项工程验收的主要工作

第一，听取并研究工程建设报告，以及工程设计、施工、监理、质量监督、生产等单位的报告。

第二，通过现场检查和审查文件资料，确认是否具备验收条件。

第三，对存在的问题提出处理意见。

第四，提出单项工程竣工验收鉴定书。

四、水力发电工程竣工验收

枢纽工程和库区工程已按批准的设计文件全部建成，并经过一个洪水期的运行考验后，应进行工程竣工验收，竣工验收分专项进行。专项竣工验收指枢纽工程专项竣工验收、库区移民专项竣工验收以及环保、消防、劳动安全卫生、工程档案、工程竣工决算等专项验收。根据《关于水电站基本建设工程验收管理有关事项的通知》以及《水电站基本建设工程验收规程》(DI7T 5123—2000)，1程竣工验收的基本要求如下:

（一）枢纽工程专项竣工验收应具备的基本条件

第一，枢纽工程已按批准的设计规模、设计标准全部建成，质量符合合同文件规定的标准。

第二，施工单位在质量保证期内已及时完成剩余尾工和质量缺陷处理工作。

第三，工程运行已经过至少一个洪水期的考验，最高库水位已经达到或基本达到正常高水位，水轮发电机组已能按额定出力正常运行，各单项工程运行正常。

第四，工程安全鉴定单位已提出工程竣工安全鉴定报告，并有可以安全运行的结论意见。

第五，有关验收的文件、资料齐全。

（二）枢纽工程专项竣工验收的组织

枢纽工程专项竣工验收由项目审批部门委托有资质单位与省级政府主管部门组织枢纽工程专项验收委员会进行，枢纽工程专项竣工验收的成果是枢纽工程专项竣工验收鉴定书。

库区移民专项验收由省级政府有关部门会同项目法人组织库区移民专项验收委员会进行，环保、消防、劳动安全与工业卫生、工程档案和工程决算验收由项目法人按有关法规办理。工程竣工验收由工程建设的审批部门负责C

各项验收（包括枢纽工程、库区移民、环保、消防、劳动安全与工业卫生、工程档案、工程决算）工作完成后，项目法人对验收工作进行总结，提出工程竣工验收总结报告。

（三）枢纽工程专项竣工验收委员会的主要工作

第一，听取并研究工程建设报告、监理报告、工程竣工安全鉴定报告，以及生产、设计、施工、质量监督等有关单位的报告。

第二，通过现场检查和审查文件资料，确认验收具备规定的各项条件以及验收委员会认为必须具备的其他条件是否具备。

第三，对枢纽工程存在的主要问题提出处理意见。

第四，提出枢纽工程专项竣工验收鉴定书。

（四）颁发工程竣工验收证书的条件

符合下列条件的工程，由国家有关部门向项目法人颁发工程竣工验收证书：

第一，已按规定完成各专项竣工验收的全部工作；

第二，各专项竣工验收的鉴定书均有明确的可以通过工程竣工验收的结论；

第三，遗留的单项工程不致对工程和上下游人民生命财产安全造成影响，并已制订该单项工程建设和竣工验收计划。

水电工程的各项验收由项目法人根据工程建设的进展情况适时提出验收建议，配合有关部门和单位组成验收委员会，并按验收委员会制定的验收大纲要求做好验收工程。工程竣工验收要在枢纽工程、库区移民、环保、消防、劳动安全与工业卫生、工程档案和工程决算各专项验收完成的基础上，由项目法人向项目审批部门提出竣工验收申请报告，由项目审批部门组织竣工验收。

第十七章　水利水电工程验收依据与内容及其基本要求

第一节　水利水电工程验收依据与内容及其基本要求

一、资料整编要求

①工程资料应真实反映工程的实际情况，具有永久和期保存价值的材料必须完整、准确和系统。

②工程资料应使用原件，因各种原因不能使用原件的，应在复印件上加盖原件存放单位公章、注明原件存放处，并有经办人签字及日期。

③工程资料应保证字迹清晰，签字、盖章手续齐全，签字必须使用档案规定用笔。计算机形成的工程资料应采用内容打印、手工签字的方式。

④施工图的变更、洽商绘图应符合技术要求。凡采用施工蓝图改绘竣工图的，必须使用反差明显的蓝图，竣工图图面应整洁。

⑤工程档案的填写和编制应符合档案缩微管理和计算机输入的要求。

⑥工程档案的缩微制品，必须按国家缩微标准进行制作，主要技术指标（解像力、密度、海波残留量等）应符合国家标准规定，保证质量，以适应长期安全保管的需要。

⑦工程资料的照片（含底片）及声像档案，应图像清晰，声音清楚，文字说明或

内容准确。

二、资料整编依据

对于水利工程施工，在整个过程中都贯穿着质量体系的认证和国家标准的管控。内业资料管理也有相应的国家标准。主要包括以下几个：

（1）《水利工程建设项目档案管理规定》（水办〔2005〕480 号）

（2）《水利工程建设项目档案验收管理办法》（水办〔2008〕336 号）

（3）《水利工程建设项目验收管理规定》（水利部令第 30 号）

（4）《水利水电建设工程验收规程》（SL 223-2008）

（5）《水利基本建设项目竣工决算审计暂行办法》（水监（2002）370 号）

（6）《建设工程质量管理条例》（2000 年 1 月 30 日，国务院令第 279 号）

三、工程资料分类

水利水电工程资料是指在工程建设过程中形成并收集汇编的各种形式的信息记录，一般可分为基建文件资料、监理资料、施工资料及竣工验收资料等。

第一，基建文件资料是建设单位在工程建设过程中形成并收集汇编的关于立项、征用地、拆迁、地质勘察、测绘、设计、招投标、工程验收等文件或资料的统称。

第二，监理资料是监理单位在工程建设监理过程中形成的资料的统称，包括监理规划、监理实施细则、监理月报、监理日志、监理工作记录、监理工作总结及其他资料。

第三，施工资料是施工单位在施工过程中形成的资料的统秒，包括施工管理资料、施工技术文件、施工物资资料、施工测量监测记录、施工记录、施工试验记录及检测报告、施工验收记录、施工质量评定资料等。

第四，竣工验收资料是在工程竣工验收过程中形成的资料的统称，包括竣工验收申请及其批复、竣工验收会议文件材料、竣工图、竣工验收鉴定书等。

第二节　施工资料

一、施工资料管理

第一，施工资料应实行报验、报审管理。施工过程中形成的资料应按报验、报审程序，通过相关施工单位审核后，方可报建设（监理）单位。

第二，施工资料的报验、报审应有时限性要求。工程相关各单位宜在合同中约定报验、报审资料的申报时间及审批时间，并约定应承担的责任。当无约定时，施工资料的申报、审批不得影响正常施工。

二、水利工程施工记录

水利施工过程是整个工程至关重要的一部分，为了保证工程的质量和施工的安全，对施工过程资料的整理和搜集工作是必要的，一般施工过程资料包括以下内容：

（1）设计变更、洽商记录

（2）工程测量、放线记录

（3）预检、自检、互检、交接检记录

（4）建（构）筑物沉降观测测量记录

（5）新材料、新技术、新工艺施工记录

（6）隐蔽工程验收记录

（7）施工日志

（8）混凝土开盘报告

（9）混凝土施工记录

（10）混凝土配合比计量抽查记录

（11）工程质量事故报告单

（12）1程质量事故及事故原因调查、处理记录

（13）工程质量整改通知书

（14）工程局部暂停施工通知书

（15）工程质量整改情况报告及复工申请

（16）工程复工通知书

第三节 监理资料

一、监理资料提纲

监理合同协议，监理大纲，监理规划、细则、采购方案、监造计划及批复文件；

设备材料审核文件；

施工进度、延长工期、索赔及付款报审材料；

开（停、复、返）工令、许可证等；

监理通知，协调会审纪要，监理工程师指令、指示，来往信函；

工程材料监理检查、复检、实验记录、报告；

监理日志、监理周（月、季、年）报、备忘录；

各项控制、测量成果及复核文件；

质量检测、抽查记录；

施工质量检查分析评估、工程质量事故、施工安全事故等报告；

工程进度计划实施的分析、统计文件；

变更价格审查、支付审批、索赔处理文件；
单元工程检查及开工（开仓）签证，工程分部分项质量认证、评估；
主要材料及工程投资计划、完成报表；
设备采购市场调查、考察报告；
设备制造的检验计划和检验要求、检验记录及试验、分包单位资格报审表；
原材料、零配件等的质量证明文件和检验报告；
会议纪要；
监理工程师通知单、监理工作联系单；
有关设备质量事故处理及索赔文件；
设备验收、交接文件，支付证书和设备制造结算审核文件；
设备采购、监造工作总结；
监理工作声像材料；
其他有关的重要来往文件。

二、监理资料内容

监理资料的内容包括：

（1）建设监理委托合同、中标通知书。

（2）监理公司营业执照、资质等级。

（3）项目监理机构人员安排。

①人员资格证、上岗证。

②现场监理印章使用通知。

③现场监理人员变更通知。

（4）施工企业中标通知书。

（5）监理大纲、监理规划（应包含安全监理的内容，并根据工程项目变化情况调整监理规划的有关内容）。

①工程项目概况。

②监理工作范围。

③监理工作内容。

④监理工作目标。

⑤监理工作依据。

⑥项目监理机构的组织形式。

⑦项目监理机构的人员配备计划。

⑧项目监理机构的人员岗位职责。

⑨监理工作程序。

⑩监理工作方法及措施。

⑪监理工作制度。

⑫监理设施。

（6）施工招标答疑文件。

（7）施工承包合同。

（8）岩土工程勘察报告。

①测量定位桩志图。

②水准点桩志图。

③桩位、水准点移交记录。

（9）设计文件。

①规划通知书（规划许可证）。

②总平面布置图。

③施工图设计文件。

④施工图审查意见及批准意见。

⑤建筑设计防火审核意见书。

⑥人防工程审核意见书。

（10）建筑工程质量监督注册登记表、通知书、工作方案。

（11）建筑工程安全监督注册登记表、通知书。

（12）施工许可证、安全施工许可证。

（13）开工报审表。

①施工现场质量管理检查记录。

②开工报告。包括：第一，施工许可证已获政府主要部门批准；第二，征地拆迁工作能满足工程进度的需要；第三，施工组织设计已获总监批准；第四，施工单位现场管理人员已到位，机具、施工人员已进场，主要工程材料已落实；第五，进场道路及水、电、通信等已满足开工要求。

③施工组织设计报审表。包括：第一，可行性；第二，合法性；第三，与所选设备、施工方式适应性；第四，经济合理性。

④施工企业营业执照、资质等级、安全生产许可证。

⑤项目经理证、五大员证（施工员证、质检员证、安全员证、资料员证、造价员）、特种工证（电工、电焊工、架子工、机操工、塔吊等）。

（14）施工现场第一次会议记录。

①各参建单位介绍机构、人员及分工。

②建设单位宣布对总监的授权。

③建设单位介绍开工准备情况。

④施工单位介绍施工准备情况。

⑤建设单位总监对施工准备情况提出意见和要求。

⑥总监介绍监理规划的主要内容。

⑦初步确定工地例会参加的人员、周期、地点及主要议题。

（15）施工测量放线报审表。

①测量定位成果图。

②有关测量放线数据参数。

③施工企业复核成果图。

④专业监理工程师复核情况。

（16）设计交底、图纸会审、设计变更。

（17）施工例会记录及其他会议记录。

①检查上次会议议定事项落实情况，分析未完原因。

②检查进度计划完成情况，确定下一周期进度目标。

③检查质量状况，分析原因，改正出现的质量问题。

④已完工程量核定，工程款支付。

⑤解决需要协调的有关事项。

⑥其他。

（18）监理实施细则（根据实际情况进行补充、修改和完善）。

①专业工程的特点。

②监理工作的流程。

③监理工作的控制的要点及目标值。

④监理工作的方法及措施。

（19）工程材料／构配件／设备报审表。

①数量清单。

②出厂合格证（材质证明书）。

③材料试验委托单。

④试验报告单。

（20）配合比通知单（砂浆、混凝土、商品混凝土）。

（21）分包单位资格报审表。

①拟分包工程部位，分包工程占全部工程的份额。

②分包单位营业执照、资质证书。

③分包单位业绩证明材料。

④分包工程人员资格证、上岗证。

（22）隐蔽工程报审表。

①隐蔽工程验收资料。包括：第一，施工依据；第二，材料及检验试验报告单编号；第三，施工情况；第四，其他情况（如材料代用时）。

②检验批验收记录。

（23）平行检验记录、旁站、巡视记录。

①隐蔽工程平行检验记录。

②砌体工程平行检验记录。

③基础结构预验收记录。

④主体结构回弹记录。

⑤主体结构预验收记录。

（24）分部工程报验申请表。

①各分项工程的评定资料。

②分部工程质量评估报告。

（25）单项、分部工程质量评估报告。

（26）各单项工程验收报告（消防、人防、节能、桩基、幕墙、水、电等）。

（27）监理联系单。

（28）监理通知单、回复单。

（29）工程款支付证书、申请表。

（30）工程最终延期审批表、临时延期审批表、临时延期申请表。

（31）费用索赔审批表、申请表。

（32）工程暂停令、复工令（基础、主体验收报告，竣工验收监督通知书）。

（33）质量、安全事故报告及处理意见。

（34）建筑工程质量监督整改通知、复工记录、停工、复工通知。

（35）试件（块）试验报告，水、电等检验、试验记录、报告。

（36）监理日记（施工情况、监理情况、施工安全大事记等均应详细记录）、月报、台账、安全监理日记（详细记录）。

（37）单位工程竣工报审。

①竣工报告。

②各分部工程汇总情况。

（38）单位工程质量评估报告。

（39）单位工程竣工验收报告。

（40）单位工程竣工验收备案表。

（41）监理工作总结。应包括以下内容：

①工程概况。

②监理组织机构、监理人员和投入的监理设施。

③监理合同履行情况。

④监理工作成效。

⑤施工过程中出现的问题及其处理情况和建议。

⑥工程照片（有必要时）。施工阶段监理工作结束时，监理单位应向建设单位提交监理工作总结。

（42）其他来往文函（含施工现场安全设施的合格证、准用证、检测报告、设计代表委托书等）。

（43）施工监理月报。包括以下内容：

①工程概况。

②本月工程形象进度。

③工程进度。包括：第一，本月实际完成情况与计划进度比较；第二，对进度完成情况及采取措施效果的分析。

④工程质量。包括：第一，本月工程质量情况分析；第二，本月采取的工程质量措施及效果。

⑤工程计量与工程款支付。包括：第一，工程量审核情况；第二，工程款审批情况及月支付情况；第三，工程款支付情况分析；第四，本月采取的措施及效果。

⑥合同其他事项的处理情况。包括：第一，工程变更；第二，工程延期；第三，费用索赔。

⑦本月监理工作小结。包括：第一，对本月进度、质量、工程款支付等方面情况的综合评价；第二，本月监理工作情况；第三，有关本工程的意见和建议；第四，下月监理工作的重点。

监理月报应由总监理工程师组织编制，签认后报建设单位和本监理单位。

三、监理工作总结

监理工作的最后环节是进行监理工作总结。总监理工程师应带领全体项目监理人员对监理工作进行全面的、认真的总结。监理工作总结应包括两部分：一是向业主提交的监理工作总结；二是向监理单位提交的监理工作总结。

（一）向业主提交的监理工作总结

项目监理机构向业主提交的监理工作总结，一般应包括以下内容：

1. 工程基本概况。
2. 监理组织机构及进场、退场时间。
3. 监理委托合同履行情况概述。
4. 监理目标或监理任务完成情况的评价。
5. 工程质量的评价。
6. 对工程建设中存在问题的处理意见或建议。
7. 质量保修期的监理工作。
8. 由业主提供的供监理活动使用的办公用房、车辆、试验设施等清单。
9. 表明监理工作总结的说明等。
10. 监理资料清单及工程照片等资料。

（二）向监理单位提交的监理工作总结

项目监理机构向监理单位提交的工作总结应包括的内容：监理组织机构情况；监理规划及其执行情况；监理机构各项规章制度执行情况；监理工作经验和教训；监理工作建议；质量保修期监理工作；监理资料清单及工程照片等资料。

第四节 维修养护资料

一、水管单位维修养护资料

（一）工程全面普查资料

水管单位运行观测部门在年度维修养护实施方案编制之前完成，主要是普查所辖工程目前存在的缺陷，需维修养护的项目及工程量，以供编制年度维修养护实施方案使用。

（二）年度维修养护实施方案

根据工程普查资料及管理重点进行编制，并按规定程序上报。内容包括上一年度计划执行情况、本年度计划编制的依据、原则、工程基本情况、本年度工程管理要点、维修养护项目的名称、内容及工程量、主要工作及进度安排、经费预算文件、维修养护质量要求、达到的目标、监理、质量监督检查、专项设计、主要措施实施情况。

（三）年度维修养护合同

1. 堤防工程维修养护合同
2. 控导工程维修养护合同
3. 水闸工程维修养护合同

（四）月度工程普查

第一，管理班组月度工程普查记录清单：由水管单位运行观测部门完成，主要是普查所辖工程目前急需维修养护的项目、位置、内容、尺寸及工程量，供下达月维修养护任务通知书使用。

第二，管理班组月度工程普查统计汇总清单。

第三，水管单位月度工程普查统计汇总清单。

（五）月度维修养护任务通知书

第一，月度维修养护任务统计表：根据当月工程普查统计汇总情况，合理确定安排下月的维修养护内容及项目。

第二，月度维修养护项目工程（工作）量汇总表：按照月度维修养护任务统计表统计汇总的维修养护工程量。

第三，维修养护月度安排说明：简要说明当月维修养护项目安排情况（安排的项目、工程量和月度普查清单不一致时，详细说明情况）、维修养护内容、方法、质量要求以及完成时间等。

（六）观测记录及日志

1. 工程运行观测日志：内容主要包括工程运行状况、工程养护情况及存在问题
2. 河势观测记录
3. 水位观测记录
4. 启闭机运行记录
5. 启闭机检修记录
6. 水闸工程的沉降、裂缝变形观测记录
7. 测压管观测记录

（七）月度会议纪要

由水管单位主持，维修养护、监理单位参加，会议主要通报维修养护工作进展、维修养护质量情况，讨论确定下月维修养护工作重点，协调解决维修养护工作存在的问题。

（八）月度验收签证

由水管单位组织月度验收，签证内容包括本月完成的维修养护项目工程量、质量、验收签证作为工程价款月支付的依据。

（九）水管单位（支）付款审核证书

（十）年度工作报告及验收资料

1. 工程维修养护年度管理工作报告
2. 工程维修养护年度初验工作报告
3. 水管单位年度工程管理工作总结
4. 工程维修养护年度验收申请书
5. 工程维修养护年度验收鉴定书
6. 工程维修养护前、养护中、养护后影像资料

二、养护单位维修养护资料

（一）维修养护施工组织方案

施工组织方案根据养护合同，结合维修养护工作特点及维修养护单位施工能力编制。

（二）维修养护自检记录表

1. 堤防工程维修养护自检记录表
2. 控导工程维修养护自检记录表
3. 水闸工程维修养护自检记录表

（三）工程维修养护日志

内容包括维修养护完成工程量、工日、动用机械名称及台班。

（四）维修养护月报表

（五）月度验收申请表

（六）工程价款月支付申请书及月支付表

（七）工程维修养护年度工作报告

（八）工程维修养护年度验收请驗报告

三、竣工验收报告

（一）工程建设管理工作报告

第一，工程概况。工程位置、工程布置、主要技术经济指标、主要建设内容、设计文件的批复过程等。

第二，主要项目施工过程及重大问题处理。

第三，项目管理。参建各单位机构设置及工作情况、主要项目招投标过程、工程概算与执行情况、合同管理、材料及设备供应、价款结算、征地补偿及移民安置等。

第四，工程质量。工程质量管理体系、主要工程质量控制标准、单元工程和分部工程质量数据统计、质量事故处理结果等。

第五，工程初期运用及效益。

第六，历次验收情况、工程移交及遗留问题处理。

第七，竣工决算。竣工决算结论、批准设计与实际完成的主要工程量对比、竣工审计结论等。

第八，附件。项目法人的机构设置及主要工作人员情况表、设计批准文件及调整批准文件、历次验收鉴定书、施工主要图纸、工程建设大事记等。

（二）工程设计工作报告

1. 工程概况
2. 工程规划设计要点
3. 重大设计变更
4. 设计文件质量管理
5. 设计为工程建设服务
6. 附件：设计机构设置和主要工作人员情况表、重大设计变更与原设计对比等

（三）工程施工管理工作报告

1. 工程概况
2. 工程投标及标书编制原则

3. 施工总布置、总进度和完成的主要工程量等

4. 主要施工方法及主要项目施工情况

5. 施工质量管理。施工质量保证体系及实施情况、质量事故及处理、工程施工质量自检情况等

6. 文明施工与安全生产

7. 财务管理与价款结算

8. 附件：施工管理机构设置及主要工作人员对照表、投标时计划投入资源与施工实际投入资源对照表、工程施工管理大事记

（四）工程建设监理工作报告

1. 工程概况、工程特性、工程项目组成、合同目标等

2. 监理规划。包括组织机构及人员、监理制度、检测办法等

3. 监理过程。包括监理合同履行情况

4. 监理效果。质量、投资及进度控制工作成效及综合评价。施工安全与环境保护监理工作成效及综合评价

5. 经验、建议，其他需要说明的事项

6. 附件：监理机构设置与主要工作人员情况表、工程建设大事记

（五）水利工程质量评定报告

1. 工程概况。工程名称及规模、开工及完工日期、参加工程建设的单位

2. 工程设计及批复情况。工程主要设计指标及效益、主管部门的批复文件。

3. 质量监督情况。人员配备、办法及手段

4. 质量数据分析。工程质量评定项目划分、分部及单位工程的优良品率、中间产品质量分析计算结果

5. 质量事故及处理情况

6. 遗留问题的说明

7. 报告附件目录

8. 工程质量评定意见

（六）初步验收工作报告

1. 前言

2. 初步验收工作情况

3. 初步验收发现的主要问题及处理意见

4. 对竣工验收的建议

5. 初步验收工作组成员签字表

6. 附件：专业组工作报告、重大技术问题专题或咨询报告、竣工验收鉴定书（初稿）

（七）工程竣工验收申请报告

1. 工程完成情况
2. 验收条件检查结果
3. 验收组织准备情况
4. 建议验收时间、地点和参加单位

第五节 工程档案移交与管理

一、施工项目信息管理系统

（一）建立信息代码系统

将各类信息按信息管理的要求分门别类，并赋予能反映其主要特征的代码，一般有顺序码、数字码、字符码和混合码等，用以表征信息的实体或属性；代码应符合唯一化、规范化、系统化、标准化的要求，以便利用计算机进行管理；代码体系应科学合理、结构清晰、层次分明，具有足够的容量、弹性和可兼容性，能满足施工项目管理需要。

（二）明确施工项目管理中的信息流程

根据施工项目管理工作的要求和对项目组织结构、业务功能及流程的分析，建立各单位及人员之间、上下级之间、内外之间的信息连接，并保持纵横内外信息流动的渠道畅通有序，否则施工项目管理人员无法及时得到必要的信息，就会失去控制的基础、决策的依据和协调的媒介，将影响施工项目管理工作顺利进行。

（三）建立施工项目管理中的信息收集制度

对施工项目的各种原始信息来源、要收集的信息内容、标准、时间要求、传递途径、反馈的范围、责任人员的工作职责、工作程序等有关问题做出具体规定，形成制度，认真执行，以保证原始资料的全面性、及时性、准确性和可靠性。

（四）建立施工项目管理中的信息处理

信息处理主要包括信息的收集、加工、传输、存储、检索和输出等工作，其内容见表 17-1。

表 17-1　信息处理的工作内容

工作	内容
收集	收集原始资料，要求资料全面、及时、准确和可靠
加工	对所收集的资料进行筛选、校核、分组、排序、汇总、计算平均数等整理工作，建立索引或目录文件；将基础数据综合成决策信息；运用网络计划技术模型、线性规划模型、存储模型等，对数据进行统计分析和预测
传输	借助纸张、图片、胶片、磁带、软盘、光盘、计算机网络等载体传递信息
存储	将各类信息存储、建立档案，妥善保管，以备随时查询使用
检索	建立一套科学、迅速的检索方法，便于查找各类信息
输出	将处理好的信息按各管理层次的不同要求编制打印成各种报表和文件或以电子邮件、Web 网页等形式发布

二、施工项目信息管理系统的要求

①进行项目信息管理体系的设计时，应同时考虑项目组织和项目启动的需要，包括信息的准备、收集、标识、分类、分发、编目、更新、归档和检索等。信息应包括事件发生时的条件，以便使用前核查其有效性和相关性。所有影响项目执行的协议，包括非正式协议，都应正式形成文件。

②项目信息管理系统应目录完整、层次清晰、结构严密、表格自动生成。

③项目信息管理系统应方便项目信息输入、整理与存储，并利于用户随时提取信息。

④项目信息管理系统应能及时调整数据、表格与文档，能灵活补充、修改与删除数据。

⑤项目信息管理系统内含信息种类与数量应能满足项目管理的全部需要。

⑥项目信息管理系统应能使设计信息、施工准备阶段的管理信息、施工过程项目管理各专业的信息、项目结算信息、项目统计信息等有良好的接口。

⑦项目信息管理系统应能连接项目经理部内部各职能部门之间以及项目经理部与各职能部门、与作业层、与企业各职能部门、与企业法定代表人、与发包人和分包人、与监理机构等，使项目管理层与企业管理层及作业层信息收集渠道畅通、信息资源共享。

三、工程资料组卷要求

（一）资料组卷要求

①工程资料如基建文件、监理资料、施工资料、水工建筑物质量评定资料及房建工程质量验收资料均应齐全、完整，并符合相关规定。文件材料和图纸应满足质量要

求，否则应予以返工。

②工程竣工后，应绘制竣工图。竣工图应反差明显、图面整洁、线条清晰、字迹清楚，能满足微缩和计算机扫描的要求。

③工程资料组卷时，应按不同收集、整理单位及资料类别，按基建文件、监理资料、施工资料和竣工图分别进行组卷；施工资料还应按专业分类，以便于保管和利用。

④组卷时，应按单位工程进行组卷。卷内资料和排列顺序应依据卷内资料构成而定，一般顺序为封面、目录、资料部分、备考表和封底。

组成的卷案应美观、整齐。若卷内存在多类工程资料时，同类资料按自然形成的顺序和时间排序，不同资料之间应按一定顺序进行排列。

⑤水利工程资料组成的案卷不宜过厚，一般不超过40mm。案卷内不应有重复资料。

（二）资料组卷规定

①基建文件组卷。基建文件可根据类别和数量的多少组成一卷或多卷，如工程决策立项文件卷、征地拆迁文件卷、勘察、测绘与设计文件卷、工程开工

文件卷、商务文件卷、工程竣工验收与备案文件卷。同一类基建文件还可根据数量多少组成一卷或多卷。

②监理资料组卷。监理资料可根据资料类别和数量多少组成一卷或多卷。

③施工资料组卷。施工资料组卷应按照专业、系统划分，每一专业、系统再按照资料类别并根据资料数量多少组成一卷或多卷。

对于专业化程度高，施工工艺复杂，通常由专业分包施工的子分部（分项）工程应分别单独组卷。应单独组卷子分部（分项）工程并按照顺序排列，并根据资料数量的多少组成一卷或多卷。

④水工建筑物施工质量评定资料组卷。根据单位工程或专业进行分卷，每单位工程应组成一卷，如堤防工程、灌浆工程、土砌工程、混凝土面板堆石坝、浆砌砌、发电厂房等，应分别组成一卷或多卷。

⑤房建工程质量验收资料组卷。房建工程施工质量验收资料应按资料的类别或专业进行分类组，有时也按单位工程进行组卷。并根据质量验收资料的多少组成一卷或多卷。

⑥组卷时，应注意：文字资料和图纸材料原则上不能混装在一个装具内，如资料材料较少，需放在一个装具内时，文字材料和图纸材料必须混合装订，其中文字材料排前，图样材料排后。

四、案卷的编写与装订

（一）案卷的规格

工程资料组卷时，要求卷内资料、封面、目录、备考表统一采用A4幅（297mm ×210mm）尺寸，图纸分别采用A0（841 mm × 1189mm）、S1（594mm × 841mm）、A2（420mm × 594mm）、A3（297mm × 420mm）、A4（297mm ×

210mm）幅面。小于A4幅面的资料要用A4白纸（297mm ×210mm）衬托。

（二）案卷的编写

①编写页号应以独立卷为单位。再案卷内资料材料排列顺序确定后，均以有书写内容的页面编写页号。

②每卷从阿拉伯数字1开始，用打号机或钢笔一次逐张连续标注页号，采用黑色、蓝色油墨或墨水。案卷封面、卷内目录和卷内备案表不编写页号。

③页号编写位置：单面书写的文字材料页号编写在右下角，双面书写的文字材料页号正面编写在右下角，背面编写在左下角。

④图纸拍叠后无论何种形式，页号一律编写在右下角。

⑤案卷脊背项目有档号、案卷题名，有档案保管单位填写。城建档案析案卷脊背由城建档案馆填写。

（三）案卷的装订

第一，案卷应采用统一规格尺寸的装具；属于工程档案的文字、图纸材料一律采用城建档案馆监制的硬壳卷夹或卷盒。

案卷装具的外表尺寸310mm（高）× 220mm（宽），卷盒厚度尺寸分别为50mm，30mm两种倦夹厚度尺寸为25mm；少量特殊的档案也可采用外表尺寸为310mm（高）×430mm（宽），厚度尺寸为50mm。案卷软（内）卷皮尺寸为297mm（高）×210mm（宽）。

第二，文字材料必须装订成册，图纸材料可装订成册，也可散装存放。装订时要剔除金属物，装订线一侧根据案卷薄厚加垫草板纸。

第三，案卷用棉线在左侧三孔装订，棉线装订结打在背面。装订线距左侧20mm，上下两孔分别距中孔80mm。

第四，装订时，须将封面、目录、备考表、封底与案卷一起装订。图纸散装在卷盒内时，需将案卷封面、目录、备考表三件用棉线在左上角装订在一起。

五、归档与移交

第一，水利工程档案的保管期限分为永久、长期、短期三种。长期档案的实际保存期限不得短于工程的实际寿命。

第二，《水利工程建设项目文件材料归档范围和保管期限表》是对项目法人等相关单位应保存档案的原则规定。项目法人可结合实际，补充制定更加具体的工程档案归档范围及符合工程建设实际的工程档案分类方案。

第三，水利工程档案的归档工作，一般是由产生文件材料的单位或部门负责。总包单位对各分包单位提交的归档材料负有汇总责任。各参建单位技术负责人应对其提供档案的内容及质量负责；监理工程师对施工单位提交的归档材料应履行审核签字手续，监理单位应向项目法人提交对工程档案内容与整编质量情况的专题审核报告。

第四，水利工程文件材料的收集、整理应符合《科学技术档案案卷构成的一般要求》GB/T 1182-2000）。归档文件材料的内容与形式均应满足档案整理规范要求。即内容应完整、准确、系统；形式应字迹清楚、图样清晰、图表整洁，竣工图及声像材料须标注的内容清楚、签字（章）手续完备，归档图纸应按《技术制图复制图的折叠方法》（GB/T 10609.3-2009）的要求统一折叠。

第五，竣工图是水利工程档案的重要组成部分，必须做到完整、准确、清晰、系统、修改规范、签字手续完备。项目法人应负责编制项目总平面图和综合管线竣工图。施工单位应以单位工程或专业为单位编制竣工图。竣工图须由编制单位在图标上方空白处逐张加盖竣工图章，有关单位和责任人应严格履行签字手续。每套竣工图应附编制说明、鉴定意见及目录。施工单位应按以下要求编制竣工图：

其一，按施工图施工没有变动的，须在施工图上加盖并签署竣工图章。

其二，一般性的图纸变更及符合杠改或划改要求的，可在原施工图上更改，在说明栏内注明变更依据，加盖并签署竣工图章。

其三，凡涉及结构形式、工艺、平面布置等重大改变，或图面变更超过1/3的，应重新绘制竣工图（可不再加盖竣工图章）。重绘图应按原图编号，并在说明栏内注明变更依据，在图标栏内注明竣工阶段和绘制竣工图的时间、单位、责任人。监理单位应在图标上方加盖并签署竣工图确认章。

第六，水利工程建设声像档案是纸制载体档案的必要补充。参建单位应指定专人，负责各自产生的照片、胶片、录音、录像等声像材料的收集、整理、归档工作，归档的声像材料均应标注事由、时间、地点、人物、作者等内容。工程建设重要阶段、重大事件、事故，必须要有完整的声像材料归档。

电子文件的整理、归档，参照《电子文件归档与管理规范》（GB/T 18894-2004）执行。

第七，项目法人可根据实际需要，确定不同文件材料的归档份数，但应满足以下要求：

其一，项目法人与运行管理单位应各保存1套较完整的工程档案材料（当二者为一个单位时，应异地保存1套）。

其二，工程涉及多家运行管理单位时，各运行管理单位则只保存与其管理范围有关的工程档案材料。

其三，当有关文件材料需由若干单位保存时，原件应由项目产权单位保存，其他单位保存复制件。

其四，流域控制性水利枢纽工程或大江、大河、大湖的重要堤防工程，项目法人应负责向流域机构档案馆移交1套完整的工程竣工图及工程竣工验收等相关文件材料。

第八，工程档案的归档与移交必须编制档案目录。档案目录应为案卷级，并须填写工程档案交接单。交接双方应认真核对目录与实物，并由经手人签字、加盖单位公章确认。

第九，工程档案的归档时间，可由项目法人根据实际情况确定。可分阶段在单位工程或单项工程完工后向项目法人归档，也可在主体工程全部完工后向项目法人归档。整个项目的归档工作和项目法人向有关单位的档案移交工作，应在工程竣工验收后三个月内完成。

六、电子档案的验收与移交

第一，建设单位在组织工程竣工验收前，提请当地建设（城建）档案管理机构对工程纸质档案进行预验收时，应同时提请对工程电子档案进行预验收。

第二，列入城建档案馆（室）接收范围的建设工程，建设单位向城建档案馆（室）移交工程纸质档案时，应同时移交一套工程电子档案。

第三，停建、缓建建设工程的电子档案，暂由建设单位保管。

第四，对改建、扩建和维修工程，建设单位应当组织设计、施工单位据实修改、补充、完善原工程电子档案。对改变的部位，应当重新编制工程电子档案，并和重新编制的工程纸质档案一起向城建档案馆（室）移交。

第五，城建档案馆（室）接收建设电子档案时，应按要求对电子档案再次检验，检验合格后，将检验结果按要求填入《建设电子档案移交、接收登记表》，交接双方签字、盖章。

第六，登记表应一式两份，移交和接收单位各存一份。

第十八章　水利水电建设项目评估与后评价

第一节　水利水电建设项目评估

项目评估处于水利水电建设项目前期工作的关键阶段，是银行参与水电项目投资决策的一项重要工作。它既是银行贷款决策的依据，又会对项目主办者作出投资决策产生重大影响。

项目评估是在可行性研究的基础上，根据有关政策、法律法规、方法与参数，从项目（或企业）及国家的角度出发，由贷款银行或有关机构对拟建投资项目的规划方案进行全面的技术经济论证和再评价，以判断项目方案的优劣和可行与否。项目评估的结论是水电项目投资决策的重要依据。

一、水利水电建设项目评估的内容

因为项目评估的对象是可行性研究报告，所以评估的内容与可行性研究的内容基本一致。为了使投资决策的依据较为充分，水利水电建设项目评估主要从建设必要性、生产建设条件、财务效益、国民经济效益和社会效益五个方面对项目进行全面的技术经济论证。

（一）项目建设必要性评估

项目建设必要性评估是分析水利水电建设项目是否具备项目设立的前提条件，只有当前提条件基本具备时，项目的设立才具有真实的意义。水利水电建设必要性评估涉及以下具体内容。

1. 企业（或项目）概况及其发展目标

对于纯粹的新设项目，只需说明推出项目的背景，对于由现有企业开发的项目，则需要同时说明企业的概况和提出项目的原因。这类背景资料包括项目发起者的身份、财务状况、企业的经营现状、组织机构及其运作模式，目前的技术水平、资信程度；项目的服务目标及其对企业的影响；项目大致的坐落位置、未来所在地的地理条件、基础设施条件、一般的人文社会条件等。

2. 与项目有关的政府政策、法律法规和规章制度

无论提出什么样的项目设想，都应注意与政府政策的协调统一。有关的政策包括政府的产业政策、国民经济发展的中长期规划和区域经济发展规划等，努力使项目的开发目标与政府的经济发展目标相吻合，这是项目成立的首要前提。此外，了解与项目有关的法律法规和规章制度，是明确项目存在的外界条件，任何违反现有法律体系和制度的项目，即使勉强成立也无法长久地存在下去。

3. 项目的市场需求分析和生产规模分析

项目的市场分析应在市场调查的基础上，就项目产品（或服务）供需双方的现状进行全面的描述，并在预测市场整体未来发展变化趋势的基础上，结合项目自身的竞争能力，确定项目合理的生产规模。

（二）项目生产建设条件评估

项目生产建设条件评估是分析水利水电建设项目的建设施工条件和生产经营条件能否满足项目实施的需要，即论证项目的存在是否可能，一般包括以下内容。

1. 项目可利用资源的供应条件

这里仅指各类投入物，包括能源、原材料、公用设施和基础设施等。应说明资源的供应地、可能的供应商、可选择的供应方式、可持续的供应数量及供应价格、国内外可能的替代品等。

2. 项目的总体设计及生产技术的选择

在项目场址选择的基础上，说明项目的总体布局与施工范围、土建工程内容和工程量；结合国内外技术发展现状和国内经济发展水平，选择适合项目要求的生产工艺和制造设备。

3. 实施项目的组织机构

组织机构的评估是项目实施的制度保障，不同性质的项目，其组织机构形式也不尽相同，应结合项目特点选择适合项目高效运行的组织机构形式。同时应说明与所选组织机构相适应的管理模式和管理制度。

（三）项目技术、工程工艺评估

第一，分析项目建设即本方案是否合理、配套，是否协调一致，是否有利于效率的提高和能源的节约。

第二，分析项目所用工艺、技术、设备是否先进、经济合理、实用适用。具体表现为是否属于明文规定淘汰或禁止使用的技术、工艺、生产能力；是否有利于科技进步、能源节约、效率提高；是否有利于产品的质量升级换代。

（四）项目财务效益评估

项目财务效益评估是从水利水电建设项目（或企业）的角度出发，以现行价格为基础，根据收集、整理与估算的基础财务数据，分析比较项目在整个寿命期内的成本和收益，以此判断项目在财务方面的可行性。项目财务效益评估包括以下内容。

第一，基础财务数据资料的收集、分析整理和测算。根据相关项目或企业自身的经营历史，测算项目建设和经营所需的投入以及可能获得的产出，构建各类基本财务分析报表。

第二，基本经济指标的测算与评估。根据预测的财务报表计算相关经济指标，并就项目的盈利能力、偿债能力作出说明。

第三，不确定性分析。为了弥补由于主、客观原因造成的预测数据与实际情况的偏差，增强项目的抗风险能力，找到合理的应变措施，需要就项目面临的不确定因素进行分析。

（五）不确定性分析（项目风险评估）

由于水利水电建设项目投资所需资金多，时间长，这样就增加了项目未来的不确定性因素，即风险因素。一般通过对项目的盈亏平衡分析、敏感性分析、概率分析、决策数分析来评估投资项目的抗风险能力。

（六）项目国民经济效益评估

项目国民经济效益评估是从国民经济全局的角度出发，以影子价格为基础，分析比较国民经济为项目建设和经营付出的全部代价和项目为国民经济作出的全部贡献，以此判断项目建设对国民经济的合理性。

（七）项目社会效益评估

项目社会效益评估更多的是从促进社会进步的角度出发，分析项目为实现国家和地方的各项社会发展目标所作的贡献和产生的影响，以及项目与社会的相互适应程度。

（八）项目总评估

项目总评估是在以上各项评估的基础上，加以总结分析归纳，得出总的结论，写出评估报告，提出项目评估的意见与建议。

二、水利水电建设项目评估的程序

水利水电建设项目评估一般应经历以下程序。

（一）准备

开展项目评估的有关机构，如贷款银行或中介咨询机构，在明确项目评估的任务以后，应开始准备组织人员，了解与项目有关的背景情况。

（二）成立评估小组

根据项目的性质成立项目评估小组或评审专家组，确定项目负责人，就评估的内容配备恰当的专业人员，明确各自的分工。一般地，评估小组中应包括相关的工程技术专家、市场分析专家、财务分析专家及经济分析专家；如果需要的话，还可配备法律专家、环境问题专家、社会问题专家等。评估小组的成员可以完全来自机构内部，但为了评审结论的科学、可靠和全面，更应重视从机构外部寻求专家，尽量使评估小组的每一个成员都是各自领域的权威人士，或至少是专业人士。

（三）制定工作计划

成立评估工作小组以后，应根据评估工作的目标制定工作计划，包括每一项任务的人员配备、应达到的目的、总的工作进度计划和分项任务的工作进度计划，以保证评估工作的进程符合决策方的要求。

（四）开展调查、收集并整理有关资料

尽管在评估的对象即可行性研究报告中已经提交了相关的文件资料，但是，为了保证评估结论的真实、可靠，还应该对所提交的资料进行核实审查。在评估过程中，开展独立的调查工作是必不可少的，通过调查收集与项目有关的文件资料，以保证资料来源的可靠和合法。对不符合要求的资料，应进行修订和补充，以形成系统、科学的文件资料。

（五）审查评估

根据获得的文件资料，按照项目评估的内容对项目进行全面的技术经济论证。在论证过程中，如果发现有关资料不够完备，应进一步查证核实。

（六）编写评估报告

在完成分析论证的基础上，评估小组应编写出对拟建项目可行性研究报告的评估报告，提出总结性意见，推荐合理的投资方案，对项目实施可能存在的问题，提出合理的建议。

（七）报送评估报告并归档

评估小组作为决策的参谋或顾问，在完成评估报告以后，需将评估报告提交决策当局，作为决策者制定最终决策的依据，同时，应将评估报告归入评估机构内部的项目档案，供以后开展类似项目的评估时参考，以不断提高评估工作的质量。

三、水利水电建设项目评估应遵循的基本原则

为了保证评估工作的质量，在对水利水电建设项目开展评估时严格遵守以下基本原则。

（一）科学性原则

评估结论的可靠与否，首先取决于评估方法和指标体系的科学与否，不恰当的方法和指标会导致不合理甚至与实际完全相反的结论。随着对水利水电建设项目评估理论研究的不断深入，一些新的方法和指标可能会替代原有的方法和指标；同时，项目的性质不同，在评估方法和指标体系方面也会有一定的差异，这要求在评估方法和指标体系的选择上应力求科学合理。

（二）客观性原则

尽管项目评估的对象是拟建水利水电项目，但项目能否成立却不能由人们的主观意识来决定，必须从实际的物质环境、社会环境、经济发展水平、文化传统、民族习俗等条件出发，实事求是地分析项目成立的可能性。任何违背客观实际的项目最终将失去根本的基础，甚至会对社会造成不可逆转的负面影响。

（三）公正性原则

评估人员的立场对评估结论有相当的影响，为了防止结论的偏差，评估人员应尽可能采取公正的立场，尤其应避免在论证开始以前就产生趋向性意见，更不能持法律禁止的立场开展评估工作。

（四）面向需求的原则

任何项目的产生必须源于社会的需求，不符合需求的项目没有生命力。许多事实证明，投入使用后运行不佳的项目往往就是因为失去了社会的需求，项目提供的产品（或服务）成为经济生活中的剩余物，项目自身成为资不抵债的破产户。

（五）投入与产出相匹配的原则

尽管项目在追求投资效益时，会以尽可能低的投入获得尽可能高的回报，但是项目功能的实现，必须要有配套的投资，过分地要求利润最大化将导致对项目辅助投入的忽视，使项目的主要功能无法完全实现，而今后不得已的追加投资只能收到事倍功半的效果。因此，项目的投入必须符合产出的要求。

（六）资金时间价值的原则

资金的使用会随着时间的转移产生不同的价值，投资者对投资的回报都有一定的预期，项目能否在回报投资的同时实现自我增值，是任何项目评估关注的核心问题，对资金的动态考察是明确项目投资回报和经营业绩的重要途径。

四、项目评估与可行性研究的关系

项目评估和可行性研究都属于投资前期决策工作的组成部分，两者之间存在着一定的共性；同时两者由于分属不同的管理周期，它们又存在着一定的差异。

（一）项目评估与可行性研究的共同点

1. 处于项目管理周期的同一时期

两者都是在决策时期对项目进行技术经济的论证和评价，作为投资决策的重要工作内容，它们的结论对项目的命运有决定性的作用，直接影响项目投资的成败。

2. 目的一致

项目评估和可行性研究工作的目的都是为了提高决策的科学化、民主化和规范化水平，减少投资风险，避免决策失误，提高投资效益。

3. 基本原理、方法和内容相同

两者都是采用国家统一的、规范化的评价方法和经济参数、技术标准等，对项目进行全面的技术经济论证分析，通过统一的评价指标体系，评判项目是否可行。分析的内容都包括项目的建设必要性、生产建设条件、财务效益、国民经济效益和社会效益等。

（二）项目评估与可行性研究的区别

1. 服务的主体不同

项目评估是贷款银行或金融机构为了筛选贷款对象而开展的工作，可行性研究则是项目业主或发起人为了确定投资方案而进行的工作。尽管两者都可以委托中介咨询机构进行，但所代表的行为主体不同，要为不同主体的不同发展目标服务。

2. 研究的侧重点不同

项目评估的服务主体是提供贷款的机构，所以它侧重于项目的经济效益和偿债能力分析；可行性研究的服务主体是业主，因此它更加侧重项目的建设必要性和生产建设条件分析。

3. 所起的作用不同

项目评估是金融机构的贷款决策依据，可行性研究是项目发起人或业主的投资决策依据，因为两种决策不能相互替代，所以两种分析也不能相互替代。

4. 工作的时间不同

按照项目管理的程序，可行性研究在前，项目评估在后，可行性研究报告是项目评估的对象和基础，两者顺序不能颠倒。

第二节 水利水电建设项目后评价

一、概述

（一）水利水电建设项目后评价及其作用

1. 水利水电建设项目后评价的概念

建设项目后评价是相对于建设项目决策前的项目评估而言的。它是项目决策前评估的继续和发展。水利水电项目后评价是指水电建设项目在竣工投产、生产运营一段时间后（一般在投产 2 年后），依据实际发生的数据和资料，对项目的立项决策、设计施工、竣工投产、生产运营等全过程进行系统评价，测算分析项目经济技术指标，通过与前评估报告等文件的对比分析，确定项目是否达到原设计和期望的目标，重新估算项目的经济和财务等方面的效益，并总结经验教训的意向综合性工作。它是固定资产投资管理的一项重要内容，同时也是固定资产投资管理的最后一个环节。

建设项目后评价是一项比较新的事业，一些西方发达国家和世界银行等国际金融组织，开始建设项目后评价工作也仅有三四十年的历史，我国从 1988 年以后才正式开始建设项目后评价试点工作。

2. 水电建设项目后评价的特点

项目后评价不同于项目贷款决策评估，它与前评估相比，具有如下特点。

（1）现实性

投资项目后评价分析研究的是项目实际情况，是在项目投产的一定时期内，根据企业的实际经营结果，或根据实际情况重新预测数据，总结前评估的经验教训，提出实际可行的对策措施。项目后评价的现实性决定了其评估结论的客观可靠性。

（2）全面性

项目后评价不仅要分析项目的投资过程，还要分析其生产经营过程；不仅要分析项目的经济效益，还要分析其社会效益、环境效益；另外还需分析项目经营管理水平和项目发展的后劲和潜力，具有全面性。

（3）反馈性

项目后评价的目的是对现有情况进行总结和回顾，并为有关部门反馈信息，以期提高投资项目决策和管理水平，为以后的宏观决策、微观决策和项目建设提供依据和借鉴。

（4）探索性

投资项目后评价要在分析企业现状的基础上提问题，以探索企业未来的发展方向和发展趋势。

（5）合作性

项目后评价涉及面广、难度大，因此需要各方面组织和有关人员的通力合作，齐心协力才能做好后评价工作。

3. 水利水电建设项目后评价的作用

通过建设项目后评价，可以达到肯定成绩，总结经验，研究问题，吸取教训，提出建议，改进工作，不断提高项目决策水平和投资效果的目的。水利水电建设项目后评价的作用体现在以下几个方面：

（1）有利于提高项目决策水平

一个水电建设项目的成功与否，主要取决于立项决策是否正确。在我国的水电建设项目中，大部分项目的立项决策是正确的。但也不乏立项决策失误的项目。后评价将教训提供给项目决策者，这对于控制和调整同类建设项目具有重要作用。

（2）有利于提高设计施工水平

通过项目后评价，可以总结项目设计施工过程中的经验教训，从而有利于不断提高工程设计施工水平。

（3）有利于提高生产能力和经济效益

项目建成投产后，经济效益好坏、何时能达到生产能力（或产生效益）等问题，是后评价十分关心的问题。如果有的项目到了达产期不能达产，后评价时就要认真分析原因，提出措施，促其尽快达产，努力提高经济效益，使建成后的项目充分发挥作用。

（4）有利于提高引进技术和装备的成功率

在一般情况下，国家可以选择若干同类型的引进项目。通过后评价，总结引进技术和装备过程中成功的经验和失误的教训，提高引进技术和装备的成功率。

（5）有利于控制工程造价

大中型水电建设项目的投资额，少则几亿元，多则十几亿元、几十亿元，甚至几百亿元，造价稍加控制就可能节约一笔可观的投资。目前，在水电建设项目前期决策阶段的咨询评估，在建设过程中的招投标、投资包干等，都是控制工程造价行之有效的方法。通过后评价，总结这方面的经验教训，对于控制工程造价将会起到积极的作用。

4. 后评价与前评估的差别

（1）侧重点不同

投资项目的前评估主要是以定量指标为主，侧重于项目的经济效益分析与评估，其作用是直接作为项目投资决策的依据；后评价则要结合行政和法律、经济和社会、建设和生产、决策和实施等各方面的内容进行综合评价。它是以现有实事为依据，以提高经济效益为目的，对项目实施结果进行鉴定，并间接作用于未来项目的投资决策，为其提供反馈信息。

（2）内容不同

投资项目的前评估主要是对项目建设的必要性、可行性、合理性及技术方案和生产建设条件等进行评估，对未来的经济效益和社会效益进行科学预测；后评价除了对上述内容进行再评估外，还要对项目决策的准确程度和实施效率进行评估，对项目的实际运行状况进行深入细致的分析。

（3）依据不同

投资项目的前评估主要依据历史资料和经验性资料，以及国家和有关部门颁发的政策、规定、方法、参数等文件；项目的后评价则主要依据建成投产后项目实施的现实资料，并把历史资料与现实资料进行对比分析，其准确程度较高，说服力较强。

（4）阶段不同

投资项目的前评估是在项目决策前的前期阶段进行，是项目前期工作的重要内容之一，是为项目贷款决策提供依据的评估；后评价则是在项目建成投产后一段时间内（一般在投产 2 年后），对项目全过程的总体情况进行的评估。

总之，投资项目的后评价是依据国家政策、法律法规和制度规定，对投资项目的决策水平、管理水平和实施结果进行的严格检验和评估。在与前评估比较分析的基础上，总结经验教训，发现存在的问题并提出对策措施，促使项目更快更好地发挥效益。

（二）水利水电建设项目后评价的内容

从项目运行过程的角度来看，我国水电建设项目后评价的内容主要包括以下几个方面：

第一，项目前期立项决策的后评价：主要包括项目立项条件再评价，项目决策程序和方法的再评价，项目勘察设计的再评价，项目前期工作管理的再评价等。

第二，项目实施的后评价：主要包括项目实施管理的再评价，项目施工准备工作的再评价，项目施工方式和施工项目管理的再评价，项目竣工验收和试生产的再评价，项目生产准备的再评价等。

第三，项目运营和建设效益评价的后评价：主要包括生产经营管理的再评价、项目生产条件的再评价，项目达产情况的再评价，项目产出的再评价，项目经济后评价等。

在实际工作中，可以根据水电建设项目的特点和工作需要而有所侧重。

（三）水利水电建设项目后评价的方法

水利水电建设项目后评价的基本方法是对比法，就是将水电建设项目建成投产后所取得的实际效果、经济效益和社会效益、环境保护等情况，与前期决策阶段的预测情况相对比，与项目建设前的情况相对比，从中发现问题，总结经验和教训。在实际工作中，往往从以下三个方面对建设项目进行后评价。

1. 影响评价

通过项目竣工投产（营运、使用）后对社会的经济、政治、技术和环境等方面所产生的影响，来评价项目决策的正确性。如果项目建成后达到了原来预期的效果，对国民经济发展、产业结构调整、生产力布局、人民生活水平提高、环境保护等方面都带来有益的影响，说明项目决策是正确的；如果背离了既定的决策目标，就应具体分析，找出原因，引以为戒。

2. 经济效益评价

通过项目竣工投产后所产生的实际经济效益与可行性研究时所预测的经济效益相比较，对项目进行评价。运用投产运营后的实际资料，计算财务内部收益率、财务净现值、财务净现值率、投资利润率、投资利税率、贷款偿还期、国民经济内部收益率、经济净现值、经济净现值率等一系列后评价指标，然后与可行性研究阶段所预测的相应指标进行对比，从经济上分析项目投产运营后是否达到了预期效果。没有达到预期效果的，应分析原因，采取措施，提高经济效益。

3. 过程评价

对水电建设项目的立项决策、设计施工、竣工投产、生产运营等全过程进行系统分析，找出项目后评价与原预期效益之间的差异及其产生的原因，使后评价结论有根有据，同时针对问题提出解决的办法。

以上三个方面的评价有着密切的联系，必须全面理解和运用，才能对后评价项目做出客观、公正、科学的结论。

（四）水利水电建设项目后评价的组织与实施

1. 后评价工作的组织

我国目前进行水电建设项目后评价，一级按三个层次组织实施，即业主单位的自我评价、项目所属行业（或地区）的评价和各级计划部门的评价。

（1）业主单位的自我评价

业主单位的自我评价，也称自评。所有建设项目竣工投产（营运、使用）一段时间以后，都应进行自我评价。

（2）行业（或地区）主管部门的评价

行业（或地区）主管部门必须配备专人主管建设项目的后评价工作。当收到业主单位报来的自我后评价报告后，首先要审查其报来的资料是否齐全、后评价报告是否实事求是；同时要根据工作需要，从行业或地区的角度选择一些项目进行行业或地区评价，如从行业布局、行业的发展、同行业的技术水平、经营成果等方面进行评价。行业或地区的后评价报告应报同级和上级计划部门。

（3）各级计划部门的评价

各级计划部门是水电建设项目后评价工作的组织者、领导者和方法制度的制订者。各级计划部门当收到项目业主单位和行业（或地区）业务主管部门报来的后评价报告后，应根据需要选择一些项目列入年度计划，开展后评价复审工作，也可委托具有相应资质的查询公司代为组织实施。

2. 后评价项目的选择

各级计划部门和行业（或地区）业务主管部门不可能对所有水电建设项目的后评价报告逐一进行审查，只能根据所要研究的问题和实际工作的需要，选择一部分项目开展后评价工作。所选择的后评价项目大体可分为以下四类：

第一，为总结经验，应选择公认的立项正确、设计水平高、工程质量优、经济效益好的项目进行后评价。

第二，为吸取教训，应主要选择立项决策有明显失误、设计水平不高、建设工期长、施工质量差、技术经济指标远低于同行业水平、经营亏损严重的项目进行后评价。

第三，为研究投资方向、制定投资政策的需要，可选择一些投资额特别大或跨地区、跨行业，对国民经济有重大影响的项目进行后评价。

第四，选择一些新产品开发项目或技术项目进行后评价，以促进技术水平和引进项目成功率的提高。

选择后评价项目还应注意两点：第一，项目已竣工验收，投资决算已经上报批准或已经审计部门认可；第二，项目已投入生产（营运、使用）一段时间，能够评价企业的经济效益和社会效益。否则，将很难作出实事求是的科学结论。

（五）项目后评价程序

水利水电建设项目后评价同项目前评估一样，是一项经济技术性较强而又复杂的工作，因此必须采取科学的工作程序，才能达到评估的预期目的。后评价的一般程序如下。

后评价工作一般分为以下四个阶段。

1. 制定计划阶段

（1）提出项目后评价工作计划

（2）组建后评价小组。评价小组一般应包括经济技术人员、工程技术人员、市场分析人员，还应包括直接参与项目实施的工作人员

（3）拟定项目后评价工作大纲，安排工作进度

2. 收集资料阶段

收集项目从筹建到施工、竣工到生产的建设生产方面的数据和资料。

（1）建设前期资料

①决策资料：可行性研究报告、项目评估报告、设计任务书、批准文件等。

②初步设计、施工图设计、工程概算、预算、决算报告等。

③施工合同、主要设备、原材料订货合同及建设生产条件有关的协议和文件。

④厂史资料、项目背景资料。

（2）竣工及生产期资料

①竣工验收报告。

②人员配置、机构设置、领导班子等情况。

③生产期历年生产、财务计划及完成情况、财务报表、统计报表和分析资料。

④对项目进行重大技术改造资料。

（3）其他资料

①有关生产同样产品的主要企业或同类企业的信息资料。

②国内、省内该项产品的长期发展规划和发展方向、发展重点和限制对象等资料。

③优惠政策及国家有关经济政策资料。

④贷款项目档案资料。

3. 评价阶段

（1）根据资料进行分项评价

（2）根据分项评估进行综合评价

（3）坚持客观、公正和科学的原则编写后评价报告

4. 总结阶段

把后评价结果、建议报告反馈给有关部门。

二、水利水电项目建设过程后评价

（一）立项决策评价

根据已建水电项目的实际情况，主要从以下几个方面对水利水电项目决策进行后评价：

1. 决策依据

根据工程实际资料，论证立项条件的正确程度。要对项目建议书和可行性研究报告中有关工业布局、资源、厂址、生产规模、工艺设备、产品性能等方面的预测和项目评估资料，做出比较和评价。

2. 投资方向

根据国情国力现状，分析投资方向的适应程度。要从产业政策、城乡建设和社会经济发展的前景，评价其对提高行业的生产能力和技术水平，以及对繁荣区域经济和文化生活的促进作用。

3. 建设方案

对项目的原建设方案进行分析，并与最终实施方案进行比较，评价重大的修改变更情况。

4. 技术水平

分析建设项目的技术状况，与国家的技术经济政策和国内外同类项目的技术水平相比，评价其先进、合理、经济、适用、高效、可靠、耐久程度，以及所采用的工艺、设备标准、规程等的成熟程度。

5. 引进效果

对于涉外项目，还应对引进技术、引进设备的必要性和消化吸收情况、签约程序、合同条款的变更、索赔事项、外资筹措和支付等方面的情况进行评价。

6. 协作条件

评价项目所在地的外部协作配合条件，包括供电、供热、供气、供水、排水、防洪、通信、交通、气象、劳务等方面的落实程度。

7. 土地使用

对土地占用情况的评价。主要评价是否遵守有关国土规划、城市规划，以及文物保护、环境保护、资源保护等方面的法令法规，说明土地征用、建筑物拆迁、人员安置的情况。

8. 咨询意见

对前期咨询评估报告的内容和意见的评价。主要评价咨询单位的评估内容和意见是否具有公正性、可靠性和科学性，评估的意见是否得到贯彻执行。

9. 决策程序

评价决策过程的效率和决策科学化、民主化的程度。按照项目管理的要求，评价项目筹建机构的组织指挥能力。

10. 效益评价

对可行性研究报告预测的经济效益和市场预测深度进行评价。

（二）勘察设计评价

1. 选择勘察设计单位及监理单位方式的评价

是否通过招标方式选择勘察设计单位和建设监理单位，效果如何。还要对勘察设计单位和建设监理单位的能力及资信情况进行评价。

2. 勘察工作质量的评价

应结合工程实践说明以下问题。

第一，地形地貌测绘图纸对工程总平面图布置的满足程度，特别是防止洪涝灾害、减少土石方工程量、清除施工障碍等方面的精确程度。

第二，水文地质和工程地质等方面的勘察工作深度。根据实际情况，对钻孔布置、勘察精度等与工程实际状况进行比较。

第三，结合资源勘探结论，根据实际投产后的数据分析，对原来提供的资源分布情况。储量、开采年限、采掘条件等进行评价。

第四，对特殊项目，要说明所提供的气象勘察资料在建设过程中的验证情况。

3. 设计方案的评价

要从总体设计上说明以下问题。

第一，设计的指导思想是否充分体现了技术上先进、经济上合理、方案可行、规模进度的要求。

第二，设计方案的优选方法是经过设计招标或多方案的评比优化，还是套用国内外同类项目的模式。

第三，最终确定的设计方案在工程实践中的修改和变更情况。

4. 设计水平的评价

主要评价以下内容。

第一，总体设计规划和总图质量水平，主要设计技术指标的先进程度和达标要求，工程总概算的控制能力。

第二，设计采用的新工艺、新技术、新材料、新结构情况，安装设备、建筑设备的选型定型情况和国产化程度。

第三，设计单位的图纸和预算质量，包括出图计划执行情况，图纸差错、设计变更、预算漏项等，以及由此造成的投资增减、工期调整、环境影响等方面的情况。

第四，设计单位的服务质量，主要评价是否能为国家节约投资，全面安排好配套设施，预留发展或技术改造条件；还要评价设计人员深入工程现场，进行技术交底和提供咨询服务、指导施工的情况。

（三）采购工作评价

采购工作评价包括以下主要内容：

第一，在设备采购准备阶段，主要评价建设项目是否已正式列入国家计划，是否具有批准的初步设计文件或设计单位确认的设备清单及详细的技术规格书，大型专用设备预安排是否具有批准的可行性研究报告。

第二，项目采购的设备和材料是否经过招投标方式进行，招投标文件和有关证明文件是否规范和满足要求，对参加投标及中标的供货商或承包人是否进行过资信调查。

第三，项目采购的设备和材料是否符合国家的技术政策，是否先进、适用、可靠；采用的国内科研成果是否经过工业实验和技术鉴定。

第四，引进的国外设备和技术是否符合国家有关规定和国情，是否成熟，有无盲目、重复引进的现象，消化吸收如何；引进的专利技术制造的设备是否有其先进性和适用性。

第五，采购合同执行阶段，主要评价采购合同是否完善，设备到场后保管是否妥善，检验手续是否完备。

第六，评价设备的运行情况是否达到设计能力。

（四）施工评价

1. 施工准备工作评价

第一，进行施工招标时，工程是否已正式列入年度建设计划；资金是否已经到位，主要材料、设备的来源是否已经落实；初步设计及概算是否已经批准，是否有能满足标价计算要求的设计文件。

第二，施工招标是否通过公平竞争择优选择施工承包人，达到了使建设项目质量优、工期短、造价合理的目的。

第三，施工组织方式是否科学合理，施工承包人人员素质和技术装备情况是否达到规定要求，施工现场的“三通一平”和大型临时设施的准备情况，施工物资的供应、验收和使用情况。

第四，施工技术准备情况，包括施工组织设计的编制，施工技术组织措施的落实，以及现场的技术交底和技术培训工作等。

2. 施工管理工作评价

主要评价施工过程中工期目标、质量目标、成本目标完成的情况和特点。

（1）工期目标评价

主要评价合同工期履约情况和各单项（单位）工程进度计划执行情况；核实单项工程实际开、竣工日期，计算实际建设工期和实际建设工期的变化率；分析施工进度提前或拖后的原因。

（2）质量目标评价

主要评价单位工程的合格率、优良率和综合质量情况。

第一，计算实际工程质量的合格品率、实际工程质量的优良品率等指标，将实际工程质量指标与合同文件中规定的、或设计规定的、或其他同类工程的质量状况进行比较，分析变化的原因。

第二，评价设备质量，分析设备及其安装工程质量能否保证投产后正常生产的需要。

第三，计算和分析工程质量事故的经济损失，包括计算返工损失率、因质量事故拖延建设工期所造成的实际损失，以及分析无法补救的工程质量事故对项目投产后投资效益的影响程度。

第四，工程安全情况评价，分析有无重大安全事故发生，分析其原因和所带来的实际影响。

（3）成本目标评价

主要评价物资消耗、工时定额、设备折旧、管理费等计划与实际支出的情况，评价项目成本控制方法是否科学合理，分析实际成本高于或低于目标成本的原因。

（1）主要实物工程量的变化及其范围

（2）主要材料消耗的变化情况，分析造成超耗的原因

（3）各项工时定额和管理费用标准是否符合有关规定

（五）生产运营评价

1. 生产运行准备工作评价

建设项目的生产运行准备工作，是充分发挥投资效益的重要组成部分，后评价时要分析以下内容。

（1）原设计方案的定员标准和实有职工人数情况，机构设置是否科学合理

（2）生产和管理人员工作的熟练程度，培训和考核上岗情况

（3）生产性项目的产、供、销渠道和生产资金的准备情况

（4）生产运行的外部条件调整和改善措施

2. 生产管理系统评价

大型水电建设项目应当建立相应的现代化管理系统，后评价时要根据项目性质和特点，分析管理系统的完善程度。

第一，为保证产品质量和提高经济效益的生产技术和经营管理系统的完善程度。

第二，交通运输、邮电通信、输电输油输气项目进入局域网后，运行管理系统的

完善程度。

第三，农林水利、环境项目等涉及社会效益、环境效益的综合管理系统的完善程度。

第四，城市公用事业和教育、科学、文化、卫生、体育项目的服务和维护管理系统的完善程度。

第五，国防军工项目的安全保证和管理系统的完善程度。

3. 项目使用功能评价

项目建成投产后的使用功能评价包括以下内容。

（1）生产性项目的达产达标情况。

（2）非生产性项目的使用效果。

（3）原材料消耗和能源消耗与国内外同类项目的水平对比。

（4）对可靠性、耐久性的分析和长期使用效果的预测。

三、水利水电建设项目效益后评价

（一）水利水电建设项目效益后评价及其主要内容

1. 水利水电建设项目效益后评价的概念

水利水电建设项目效益后评价是水电建设项目后评价工作的有机组成部分和重要内容。它以水电建设项目投产后实际取得的经济效益和社会效益为基础，重新测算项目计算期内各主要投资效益指标与项目前期决策指标或基准判据参数，在比较的偏差中发现问题，找出原因和改进措施，总结经验教训，为提高水电建设项目的投资效益、管理水平和投资决策服务。

项目效益后评价有别于可行性研究中的效益评估。它不是以预期效益目标为基础的预测分析，而是在对已投产项目所取得的实际效益进行统计分析的基础上所作的一种重新测算分析。

项目效益后评价也不同于企业日常经营活动的盈亏平衡分析。它是对项目整个计算期进行的长期分析，是从项目总的投入和产出角度，考察项目的盈利能力和借款偿还能力。

2. 水利水电建设项目效益后评价的主要内容

水电项目建成投产后，对当时的社会、经济、政治、技术、环境等各个方面，必然产生不同程度的影响。凡是有利的影响，都可视为项目产生的一种效益。水利水电建设项目效益后评价包括以下主要内容。

（1）项目投资和执行情况的后评价

第一，复核项目竣工决算的正确性。将项目实际固定资产总投资额，与项目可行性研究报告中固定资产总投资额估算数和最初批准的概算总投资额进行比较，计算出项目实际建设成本的变化率，分析偏差产生的原因。

第二，评价固定资产实际投资范围、构成比例是否合理，工程概预算是否准确，分析引起超概算的原因。如因价格、汇率、利率、税目、税率和费用标准的变化对总投资的影响，因设计方案变更、设计漏项、自行改变建设规模、提高建设标准、预留投资缺口、损失浪费等对总投资的影响。计算各类因素引起超支占总超支额的比例。

第三，认真总结支概算、无效投资和损失浪费的教训，以及降低费用和节约投资的成功经验。

第四，对建设资金的实际来源渠道、数额、到位时间和对工程进度的满足程度作出说明，同时要分析流动资金实际占用是否合理，总结资金筹措的经验。

第五，利用外资（含港、澳、台及侨资）项目还应评价外资利用方向、范围、规模及内外比例是否合理，前期工作中对国际金融市场变化趋势、利率、汇率和通货膨胀等风险因素预测是否准确，总结不同外贷类型、外贷方式的利弊得失和争取优惠贷款的经验。

（2）项目经营达产和实际效益的后评价

第一，计算项目从投产到后评价时点止，各年的销售额利润率和销售额利税率，结合当年生产负荷情况，考察项目生产效益状况。

第二，分析产品生产成本、销售收入、利润水平与前期决策阶段的预测值相比的变化率大小和产生原因，对涨价因素作出客观处理，对企业管理费和主要产品能源及原材料消耗的超标原因，进行深入分析，并提出改进措施。

第三，对未如期达到生产能力的项目，要分别从产品销售市场、工艺技术及设备、原材料、燃料、动力、资金供应及管理等方面，分析影响和制约生产能力利用率的原因，提出相应对策。

生产能力和实际效益状况是项目立项决策及建设实施效果的综合反映，也是重新测算后评价时点后计算期剩余年份内各项经济数据的基础和依据，是项目效益后评价的关键环节，要求各项实际数据翔实可靠，分析判断真实准确。

（3）项目财务效益后评价

第一，在对项目投产后的产品市场、成本、价格和利税进行统计分析的基础上，以后评价时间为起始点，预测项目计算期内未来时间将要发生的投入和产出，重新测算财务后评价的主要效益指标和变化率，据以考察整个项目的财务盈利能力、清偿能力及外汇效果等财务状况。

第二，编制基本财务报告，将后评价时点前的统计数字和后评价时点后的预测数字添入表中，据此计算项目效益后评价的各项财务评价指标。

第三，通过后评价计算出的各项财务评价指标，与可行性研究报告预测值或行业基准判据参数进行对比分析，着重从项目固定资产投资、流动资金、建设工期、达产年限、达产率、产品销售量、销售价格、产品成本、汇率、利率等方面，分析变化的原因和产生的影响，抓住主要影响因素和深层次诱因，提出进一步改进和提高项目财务效益的主要对策和措施。

第四，通过“财务后评价外汇流量表”与可行性研究时所编制的外汇流量表对比，分析变化原因，对外汇平衡、节汇创汇和外贷偿还的现状、前景及改善措施作出评价。

第五，总结如何提高项目财务分析、经营管理和投资决策水平的规律和经验。

（4）项目国民经济效益后评价

第一，编制国民经济后评价基本报表，计算整个项目的国民经济后评价指标。从国民经济整体角度考察项目的效益，在计算时要采用不同时期的影子价格、影子工资、影子汇率和社会折现率等国家参数，对后评价时点前的各年项目实际发生的和计算期未来时间各年预测的财务费用、效益进行调整。

第二，国民经济后评价确定投入产出物的影子价格时，外贸货物、非外贸货物、特殊投入物的划分原则和影子价格的计算方法，依据国家计委颁发的《建设项目经济评价方法与参数》规定执行。

第三，通过国民经济的评价指标与可行性研究预测的相关指标对比，对项目作出评价。例如将国民经济后评价内部收益率，分别与国家最新发布的社会折现率和可行性研究确定的经济内部收益率进行比较，分析产生的差异及其原因。

第四，从国家整体角度评价项目经济效益决策的正确性，并就改善项目投资环境、优化产业产品结构、指定倾斜政策、合理调整价格、深化体制改革等方面，提出以提高经济效益为重点的政策性建议或具体措施。

（5）项目社会效益后评价

第一，评价项目建成投产后在就业、居民生活条件改善，收入和生活水平提高，文教卫生、体育、商业等公用设施增加和质量提高等方面带来的影响。

第二，评价项目建成后，对本地区经济发展、社会繁荣和城市建设、交通便利等方面产生的实际影响，以及对改善生态平衡、环境保护、促进水矿产资源综合利用、开发自然风光和名胜古迹等旅游事业方面所产生的影响。

第三，评价在产业结构的增量或存量调整和改善生产力布局、资源优化配置等方面产生的作用和影响。

第四，将项目投产后所产生的效果，与可行性研究预期达到的社会效益目标进行对比，分析项目投产后是否产生了负效果或公害，提出具体的解决措施、办法和期限。

（6）技术进步和规模效益后评价

第一，对项目采用先进技术的含量以及由于推进科技进步、增加科技投入或智力投资而产生的技术进步效益，用“有无对比”的方法作出评价。

第二，评价项目引进的技术、设备或标准，对行业技术进步、国产化、推广应用和提高国家的科技水平、装备水平所产生的实际影响。

第三，大中型项目尤其是国家重点建设项目，应根据达产后的实际效益状况，对比国内中小型项目或参照国外同等规模项目，评价其是否达到了应有的规模经济效益水平。

第四，通过与可行性研究预期效益的对比，提出成功和不足的经验教训，进一步向技术进步和规模经济要效益。

（7）可行性研究深度的后评价

第一，评价项目在前期立项和决策阶段对项目效益预期目标的论证和认定，是否严肃认真地进行了可行性研究工作；对项目内部收益率或其他主要效益指标的确定，是否有高估冒算的情况。

第二，综合计算项目后评价效益指标与前期决策阶段预期效益指标的变化率大小，考核对项目效益进行可行性研究工作的深度。

当综合效益变化率小于 ±15% 时，视为深度合格；

当综合效益变化率大于 ±35% 时，视为深度不合格；

当综合效益变化率不小于 ±15%、不大于 ±35% 时，视为相当于初步可行性研究水平。在实际评价工作中，由于计算后评价综合效益的权数不易确定，常用内部收益率的变化率指标，从效益角度对前期工作深度进行评定。

（二）水利水电建设项目效益后评价指标体系

1. 指标体系

各指标的计算方法与项目可行性研究报告中相应指标的计算方法相同，区别仅在于后评价采用的数值是项目投产后实际发生数或以实际数值为基础的重新测算数。

2. 变化率计算方法

为了便于定量分析项目效益指标前后的偏差程度，后评价时应设置变化率指标。例如，利用内部收益率的变化率指标，衡量项目后评价内部收益率与预期内部收益率的偏差程度，其计算公式为

$$\text{后评价内部收益率} = \frac{\text{年度承包工程总值} \times \text{主要材料所占比重}}{\text{年度施工日历材料储备天数}}$$

用同样方式，亦可计算出其他效益指标的变化率。

3. 主要判据参数

进行水电建设项目效益后评价，不仅需要有科学的方法和完整的指标体系，而且还必须设定一整套考核项目实际效益的评判基准。

评价项目效益指标是否实现了预期目标，其标准只能是立项决策阶段所制订的效益预期值。但由于各种原因，如建设期过长，物价指数、市场供求关系、利率、汇率、税目税率等发生的变化很大，原决策效益目标难免失实。因此，在不同时期由国家或行业发布的各项基准判据将在项目效益后评价中占有重要位置。这些判据主要有以下几种：

第一，财务基准收益率是项目后评价财务内部收益率的判据，当后评价财务内部收益率超过财务基准收益率时，认为项目财务盈利能力满足最低要求。

第二，按行业测算的基准投资利润率和基准投资利税率，是项目后评价投资利润率和投资利税率的判据。

第三，不同行业的基准投资回收期是项目后评价投资回收期的判据。

第四，项目借款偿还期一般以项目贷款银行与业主单位签订的贷款合同所规定的偿还期限作为判据。

第五，后评价财务换汇成本的基准判据是中国银行发布的现行外汇汇率。

第六，社会折现率是各类建设项目国民经济评价都应采用的国家统一折现率，也是项目后评价经济内部收益率和投资净效益的基准判据。

以上判据参数只是项目后评价可以接受的下限基准，应以更高的效益目标作为努力提高的方向。

参考文献

[1] 束东．水利工程建设项目施工单位安全员业务简明读本 [M]．南京：河海大学出版社，2020.

[2] 魏永强．现代水利工程项目管理 [M]．长春：吉林科学技术出版社，2020.

[3] 王立权．水利工程建设项目施工监理概论 [M]．北京：中国三峡出版社，2020.

[4] 赵世斗，屈海晨，马江燕．水利工程概述与项目管控优化研究 [M]．郑州：黄河水利出版社，2020.

[5] 陈惠达．水利工程施工技术及项目管理 [M]．中国原子能出版社，2020.

[6] 刘志强，季耀波，孟健婷．水利水电建设项目环境保护与水土保持管理 [M]．昆明：云南大学出版社，2020.

[7] 孙祥鹏，廖华春．大型水利工程建设项目管理系统研究与实践 [M]．郑州：黄河水利出版社，2019.

[8] 刘明忠，田淼，易柏生．水利工程建设项目施工监理控制管理 [M]．北京：中国水利水电出版社，2019.

[9] 马乐，沈建平，冯成志．水利经济与路桥项目投资研究 [M]．郑州：黄河水利出版社，2019.

[10] 袁俊周，郭磊，王春艳．水利水电工程与管理研究 [M]．郑州：黄河水利出版社，2019.

[11] 高占祥．水利水电工程施工项目管理 [M]．南昌：江西科学技术出版社，2018.

[12] 鲍宏喆．开发建设项目水利工程水土保持设施竣工验收方法与实务 [M]．郑州：黄河水利出版社，2018.

[13] 邵勇．水利工程项目代建制度研究与实践 [M]．南京：河海大学出版社，2018.

[14] 高风新，王兴民，王攀科．水利工程与路桥项目投资 [M]．延吉：延边大学出版社，2018.

[15] 牛志丰，张利锋，张伟．项目管理与水利工程施工设计 [M]．新疆生产建设兵团出版社，2018.

[16] 杨杰，张金星，朱孝静．水利工程规划设计与项目管理 [M]．北京：北京工业大学出版社，2018.

[17] 王桂芹，郝小贞，杨志静．水利工程施工技术与项目管理 [M]. 中国原子能出版社，2018.
[18] 张宗超，杜辉，刘志国．水利水电工程项目管理研究 [M]. 长春：吉林人民出版社，2018.
[19] 王东升，徐培蓁，朱亚光．水利水电工程施工安全生产技术 [M]. 徐州：中国矿业大学出版社，2018.
[20] 王海雷，王力，李忠才．水利工程管理与施工技术 [M]. 北京：九州出版社，2018.
[21] 史洪飞，贾磊，哈建强．水利水电工程项目管理研究 [M]. 咸阳：西北农林科技大学出版社，2017.
[22] 田晓飞，郭明华．道路桥梁项目管理与水利工程 [M]. 北京：团结出版社，2017.
[23] 刘明远．水利水电工程建设项目管理 [M]. 郑州：黄河水利出版社，2017.
[24] 刘江波．水资源水利工程建设 [M]. 长春：吉林科学技术出版社，2020.
[25] 张义．水利工程建设与施工管理 [M]. 长春：吉林科学技术出版社，2020.
[26] 宋美芝，张灵军，张蕾作．水利工程建设与水利工程管理 [M]. 长春：吉林科学技术出版社，2020.
[27] 王立权．水利工程建设项目施工监理概论 [M]. 北京：中国三峡出版社，2020.
[28] 贺芳丁，从容，孙晓明．水利工程设计与建设 [M]. 长春：吉林科学技术出版社，2020.
[29] 周苗．水利工程建设验收管理 [M]. 天津：天津大学出版社，2019.
[30] 高爱军，王亚标，孙建立．水资源与水利工程建设 [M]. 长春：吉林科学技术出版社，2019.
[31] 高明强，曾政，王波．水利水电工程施工技术研究 [M]. 延吉：延边大学出版社，2019.
[32] 沈韫，胡继红．建设工程概论 [M]. 合肥：安徽大学出版社，2019.